高等职业教育机电类专业系列教材

液压气压传动与控制

主　编　魏宏玲
副主编　吴雄喜　徐　生
参　编　刘　瑛　陈苏秧　胡美君

机械工业出版社

本书为高等职业教育机电类专业系列教材。内容包括认识液压气压传动与控制、液压传动基础知识、液压动力元件、液压执行元件、压力控制回路、速度控制回路、方向控制回路、典型液压传动系统、气压传动系统基础知识、气压传动控制元件及基本回路、典型气压传动系统、气压传动系统安装调试和故障分析及附录。

全书以液压气压回路的连接和故障排除为主线，将动力元件、执行元件、控制阀和系统故障等内容有机结合，体系完整，简明精练。本书强调对学生动手能力的培养，突出工学结合，并融入电气控制技术，注重现场解决实际问题的分析和解决具体方案，具有一定的科学性和先进性。

本书可作为高职高专院校机电类专业的教材，也可作为电视大学、职工大学、函授大学及中等专业学校教材及有关专业工程技术人员的参考用书。本书面向机电一体化技术、机械设计制造及其自动化、数控技术、模具设计与制造、检测技术及应用等高职高专各专业。

本书配有电子课件，凡使用本书作为教材的教师可登录机械工业出版社教材服务网 www.cmpedu.com 注册后下载。咨询邮箱：cmpgaozhi@sina.com。咨询电话：010-88379375。

图书在版编目（CIP）数据

液压气压传动与控制/魏宏玲主编.—北京：机械工业出版社，2012.8（2024.2 重印）
高等职业教育机电类专业系列教材
ISBN 978-7-111-39651-2

Ⅰ.①液… Ⅱ.①魏… Ⅲ.①液压传动—高等职业教育—教材②气压传动—高等职业教育—教材 Ⅳ.①TH137②TH138

中国版本图书馆 CIP 数据核字（2012）第 210092 号

机械工业出版社（北京市百万庄大街 22 号 邮政编码 100037）
策划编辑：王海峰 责任编辑：王海峰
版式设计：姜 婷 责任校对：申春香
封面设计：鞠 杨 责任印制：单爱军
北京虎彩文化传播有限公司印刷
2024 年 2 月第 1 版第 5 次印刷
184mm×260mm · 11 印张 · 270 千字
标准书号：ISBN 978-7-111-39651-2
定价：35.00 元

电话服务
客服电话：010-88361066
010-88379833
010-68326294

网络服务
机 工 官 网：www.cmpbook.com
机 工 官 博：weibo.com/cmp1952
金 书 网：www.golden-book.com
机工教育服务网：www.cmpedu.com

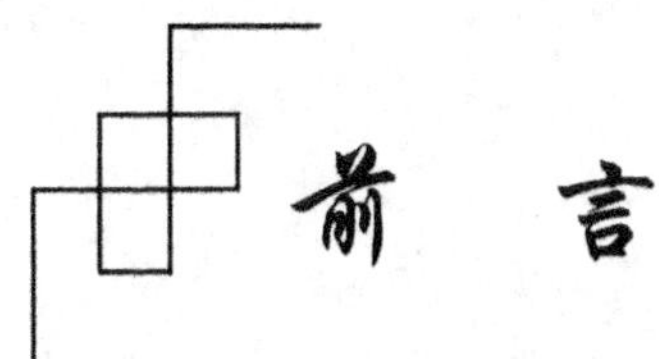

前言

“液压气压传动与控制”课程是一门实践性很强的专业核心课程。本书主要包括液压和气压传动的认识、液压传动系统的工作原理及组成、典型液压传动系统、液压传动系统的安装调试和故障分析、气压传动系统的工作原理及组成、气压传动系统、气压传动系统安装调试和故障分析等内容，每章后均附有复习思考题。

本书在内容取舍上贯彻少而精、理论联系实际的原则。为体现高职高专教育的特点，基础知识部分以必需、够用为度，专业知识部分加强针对性和实用性，注意理论教学与实训环节的密切结合，注重学生在应用技术方面的能力培养。本书在一定程度上也反映了国内外液压与气压领域比较成熟的技术和成果。本书可作为高职高专院校机电类专业的教材，也可作为电视大学、职工大学、函授大学及中等专业学校教材及有关专业工程技术人员的参考用书。

本书由杭州职业技术学院魏宏玲担任主编，浙江工业职业技术学院吴雄喜和浙江工贸职业技术学院徐生担任副主编，杭州职业技术学院刘瑛、陈苏秧和胡美君参加了编写工作。具体编写分工如下：魏宏玲编写第一章、第三章、第七章，吴雄喜编写第五章和第十一章，徐生编写第二章和第十二章，刘瑛编写第八章和第九章，陈苏秧编写第四章，胡美君编写第六章和第十章。

本书在编写过程中，得到了有关部门的大力支持，在此表示衷心的感谢！

由于编者水平有限，书中难免存在缺点和不妥之处，恳切希望同仁和广大读者批评指正。

本书配有电子课件，凡使用本书作为教材的教师可登录机械工业出版社教材服务网 www. cmpedu. com 注册后下载。咨询邮箱：cmpgaozhi@ sina. com。咨询电话：010-88379375。

编　者

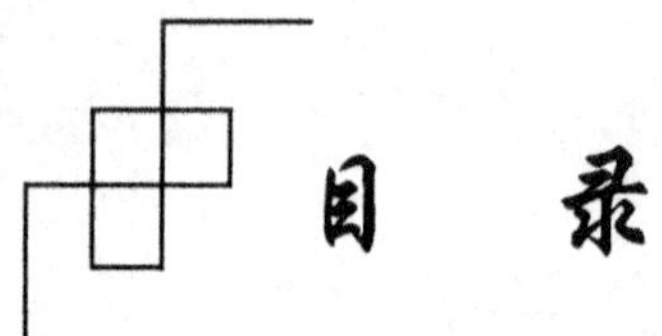

目录

第一章　认识液压气压传动与控制

第一节　概括了解液压传动与控制

液压传动是利用液体压力能实现运动和动力的传动。液压传动是基于流体力学的帕斯卡原理，主要利用流体压力能来进行能量传递和控制的传动方式，因而所有液压传动系统实现传动和控制的方法基本相同，都是利用各种组件组成具有所需功能的基本回路，再由若干基本回路组合成传动和控制系统，从而实现能量的转换、传递和控制。因此，了解传动介质的基本物理性质及其力学特性，研究各类组件的结构、工作原理和性能，以及各种基本回路的性能和特点，并在此基础上形成对传动及控制系统的分析、设计和使用，就是本学科的研究对象。

一、液压传动系统的工作原理

图 1 - 1 所示是手动液压千斤顶的工作原理图，液压千斤顶主要用于换轮胎等举升工作。

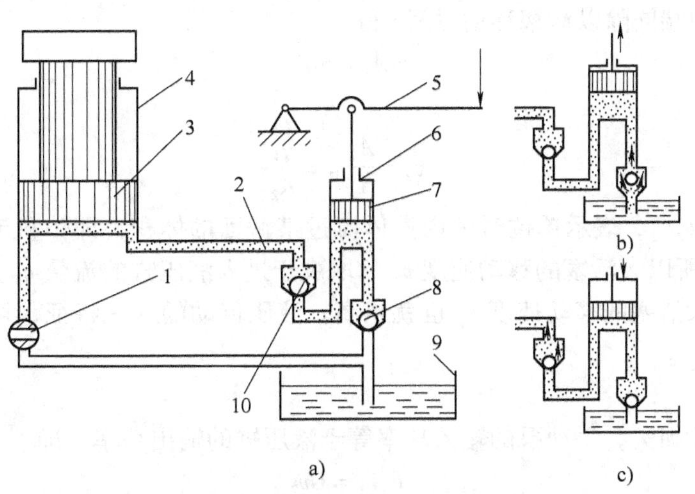

图 1 - 1　手动液压千斤顶的工作原理图

a）工作原理图　b）泵的吸油过程　c）泵的压油过程

1—放油阀　2—油管　3—大活塞　4—缸体　5—杠杆　6—泵体

7—小活塞　8—进油单向阀　9—油箱　10—排油单向阀

当手动杠杆摆动时，小活塞作往复运动。小活塞上移，泵腔内的容积扩大而形成真空，油箱中的油液在大气压力的作用下，经进油单向阀进入泵腔内；小活塞下移，泵腔内的油液顶开排油单向阀进入液压缸内使大活塞带动重物一起上升。反复上下扳动杠杆，重物就会逐步升起。手动泵停止工作，大活塞停止运动；打开放油阀，油液在重力作用下排回油箱，大活塞落回原位。

1. 力的关系

当大活塞上有重物负载时，其下腔的油液将产生一定的液体压力 p，即

$$p = G/A_2 \tag{1-1}$$

在千斤顶工作中，小活塞与大活塞之间形成了密封的工作容积，依帕斯卡原理“在密闭容器内，施加于静止液体上的压力将以等值同时传到液体各点”，因此要顶起重物，在小活塞下腔就必须产生一个等值的压力 p，即小活塞上施加的力为

$$F_1 = pA_1 = \frac{A_1}{A_2}G \tag{1-2}$$

式中，A_1、A_2 分别为小活塞与大活塞的作用面积。

可见在活塞面积 A_1、A_2 一定的情况下，液体压力 p 取决于举升的重物负载，而手动泵上的作用力 F_1 取决于压力 p。所以被举升的重物负载越大，液体压力 p 越高，手动泵上所需的作用力 F_1 也就越大；反之，如果空载工作，且不计摩擦力，则液体压力 p 和手动泵上的作用力 F_1 都为零。液体传动的这一特征可以简略地表述为“压力取决于负载”。

2. 运动关系

由于小活塞与大活塞之间为密封工作容积，小活塞向下压出油液的体积必然等于大活塞向上升起缸体内扩大的体积，即

$$A_1h_1 = A_2h_2 \tag{1-3}$$

式（1-3）两端同除以活塞移动时间 t 得

$$v_1A_1 = v_2A_2$$

或

$$v_2 = \frac{A_1}{A_2}v_1 = \frac{q_V}{A_2} \tag{1-4}$$

式中，$q_V = v_1A_1 = v_2A_2$，表示单位时间内液体流过某截面的体积，即体积流量。由于活塞面积 A_1、A_2 已定，所以大活塞的移动速度 v_2 只取决于进入液压缸的流量 q_V。这样，进入液压缸的流量越多，大活塞的移动速度 v_2 也就越高。液压传动的这一特征，可以简略地表述为“速度取决于流量”。

3. 功率关系

若不考虑能量损失，手动泵的输入功率等于液压缸的输出功率，即

$$F_1v_1 = Gv_2$$

或

$$P = pA_1v_1 = pA_2v_2 = pq \tag{1-5}$$

可见，液压传动的功率 P 可以用液体压力 p 和流量 q 的乘积来表示，压力 p 和流量 q 是液压传动中最基本、最重要的两个参数。

上述千斤顶的工作过程，就是将手动机械能转换为液体压力能，又将液体压力能转换为机械能输出的过程。

综上所述，可归纳出液压传动的基本特征是：以液体为工作介质，依靠处于密封工作容积内的液体压力能来传递能量；压力的高低取决于负载；负载速度的传递是按容积变化相等的原则进行的，速度的大小取决于流量；压力和流量是液压传动中最基本、最重要的两个参数。

二、液压传动系统的组成

磨床工作台的液压传动系统涵盖的液压组件种类比较全，其工作原理图如图 1-2 所示。

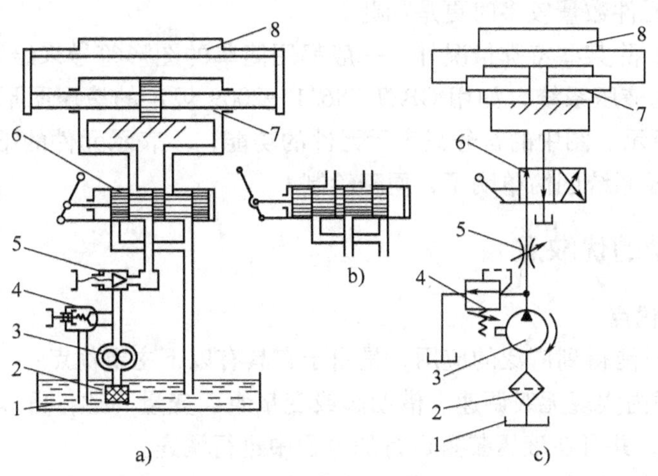

图 1-2　磨床工作台液压传动系统的工作原理图

a）结构原理图　b）换向阀另一状态图　c）图形符号图

1—油箱　2—过滤器　3—液压泵　4—溢流阀　5—节流阀　6—换向阀　7—液压缸　8—工作台

磨床工作台液压传动系统由液压泵、溢流阀、节流阀、换向阀、液压缸、油箱以及连接管道等组成。

液压泵 3 由电动机（图中未示出）带动旋转，从油箱 1 经过滤器 2 吸油，液压泵排出的压力油先经节流阀 5 再经换向阀 6（设换向阀手柄向右扳动，阀芯处于右端位置）进入液压缸 7 的左腔，推动活塞和工作台 8 向右运动。液压缸右腔的油液经换向阀 6 和回油管道返回油箱；若换向阀阀芯处于左端位置（手柄向左扳动），则活塞及工作台反向运动。改变节流阀 5 的开口大小，可以改变进入液压缸的液压油流量，实现工作台运动速度的调节，多余的液压油流量经溢流阀 4 和溢流管道排回油箱。液压缸的工作压力由活塞运动所克服的负载决定。液压泵的工作压力由溢流阀调定，其值略高于液压缸的工作压力。由于系统的最高工作压力不会超过溢流阀的调定值，所以溢流阀还对系统起到过载保护的作用。

液压传动系统由能源装置、执行装置、控制组件、辅助组件和工作介质组成。

（1）能源装置　液压泵（又称动力组件）的功能是将原动机输出的机械能转换成液体的压力能，为系统提供动力。

（2）执行装置　液压缸或液压马达的功能是将液体的压力能转换成机械能，以带动负载进行直线运动或旋转运动。

（3）控制组件　压力、流量和方向控制阀的作用是控制和调节系统中液体的压力、流量和流动方向，以保证执行组件达到所要求的输出力（或力矩）、运动速度和运动方向。

（4）辅助组件　辅助组件是保证系统正常工作所需要的辅助装置，包括管道、管接头、油箱、过滤器和指示仪表等。

三、液压传动系统的图形符号

图1-2a所示是液压系统的半结构式工作原理图，其直观性强，易于理解，但绘制起来比较繁杂，系统中元件数量较多时更是如此。

在工程实际中，除某些特殊情况外，一般都用简单的图形符号来绘制液压系统原理图。对于图1-2a所示的液压系统，如用GB/T 786.1—2009规定的液压图形符号绘制，其系统原理图如图1-2c所示。图中的符号只表示元件的功能，不表示元件的结构和参数。使用这些图形符号可使液压系统图简单明了，便于绘制。

四、液压传动的优缺点

1. 液压传动的优点

液压传动之所以能得到广泛的应用，是由于它具有以下主要优点：

1）可在大范围内实现无级调速。借助阀或变量泵、变量马达，可以实现无级调速，调速范围可达1∶2000，并可在液压装置运行的过程中进行调速。

2）在同等功率情况下，液压传动装置的重量轻、结构紧凑、惯性小。例如，相同功率液压马达的体积为电动机的12%～13%。液压泵和液压马达单位功率的重量指标，目前是发电机和电动机的1/10，液压泵和液压马达可小至0.0025N/W，发电机和电动机则约为0.03N/W。

3）传递运动均匀平稳，负载变化时速度较稳定。正因为此特点，金属切削机床中的磨床传动现在几乎都采用液压传动。

4）液压传动装置的控制、调节比较简单，操纵比较方便、省力，易于实现自动化，与电气控制配合使用能实现复杂的顺序动作和远程控制。

5）液压传动装置易于实现过载保护，系统超负载，油液经溢流阀回油箱。由于采用油液作为工作介质，能自行润滑，所以寿命长。

6）液压传动易于实现系列化、标准化、通用化，易于设计、制造和推广使用。

7）液压传动易于实现回转、直线运动，且由于液压传动是油管连接，所以借助油管的连接可以方便灵活地布置传动机构。

8）在液压传动中，由于功率损失所产生的热量可由流动着的油带走，所以可避免在系统某些局部位置产生过度升温。

2. 液压传动的缺点

1）液体为工作介质，易泄漏，油液可压缩，故不能用于传动比要求准确的场合。

2）液压传动中有机械损失、压力损失、泄漏损失，效率较低，所以不宜作远距离传动。

3）液压传动对油温和负载变化敏感，不宜在低温、高温下使用，对污染很敏感。

4）液压传动需要有单独的能源（例液压泵站），液压能不能像电能那样从远处传来。

5）液压组件制造精度高，造价高，所以必须组织专业生产。

6）液压传动装置出现故障时不易追查原因，不易迅速排除。

五、液压传动的应用与发展

自18世纪末英国制成世界上第一台水压机算起，液压传动技术已有二三百年的历史。直到20世纪30年代，它才较普遍地用于起重机、机床及工程机械。在第二次世界大战期间，由于战争需要，出现了由响应迅速、精度高的液压控制机构所装备的各种军事武器。第二次世界大战结束后，液压技术迅速转向民用工业，液压技术不断应用于各种自动机及自动生产线。

20世纪60年代以后，液压技术随着原子能、空间技术、计算机技术的发展而迅速发展。因此，液压传动真正的发展也只是近四五十年的事。当前液压技术正向迅速、高压、大功率、高效、低噪声、经久耐用、高度集成化的方向发展。同时，新型液压组件和液压系统的计算机辅助设计（CAD）、计算机辅助测试（CAT）、计算机直接控制（CDC）、机电一体化技术、可靠性技术等方面也是当前液压传动及控制技术发展和研究的方向。

我国的液压技术最初应用于机床和锻压设备上，后来又用于拖拉机和工程机械。现在，我国的液压组件生产随着从国外引进一些液压组件、生产技术以及进行自行设计，现已形成了系列，并在各种机械设备上得到了广泛的使用。

驱动机械运动的机构以及各种传动和操纵装置有多种形式。根据所用的部件和零件，可分为机械的、电气的、气动的、液压的传动装置。经常还将不同的形式组合起来运用。由于液压传动具有很多优点，这种新技术发展得很快。液压传动应用于金属切削机床也不过四五十年的历史。航空工业在1930年以后才开始采用液压技术。特别是最近二三十年以来，液压技术在各种工业中的应用越来越广泛。

在机床上，液压传动常用于以下装置：

（1）进给运动传动装置　磨床砂轮架和工作台，车床、六角车床、自动车床的刀架或转塔刀架，铣床、刨床、组合机床的工作台等，这些部件有的要求快速移动，有的要求慢速移动，有的则既要求快速移动，也要求慢速移动。这些运动多半要求有较大的调速范围，要求在工作中无级调速，有的要求持续进给，有的要求间歇进给，有的要求在负载变化下速度恒定，有的要求有良好的换向性能等。所有这些要求都是可以用液压传动来满足的。

（2）往复主体运动传动装置　龙门刨床的工作台、牛头刨床或插床的滑枕，由于要求作高速往复直线运动，并且要求换向冲击小、换向时间短、能耗低，因此都可以采用液压传动。

（3）仿形装置　车床、铣床、刨床上的仿形加工可以采用液压伺服系统来完成。精度可达0.01～0.02mm。此外，磨床上的成形砂轮修正装置也可采用这种系统。

（4）辅助装置　机床上的夹紧装置、齿轮箱变速操纵装置、丝杠螺母间隙消除装置、垂直移动部件平衡装置、分度装置、工件和刀具装卸装置、工件输送装置等，采用液压传动后，有利于简化机床结构，提高机床自动化程度。

（5）静压支承　重型机床、高速机床、高精度机床上的轴承、导轨、丝杠螺母机构等采用液体静压支承后，可以提高工作平稳性和运动精度。

第二节　概括了解气压传动

气压传动是以压缩气体为工作介质，靠气体的压力传递动力或信息的流体传动。传递动力的系统是将压缩气体经由管道和控制阀输送给气动执行组件，把压缩气体的压力能转换为机械能而做功；传递信息的系统是利用气动逻辑组件或射流组件以实现逻辑运算等功能，也称气动控制系统。

气压传动的特点是：工作压力低，一般为0.3～0.8MPa；气体粘度小，管道阻力损失小，便于集中供气和中距离输送；使用安全，无爆炸和电击危险；有过载保护能力。但气压传动速度低，需要气源。

一、气压传动的组成及工作原理

气压传动的组成如图1-3所示。

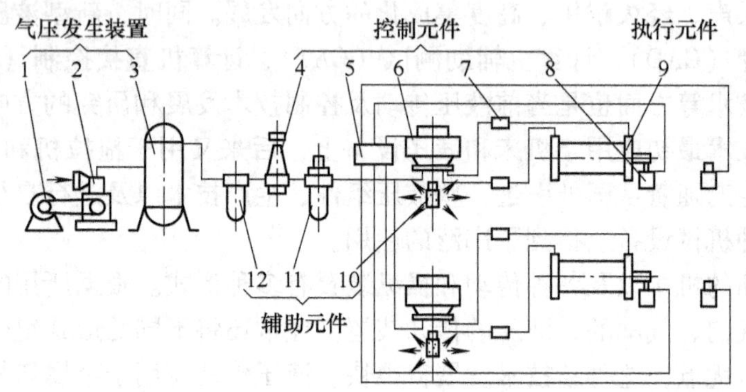

图1-3　气压传动及控制系统的组成

1—电动机　2—空气压缩机　3—气罐　4—压力控制阀　5—逻辑组件　6—方向控制阀
7—流量控制阀　8—行程阀　9—气缸　10—消声器　11—油雾器　12—分水滤气器

（1）气源装置　气源装置是指获得压缩空气的装置。其主体部分是空气压缩机，它将原动机供给的机械能转变为气体的压力能。

（2）控制组件　控制组件是用来控制压缩空气的压力、流量和流动方向的装置。其使执行机构完成预定的工作循环，它包括各种压力控制阀、流量控制阀和方向控制阀等。

（3）执行组件　执行组件是将气体的压力能转换成机械能的一种能量转换装置。它包括实现直线往复运动的气缸和实现连续回转运动或摆动的气马达或摆动马达等。

（4）辅助组件　辅助组件是保证压缩空气的净化、组件的润滑、组件间的连接及消声等所必需的装置。它包括过滤器、油雾器、管接头及消声器等。

二、气压传动的优缺点

气动技术在国外发展很快，在国内也被广泛应用于机械、电子、轻工、纺织、食品、医药、包装、冶金、石化、航空、交通运输等各个领域。气动机械手、组合机床、加工中心、生产自动线、自动检测和实验装置等已大量涌现，它们在提高生产率、自动化程度、产品质量、工作可靠性和实现特殊工艺等方面显示出极大的优越性。气压传动有以下特点：

1. 气压传动的优点

1）工作介质是空气，与液压油相比可节约能源，而且取之不尽、用之不竭。气体不易堵塞流动通道，用后可将其随时排入大气中，不污染环境。

2）空气的特性受温度影响小。在高温下能可靠地工作，不会发生燃烧或爆炸。且温度变化时，对空气的粘度影响极小，故不会影响传动性能。

3）空气的粘度很小（约为液压油的万分之一），所以流动阻力小，在管道中流动的压力损失较小，所以便于集中供应和远距离输送。

4）相对液压传动而言，气动动作迅速、反应快，一般只需 0.02 ~0.3s 就可达到工作压力和速度。液压油在管路中流动速度一般为 1 ~5m/s，而气体的流速最小也大于 10m/s，有时甚至达到声速，排气时还达到超声速。

5）气体压力具有较强的自保持能力，即使压缩机停机，关闭气阀，装置中仍然可以维持一个稳定的压力。液压系统要保持压力，一般需要能源泵继续工作或另加蓄能器，而气体通过自身的膨胀性来维持承载缸的压力不变。

6）气动组件可靠性高、寿命长。电气组件可运行百万次，而气动组件可运行 2000 ~4000 万次。

7）工作环境适应性好，特别是在易燃、易爆、多尘埃、强磁、辐射、振动等恶劣环境中，比液压、电子、电气传动和控制优越。

8）气动装置结构简单，成本低，维护方便，过载能自动保护。

2. 气压传动的缺点

1）由于空气的可压缩性较大，气动装置的动作稳定性较差，外载变化时，对工作速度的影响较大。

2）由于工作压力低，气动装置的输出力或力矩受到限制。在结构尺寸相同的情况下，气压传动装置比液压传动装置输出的力要小得多。气压传动装置的输出力不宜大于 10 ~40kN。

3）气动装置中的信号传动速度比光、电控制速度慢，所以不宜用于信号传递速度要求十分高的复杂线路中。同时实现生产过程的遥控也比较困难，但对一般的机械设备，气动信号的传递速度是能满足工作要求的。

4）噪声较大，尤其是在超声速排气时，要加消声器。

三、气压传动的应用与发展

1829 年出现了多级空气压缩机，为气压传动的发展创造了条件。1871 年风镐开始用于采矿。1868 年美国人 G. 威斯汀豪斯发明气动制动装置，并在 1872 年用于铁路车辆的制动。后来，随着武器、机械、化工等工业的发展，气动机具和控制系统得到广泛的应用。1930 年出现了低压气动调节器。20 世纪 50 年代用于导弹尾翼控制的高压气动伺服机构研制成功。20 世纪 60 年代出现了射流和气动逻辑组件，使气压传动得到很大的发展。

复习思考题

1. 何谓液压传动？液压传动系统由哪几部分组成？各部分的作用是什么？
2. 气压传动与液压传动有什么不同？

第二章　液压传动基础知识

第一节　液压油的认识及选用

液压油是液压传动系统中的传动介质，而且还对液压装置的机构、零件起着润滑、冷却和缓蚀作用。了解液压油的种类、物理性质，掌握流体的静力学特征、运动学和动力学规律，对于理解液压传动工作原理、合理选用液压组件和正确使用液压系统是非常有必要的。

一、液压油的性质

1. 密度 ρ

密度是单位体积液压油的质量。其计算公式为

$$\rho = \frac{m}{V} \tag{2-1}$$

式中，m 是液体的质量（kg）；V 是液体的体积（m^3）。

密度随着温度或压力的变化而变化，但变化不大，通常忽略不计，一般矿物油的密度为 $850 \sim 960 kg/m^3$。

2. 液体的可压缩性

液体受压力作用而体积减小的特性称为液体的可压缩性。液体可压缩性的大小通常以体积压缩率 κ（m^2/N）来度量。它表示当温度不变时，在单位压强变化下液体体积的相对变化量，即

$$\kappa = -\frac{\Delta V}{\Delta p V_0} \tag{2-2}$$

式中，V_0 是液体加压前的体积（m^3）；ΔV 是加压后液体体积变化量（m^3）；Δp 是液体压强变化量（N/m^2）。

当压强增大时，液体体积总是减小，所以式（2-2）中加一负号以使压缩系数为正值。液体的压缩率 κ 的倒数称为液体的体积模量，以 K（N/m^2）表示，其值为

$$K = 1/\kappa \tag{2-3}$$

液压油的体积模量为 $(1.4 \sim 1.9) \times 10^9 N/m^2$。对液压系统而言，由于压力变化引起的液体体积变化很小，一般认为油液不可压缩。但当液体中混有空气时，其压缩性显著增加，并影响系统的工作性能。若分析动态特性或压力变化很大的高压系统，则必须考虑可压缩性的影响。

3. 液体的粘性

液体在外力作用下流动时，由于液体分子间的内聚力而产生一种阻碍液体分子之间进行相对运动的内摩擦力，液体的这种产生内摩擦力的性质称为液体的粘性。粘性是液体重要的物理特性，也是选择液压油的主要依据。液体粘性示意如图 2-1 所示。

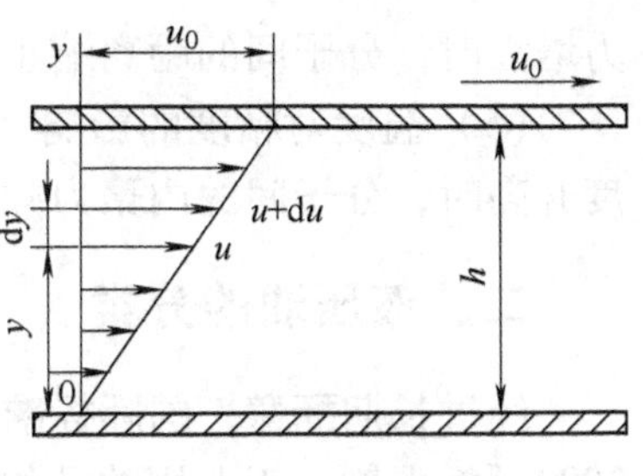

图 2-1　液体的粘性示意图

若两平行平板间充满液体，下平板固定，而上平板以速度 u 向右平动，由于液体的粘性作用，紧靠着下平板的液体层速度为零，紧靠着上平板的液体层速度为 u，而中间各层液体速度则从上到下按递减规律呈线性分布。

试验表明

$$F=\mu A\frac{du}{dy} \tag{2-4}$$

牛顿液体内摩擦定律：液层间的内摩擦力 F 与液层接触面积 A 及液层之间的相对速度 du 成正比，而与液层间的距离 dy 成反比。μ 是比例系数，也称为液体的粘性系数或动力粘度。

以 $\tau=F/A$ 表示切应力，则有

$$\tau=\mu\frac{du}{dy} \tag{2-5}$$

粘性的大小可用粘度来衡量。

（1）动力粘度 μ　当速度梯度 $du/dy=1$ 时，单位面积上的内摩擦力的大小，即

$$\mu=\frac{\tau}{\frac{du}{dy}} \tag{2-6}$$

动力粘度单位　在国际单位制中为牛顿·秒/米^2（$N\cdot s/m^2$）或帕·秒（$Pa\cdot s$）。

（2）运动粘度 ν 运动粘度是动力粘度 μ 与密度 ρ 的比值

$$\nu=\frac{\mu}{\rho} \tag{2-7}$$

运动粘度没有明确的物理意义，它是液体力学分析和计算中常遇到的一个物理量。因其单位中只有长度与时间的量纲，故称为运动粘度。运动粘度单位是米^2/秒（m^2/s）。还可用 CGS 制单位：斯（托克斯），符号为 St，斯的单位太大，应用不便，常用厘斯来表示，符号为 cSt，故

$$1cSt=10^{-2}St=10^{-6}m^2/s$$

（3）相对粘度（赛氏粘度、雷氏粘度、恩氏粘度）　恩氏粘度的测定方法如下：某一温度下测定 200cm^3 的被测液体在自重作用下流过直径为 2.8mm 小孔所需的时间 t_1，然后测出同体积的蒸馏水在 20℃时流过同一孔所需时间 t_0（$t_0=50\sim52s$），t_1 与 t_0 的比值即为流体的恩氏粘度值。恩氏粘度用符号°E 表示。被测液体温度为 t℃时的恩氏粘度用符号°E_t 表示。

$$°E_t=\frac{t_1}{t_0} \tag{2-8}$$

工业上一般以 20℃、50℃和 100℃作为测定恩氏粘度的标准温度，并相应地以符号°E_{20}、°E_{50}、°E_{100}来表示。

已知恩氏粘度，利用下列经验公式可将恩氏粘度换算成运动粘度，即

$$\nu=7.31°E_t-\frac{6.31}{°E_t}\times10^{-6} \tag{2-9}$$

（4）压力对粘度的影响　粘度随着压力的变化而变化的特性称为粘压特性。液体的压

力增大时，分子间的距离缩小，内聚力增大，其粘度也随之增大。

（5）温度对粘度的影响　粘度随着温度的变化而变化的特性称为粘温特性。当液体温度升高时，分子间的内聚力减小，粘度就随之降低。液压油的粘度对温度的变化比较敏感。

二、液压油的分类

经过长期酝酿，国际标准化组织于 2009 年推出了液压油产品的最新标准——ISO11158：2009《润滑剂、工业用油及相关产品标准－液压油规格 HH、HL、HM、HV、HG》。液压油的各部分含义如下：

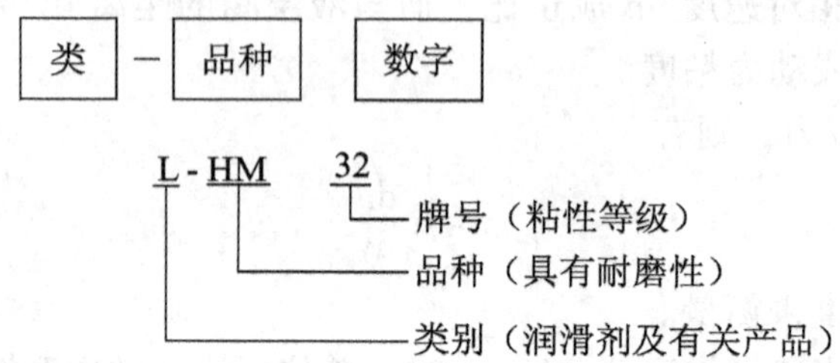

液压油一般有矿油型、合成型及乳化型三大类，主要类型及其特性和用途见表 2-1。

表 2-1　液压油的主要类型及特性和用途

类型	名称	ISO 代号	特性和用途
矿油型	通用液压油	L-HL	精制矿油加添加剂，提高抗氧化和缓蚀性能，适用于室内一般设备的中低压系统
	抗磨型液压油	L-HM	L-HL 油加添加剂，改善抗磨性能，适用于工程机械、车辆液压系统
	低温液压油	L-HV	可用于环境温度在－40～－20℃的高压系统
	高粘度指数液压油	L-HR	L-HL 油加添加剂，改善粘温特性，*VI* 值达 175 以上，适用于对粘温特性有特殊要求的低压系统，如数控机床液压系统
	液压导轨油	L-HG	L-HM 油加添加剂，改善粘温特性，适用于机床中液压和导轨润滑合用的系统
	全损耗系统用油	L-HH	浅度精制矿油，抗氧化性、抗泡沫性较差，主要用于机械润滑，可作液压代用油，用于要求不高的低压系统
	汽轮机油	L-TSA	深度精制矿油加添加剂，改善抗氧化性、抗泡沫性，为汽轮机专用油，可作液压代用油，用于一般低压系统
乳化型	水包油乳化液	L-HFA	难燃，粘温特性好，有一定的缓蚀能力，润滑性差，易泄漏，适用于有抗燃要求、油液用量大且泄漏严重的系统
	油水乳化液	L-HFB	既具有矿油型液压油的耐磨、缓蚀性能，又具有抗燃性，适用于有抗燃要求的中压系统
合成型	水一乙二醇液	L-HFC	难燃，粘温特性和抗蚀性好，能在－30～60℃温度下使用，适用于有抗燃要求的中低压系统
	磷酸酯液	L-HFDR	难燃，润滑、抗磨和抗氧化性能良好，能在－54～135℃温度范围内使用，缺点是有毒。适用于有抗燃要求的高压精密系统

三、液压油的选用

1. 液压系统对液压油的要求

1）适宜的粘度和良好的粘温性能，一般液压系统所用的液压油其粘度范围为

$$\nu = (11.5 \sim 35.3) \times 10^{-6}\,\mathrm{m^2/s} \tag{2-10}$$

2）良好的化学稳定性，即对热、氧化、水解、相容都具有良好的稳定性。

3）对液压装置及相对运动的组件具有良好的润滑性。

4）对金属材料具有缓蚀性和防腐性。

5）比热容大，体积膨胀系数小。

6）抗泡沫性好，抗乳化性好。

7）油液纯净，含杂质量少。

8）流动点和凝固点低，闪点和燃点高。

此外，对油液的无毒性、价格便宜等，也应根据不同的情况有所要求。

2. 液压油的选用

选用液压油时，可根据液压组件生产厂样本和说明书所推荐的品种号数来选用液压油，或者根据液压系统的工作压力、工作温度、液压组件种类及经济性等因素全面考虑，一般是先确定适用的粘度范围，再选择合适的液压油品种。同时还要考虑液压系统工作条件的特殊要求，如在寒冷地区工作的系统要求油的粘度指数高、低温流动性好、凝固点低；伺服系统要求油质纯、压缩性小；高压系统要求油液抗磨性好。在选用液压油时，粘度是一个重要的参数。粘度的高低将影响运动部件的润滑、缝隙的泄漏以及流动时的压力损失、系统的发热温升等。所以，在环境温度较高，工作压力高或运动速度较低时，为减少泄漏，应选用粘度较高的液压油，否则相反。

第二节　液体静力学基础

液体静力学是研究液体处于相对平衡状态下的力学规律和这些规律的实际应用。这里所谓的相对平衡，是指液体内部质点与质点之间没有相对位移。此处主要讨论液体的平衡规律和压强分布规律以及液体对物体壁面的作用力。

一、液体静压力及其特性

作用在液体上的力有两种类型：一种是质量力，另一种是表面力。

所谓静压力是指静止液体单位面积上所受的法向力，用 p 表示。若法向力均匀地作用在面积 A 上，则压力表示为

$$p = \frac{F}{A} \tag{2-11}$$

压力的法定单位为帕斯卡，简称帕，符号为 Pa，$1\mathrm{Pa} = 1\mathrm{N/m^2}$。工程上常用单位为兆帕（MPa）。它们的换算单位是 $1\mathrm{MPa} = 10^6\mathrm{Pa}$。

静压力具有下述两个重要特征：

1）液体静压力垂直于作用面，其方向与该面的法线方向一致。

2）静止液体中，任何一点所受到的各方向的静压力都相等。

二、液体静力学方程

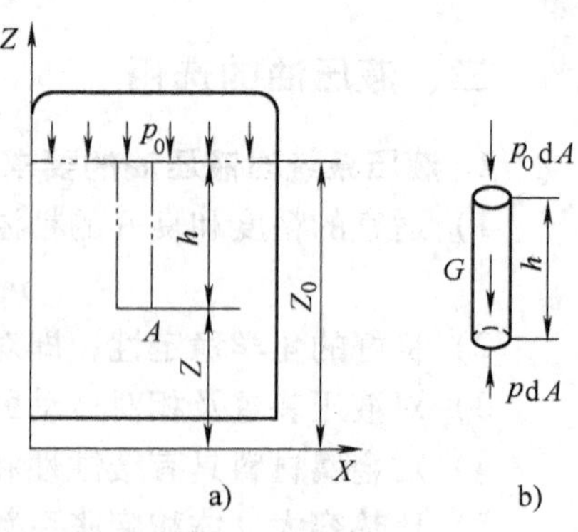

图 2-2　静压力的分布规律

静压力的分布规律如图 2-2 所示。

取液柱 dAh 为分离体（见图 2-2b），对其进行受力分析，列平衡方程

$$pA = p_0A + \rho ghA \tag{2-12}$$

分析式（2-12）可知：

1）静止液体中任一点的压力均由两部分组成，即液面上的表面压力 p_0 和液体自重而引起的对该点的压力 ρgh。

2）静止液体内的压力随液体距液面的深度变化呈线性规律分布，且在同一深度上各点的压力相等，压力相等的所有点组成的面为等压面，很显然，在重力作用下静止液体的等压面为一个平面。

三、帕斯卡原理

在密封容器内施加于静止液体任一点的压力将以等值传到液体各点。这就是帕斯卡原理或静压传递原理，如图 2-3 所示。

$$p_1 = \frac{F_1}{A_1}$$

$$p_2 = \frac{F_2}{A_2}$$

$$p_1 = p_2$$

$$F_1 = F_2\frac{A_1}{A_2} \tag{2-13}$$

式（2-13）表明，只要 A_1/A_2 足够大，用很小的力 F_1 就可产生很大的力 F_2。液压千斤顶和水压机就是按此原理制成的。

如果垂直液压缸的活塞上没有负载，即 $F_1 = 0$，则当略去活塞重量及其他阻力时，不论怎样推动水平液压缸的活塞也不能在液体中形成压力。这说明液压系统中的压力是由外界负载决定的，这是液压传动的一个基本概念。

四、压力的表示方法

液压系统中的压力就是指压强，液体压力通常有绝对压力、相对压力（表压力）、真空度三种表示方法。绝对压力、相对压力（表压力）和真空度的关系如图 2-4 所示。

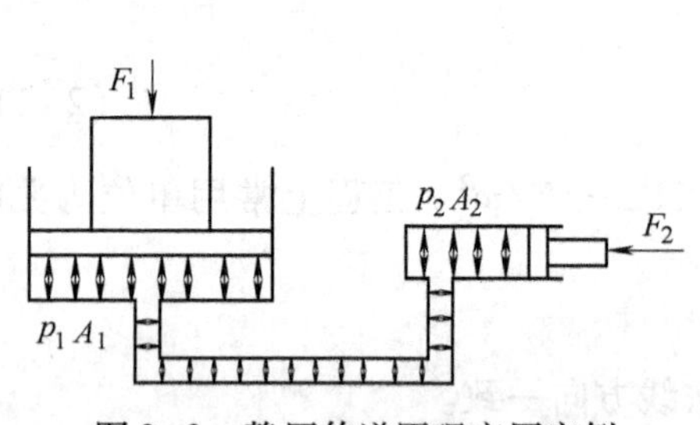

图 2-3　静压传递原理应用实例

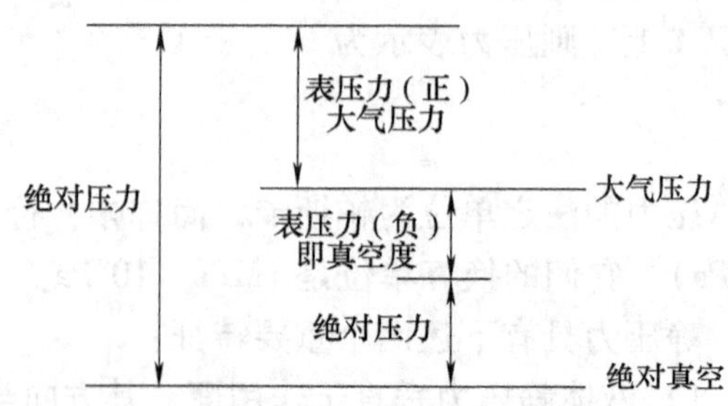

图 2-4　绝对压力、相对压力和真空度

由图 2-4 可知，绝对压力总是正值，相对压力则可正可负。

表压力 = 绝对压力 - 大气压力

真空度 = 大气压力 - 绝对压力

五、液体静压力对固体壁面的作用力

具有一定压力的液体与固体壁面接触时，固体壁面将受到液体压力的作用。忽略液体自身质量产生的压力，则作用在固体壁面上的压力是均匀分布的，液体作用在固体壁面的力为静压作用力的总和。

如果固体壁面为一平面，液体在该平面的作用力 F 为液体压力 p 与该平面面积 A 的乘积，即

$$F = pA \tag{2-14}$$

如果固体壁面为一曲面，液体在该曲面某一方向 x 上的作用力 F_x 为液体压力 p 与曲面在该方向上投影面积 A_x 的乘积，即

$$F_x = pA_x \tag{2-15}$$

第三节 液体动力学基础

液体动力学主要讨论液体的流动状态、运动规律、能量转换以及流动液体与壁面的作用力等问题，这是液压技术中分析问题的理论依据。

一、基本概念

1. 理想液体与稳定流动

理想液体就是指没有粘性、不可压缩的液体。

液体中任何一点的 p、v 及 ρ 不随时间 t 变化，液体的这种运动称为稳定流动或恒定流动。但只要有一个随时间而变化，则就是非稳定流动或非恒定流动，如图 2-5 所示。

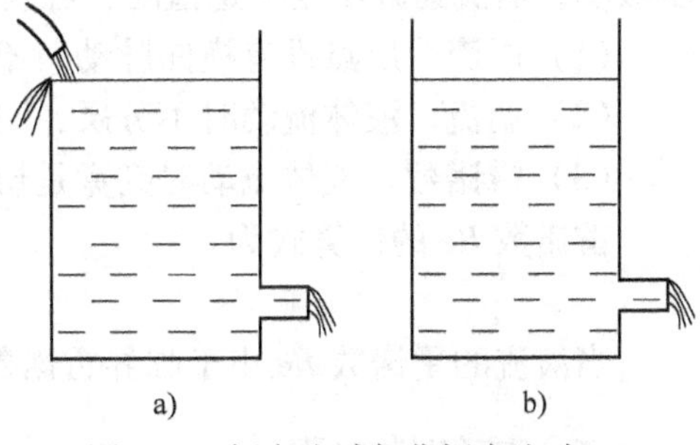

图 2-5 恒定流动与非恒定流动

a）恒定流动 b）非恒定流动

2. 通流截面、流量和平均流速

（1）通流截面 垂直于流束的截面称为通流截面。

（2）流量 单位时间内通过通流截面的液体的体积称为流量，用 q 表示，流量的常用单位为 L/min。

对于微小流束，通过 dA 上的流量为 dq，其表达式为

$$dq = u dA$$

$$q = \int_A u dA$$

当已知通流截面上的流速 u 的变化规律时，可以由上式求出实际流量。

（3）平均流速 用 v 来表示，则通过通流截面的流量就等于平均流速乘以通流截面面积。

则平均流速为

$$v = \frac{q}{A} \tag{2-16}$$

3. 流动状态、雷诺数

液体的流动状态有两种：层流和湍流。两种流动状态的物理现象可以通过雷诺实验来观察。实验装置如图2-6所示，水箱6由进水管2不断供水，多余的水从排水管1溢走，而保持水面高度恒定。水箱下部装有玻璃管7，出口处用开关8控制管内液体的流速。水杯3内盛有红颜色的水，将开关4打开后，红色水经细导管5流入水平玻璃管7中。打开开关8，开始时液体流速较小，红色水在玻璃管中呈一条明显的直线，与玻璃管中清水流互不混杂。说明管中的水是分层流动的，层与层之间互不干扰，液体的这种流动状态称为层流。当逐步开大开关8，使玻璃管7中的流速逐渐增大到一定流速时，可以看到红线开始呈波纹状，此时为过渡阶段，称为临界流。开关8再放大时，流速进一步加大，红色水流和清水完全混合，红线便完全消失，这种流动状态称为湍流。在湍流状态下，若将开关8逐步减小，当流速减小至一定值时，红线又出现，水流又重新恢复为层流。

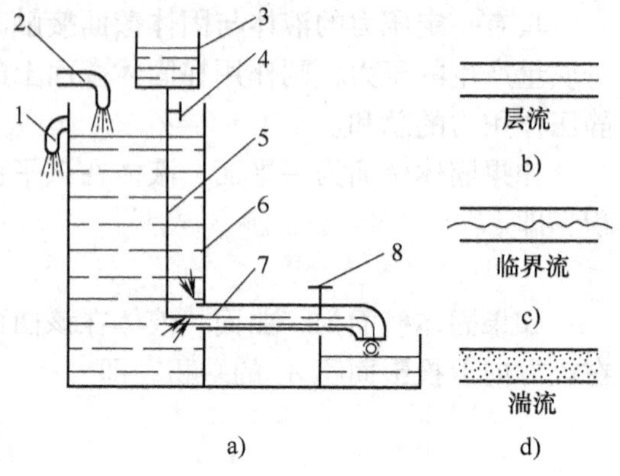

图2-6　雷诺实验
1—排水管　2—进水管　3—水杯　4、8—开关
5—细导管　6—水箱　7—玻璃管

（1）层流　质点没有横向脉动，不引起液体质点混杂，而是分层流动。

（2）湍流　液体流动时不分层，引起流层间质点相互错杂交换，这种流动称为湍流。

（3）雷诺数　液体流动时究竟是层流还是湍流，应用雷诺数来判别。

雷诺数 Re 的计算式为

$$Re = vd/\nu \tag{2-17}$$

当液流的雷诺数 Re 小于临界雷诺数时，液流为层流；反之，液流为湍流。

二、连续性方程

连续性方程是质量守恒定律在流体力学中的一种表达形式。设液体在图2-7中所示的管道中作稳定流动，若任取两个过流断面1、2，其截面积分别为 A_1 和 A_2，此两截面上的液体密度和平均流速分别为 ρ_1、v_1 和 ρ_2、v_2。根据质量守恒定律，在同一时间内流过两个截面的液体质量相等，即 $\rho_1 v_1 A_1 = \rho_2 v_2 A_2$；当忽略液体的可压缩性时，$\rho_1 = \rho_2$，得流体作定常流动的连续性方程为

$$v_1 A_1 = v_2 A_2 = q \tag{2-18}$$

或

$$\frac{v_1}{v_2} = \frac{A_2}{A_1}$$

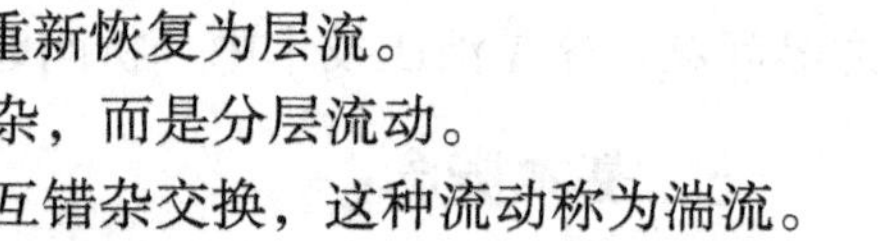

图2-7　液体的微小流束连续性流动示意图

式（2-18）为液流的连续性方程。它说明液体在管道中流动时，流过各个截面的流量是相等的（即流量是连续的），因而流速和通流截面面积成反比。

三、伯努利方程

伯努利方程是能量守恒定律在流体力学中的一种表达形式。

自然界的一切物质总是不停地运动着，其所具有的能量保持不变，既不能消灭，也不能创造，只能从一种形式转换成另一种形式。这就是能量守恒与转换定律。液体的运动也完全遵守这一规律，其所具有的势能和动能这两种机械能之间，以及机械能与其他形式能量之间，在运动中可以相互转换，但总能量保持不变。

1. 理想液体微小流束的伯努利方程

伯努利方程是在一定条件下推导出来的。这些条件是：液体为理想液体，其流动为稳定流动，作用在液体上的质量力只有重力。

设理想液体在管道中作稳定流动，取一微小流束，在该流束上任意取两个过流断面1-1和2-2。设1-1和2-2的过流面积分别为A_1和A_2，过流断面上的流速为v_1和v_2，压力为p_1和p_2，位置高（即形心离水平基准面0-0的距离）为h_1和h_2，液体密度为ρ，如图2-8所示。

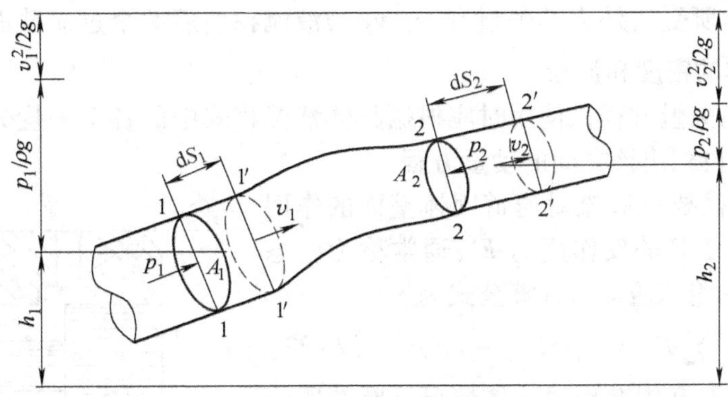

图2-8 伯努利方程示意图

没有粘性和不可压缩的理想液体在管道中作稳定流动时，根据能量守恒定律可得

$$p_1+\rho gh_1+\frac{1}{2}\rho v_1^2=p_2+\rho gh_2+\frac{1}{2}\rho v_2^2 \tag{2-19}$$

或

$$\frac{p}{\rho g}+\frac{v^2}{2g}+h=\text{常数} \tag{2-20}$$

式（2-20）称为单位质量理想液体的伯努利方程。它的物理意义是：在密闭管道内作稳定流动的理想液体具有三种形式的能量（压力能、位能、动能），在沿管道流动过程中三种能量之间可以相互转化，但在任一截面处，三种能量的总和为一常数。它反映了运动液体的位置高度、压力与流速之间的相互关系。

对伯努利方程可作如下的理解：

1）伯努利方程是一个能量方程，它表明在空间各相应通流截面处都遵守能量守恒规律。

2）理想液体的伯努利方程只适用于重力作用下的理想液体作稳定流动的情况。

3）任一微小流束都对应一个确定的伯努利方程式。

2. 实际液体的伯努利方程

$$p_1+\rho g h_1+\frac{1}{2}\rho\alpha_1 v_1^2=p_2+\rho g h_2+\frac{1}{2}\rho\alpha_2 v_2^2+\Delta p_w \tag{2-21}$$

式中，α_1、α_2为动能修正系数，当湍流时取 $\alpha=1$，层流时取 $\alpha=2$；Δp_w为单位体积液体在两遍流截面间流动的能量损失。

伯努利方程的适用条件为：

1）稳定流动的不可压缩液体，即密度为常数。

2）液体所受质量力只有重力，忽略惯性力的影响。

四、动量方程

动量方程是动量定理在流体力学中的具体应用。它反映的是液体运动时动量的变化与作用在液体上的外力之间的关系。

忽略液体的可压缩性，稳定流动的理想液体的动量方程为

$$\sum F=\rho q(\boldsymbol{v}_2-\boldsymbol{v}_1) \tag{2-22}$$

式中，$\sum F$ 为液体所受的外力的矢量和；$\boldsymbol{v}_1$、$\boldsymbol{v}_2$ 为液流在前后两个过流截面上的平均流速矢量；ρ、q 分别为液体的密度和流量。

式（2-22）为矢量方程，使用时应根据具体情况将式中的各个矢量分解为某一指定方向的投影值，然后再列出该方向的动量方程。

实际问题中往往要求液流对通道固体壁面的作用力，即动量方程中 ΣF 的反作用力 F'，通常称为稳态液动力。在 x 方向的稳态液动力计算公式为

$$F'_x=-\sum F_x=-\rho q(v_{2x}-v_{1x}) \tag{2-23}$$

例 2-1 求图 2-9 中在理想液体情况下阀芯所受的 x 方向的稳态液动力。

解： 取进、出油口之间的液体为研究对象，根据动量方程，阀芯所受的 x 方向的稳态液动力为

$$F'_x=\rho q\ [v_1\cos 90^\circ-(-v_2\cos\theta)]\ =\rho q v_2\cos\theta$$

如果液流反方向通过该阀，同理可得相同的结果，即稳态液动力均为正值，方向都向右，它总是企图关闭阀口。

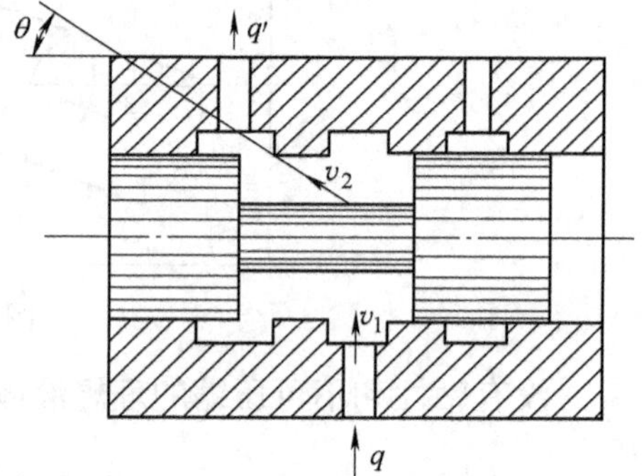

图 2-9　阀芯上的稳态液动力

第四节　液压冲击和空穴现象

一、液压冲击

在液压系统中，由于某种原因液体压力在一瞬间会突然升高，产生很高的压力峰值，这种现象称为液压冲击，水力学中称为水锤现象。

1. 液压冲击产生的原因

当阀门瞬间关闭时，管道中便产生液压冲击。液压冲击的实质主要是管道中的液体因突

然停止运动，而导致动能向压力能的瞬时转变。

另外，液压系统中运动着的工作部件突然制动或换向时，由于工作部件的动能将引起液压执行组件的回油腔和管路中的油液产生液压激振，导致液压冲击。液压系统中某些组件的动作不够灵敏，也会产生液压冲击。如系统压力突然升高，但溢流阀反应迟钝而不能迅速打开时，便产生压力超调，形成液压冲击。

2. 减小液压冲击的措施

减小液压冲击可采取以下措施：

1）使直接冲击变为间接冲击，这可用减慢阀的关闭速度和减小冲击波传递距离来实现。

2）限制管道中油液的流速 v。

3）用橡胶软管或在冲击源处设置蓄能器，以吸收液压冲击的能量。

4）在容易出现液压冲击的地方，安装限制压力升高的安全阀。

二、空穴现象

一般液体中溶有空气，水中溶有约2%体积的空气，液压油中溶有6%～12%体积的空气。溶解状态的气体对油液体积弹性模量没有影响，游离状态的小气泡则对油液体积弹性模量产生显著的影响。空气的溶解度与压力成正比。当压力降低时，原先压力较高时溶于油液中的气体成为过饱和状态，于是就会分解出游离状态微小气泡，其速率是较低的，但当压力低于空气分离压 p_g 时，溶解的气体就会以很高速度分解出来，成为游离微小气泡，并聚合长大，使原来充满油液的管道变为混有许多气泡的不连续状态，这种现象称为空穴现象。油液的空气分离压随油温及空气溶解度而变化，当油温 $t=50℃$ 时，$p_g<4\times10^6\text{Pa}$（40bar）（绝对压力）。

管道中发生空穴现象时，气泡随着液流进入高压区，体积急剧缩小，气泡又凝结成液体，形成局部真空，周围液体质点以极大速度来填补这一空间，使气泡凝结处瞬间局部压力可高达数十兆帕，温度可达近千摄氏度。气泡凝结处附近的壁面，因反复受到液压冲击与高温作用，以及油液中逸出气体的酸化作用，其金属表面产生腐蚀。因空穴产生的腐蚀，一般称为气蚀。泵吸入管路连接密封不严使空气进入管道，回油管高出油面使空气冲入油中而被泵吸油管吸入油路以及泵吸油管道阻力过大、流速过高均是造成空穴的原因。

此外，当油液流经节流部位，流速增高，压力降低，在节流部位前后压力比值 $p_1/p_2\geqslant3.5$ 时，将发生节流空穴。

空穴现象会引起系统的振动，产生冲击、噪声、气蚀，使工作状态恶化，应采取如下预防措施：

1）限制泵吸油口距离油面的高度，泵吸油口要有足够的管径，过滤器压力损失要小，自吸能力差的泵要采用辅助供油方式。

2）管路密封要好，防止空气渗入。

3）节流口前后的压力比要小，一般控制节流口前后压力比值小于3.5。

复习思考题

1. 什么是液体的粘性？表示液体的粘度有哪三种方式？它们的表示符号和单位各是什么？

2. 压力有哪几种表示方法？静止液体内的压力是如何传递的？

3. 如图 2-10 所示，一流量计在截面 1-1、2-2 处的过流截面积分别为 A_1、A_2，测压管读数差为 Δh，求通过管路的流量。

4. 如图 2-11 所示，油管水平放置，截面 1-1、2-2 处的直径为 d_1、d_2，液体在管道内作连续流动，若不考虑管路内能量损失，则：

（1）截面 1-1、2-2 处哪一点压力高？为什么？

（2）若管路内通过的流量为 q，试求截面 1-1 和 2-2 两处的压差 Δp。

5. 液压冲击是怎么产生的？如何避免和减小液压冲击？

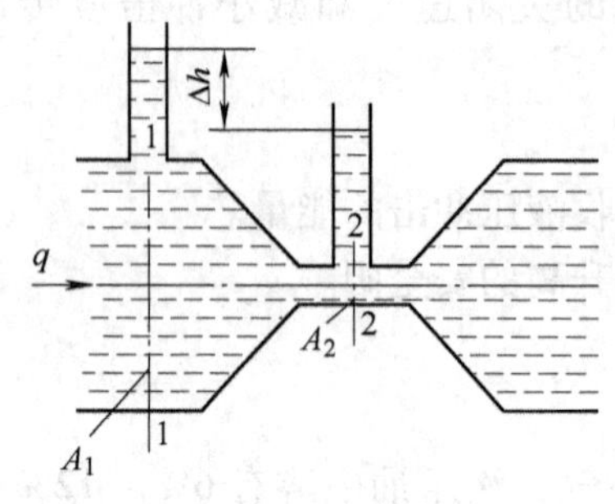

图 2-10　习题 3 图

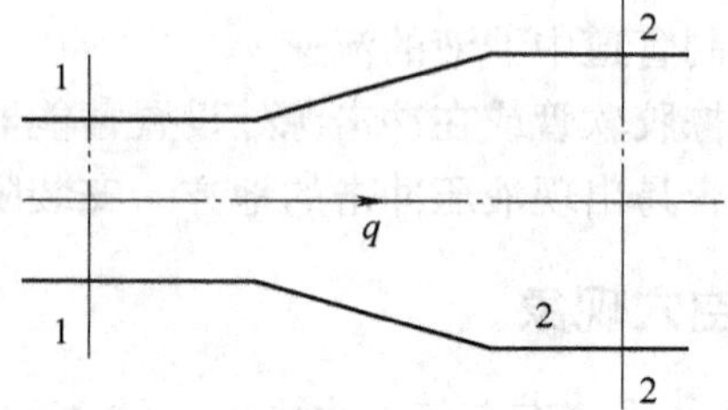

图 2-11　习题 4 图

第三章　液压动力元件

液压泵是液压动力元件，起着向系统提供动力源的作用，是系统不可缺少的核心元件。它是一种能量转换装置，可以将原动机输出的机械能转换为工作液体的液压能，为液压系统提供一定流量和压力的液体。

第一节　液压泵工作原理及选用

一、液压泵的工作原理

液压泵是液压系统的心脏，其功能是将原动机（电动机或内燃机）输入的机械能转换为工作液体的压力能输出，为系统提供压力油，是系统不可缺少的核心组件，液压泵工作原理图如图 3 - 1 所示。

图 3 - 1 所示的是一单柱塞液压泵的工作原理图。图中柱塞 2 安装在缸体 3 中形成一个密封容积 a，柱塞在弹簧 4 的作用下始终紧抵在偏心轮 1 上。当原动机驱动偏心轮 1 旋转时，柱塞 2 将作往复运动，使密封容积 a 的大小发生周期性的交替变化。当 a 由小变大时就形成部分真空，油箱中油液在大气压作用下，经吸油管顶开单向阀 6 进入密封容积 a 而实现吸油；反之，当 a 由大变小时，a 腔中吸满的油液将顶开单向阀 5 流入系统而实现压油。原动机驱动偏心轮不断旋转，液压泵就不断地吸油和压油，这样液压泵就将原动机输入的机械能转换成液体的压力能输出。

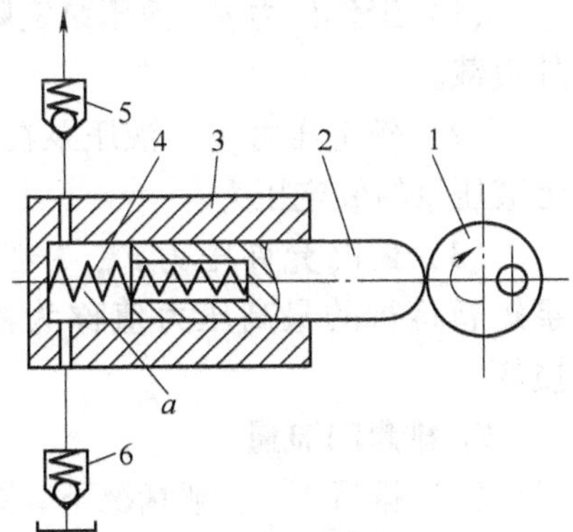

图 3 - 1　液压泵工作原理图
1—偏心轮　2—柱塞　3—缸体
4—弹簧　5、6—单向阀

由此可见，液压泵是靠密封容积的变化来实现吸油和排油的，其输出油量的多少取决于柱塞运动的次数和密封容积变化的大小，故液压泵又称为容积式泵。

通过上述分析可知，液压泵要正常工作，必须具备以下工作条件：

1）应具备大小能够交替变化的密封容积。

2）应有配流装置。它的作用是：在吸油过程中密封容积与油箱相通，同时关闭供油管路；在压油过程中，密封容积与供油管路相通，同时切断与油箱的连接。图 3 - 1 中的单向阀 5、6 就是配流装置。配流装置的形式随液压泵结构不同而异。

3）吸油过程中，油箱必须和大气相通。这是实现吸油的必要条件。

以上是以单柱塞液压泵为例分析液压泵的工作原理的，但代表了液压泵的共同性质。

二、液压泵的分类

液压泵的种类很多，按其结构不同可分为齿轮泵、叶片泵、柱塞泵等，按其输出流量能否调节可分为定量泵和变量泵，按其输油方向能否改变可分为单向泵和双向泵，按其额定压力的高低可分为低压泵、中压泵、高压泵等。液压泵的图形符号如图 3-2 所示。

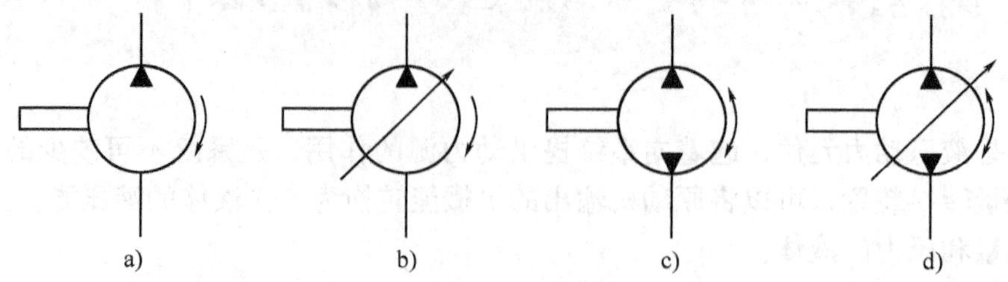

图 3-2　液压泵的图形符号
a）单向定量泵　b）单向变量泵　c）双向定量泵　d）双向变量泵

三、液压泵的主要性能参数

液压泵的性能参数主要是指液压泵的压力、流量、排量、功率和效率等。

1. 压力

（1）工作压力 p　液压泵实际工作时的输出压力称为工作压力。工作压力的大小取决于外负载。

（2）额定压力 p_n　液压泵在正常工作条件下，按试验标准规定连续运转的最高压力称为液压泵的额定压力。

（3）最高允许压力 p_{max}　在超过额定压力的条件下，根据试验标准规定，允许液压泵短暂运行的最高压力值称为液压泵的最高允许压力。当超过此压力时液压泵会很快损坏。

2. 排量和流量

（1）排量 V　一般情况下，泵轴旋转一周，由其密封容积几何尺寸变化计算而得的排出液体的体积称为液压泵的排量，简称排量（单位为 m^3/r）。

（2）理论流量 q_{Vt}　理论流量是指在不考虑液压泵泄漏流量的情况下，在单位时间内所排出的液体体积的平均值。显然，如果液压泵的排量为 V，其主轴转速为 n，则该液压泵的理论流量 q_{Vt} 为

$$q_{Vt} = Vn \tag{3-1}$$

（3）实际流量 q　液压泵在某一具体工况下，单位时间内所排出的液体体积称为实际流量，它等于理论流量 q_{Vt} 减去泄漏流量 Δq，即

$$q = q_{Vt} - \Delta q \tag{3-2}$$

（4）额定流量 q_n　液压泵在正常工作条件下，按试验标准规定（如在额定压力和额定转速下）必须保证的流量称为额定流量。

3. 功率和效率

（1）液压泵的功率损失　液压泵的功率损失有容积损失和机械损失两部分：

1）容积损失。容积损失是指液压泵流量上的损失，液压泵的实际输出流量总是小于其理论流量，主要是由于液压泵内部高压腔的泄漏、油液的压缩以及在吸油过程中由于吸油阻力太大、油液粘度大以及液压泵转速高等原因而导致油液不能全部充满密封工作腔。液压泵

经容积损失后的效率用容积效率来表示，它等于液压泵的实际输出流量 q 与其理论流量 q_{Vt} 之比，即

$$\eta_V = \frac{q}{q_{Vt}} = \frac{q_{Vt} - \Delta q}{q_{Vt}} = 1 - \frac{\Delta q}{q_{Vt}} \tag{3-3}$$

因此，液压泵的实际输出流量 q 为

$$q = q_{Vt}\eta_V \tag{3-4}$$

式中，η_V 为液压泵的容积效率；Δq 为泄漏量。

液压泵的容积效率随着液压泵工作压力的增大而减小，且随液压泵的结构类型不同而异，但恒小于1。

2）机械损失。机械损失是指液压泵在转矩上的损失。液压泵的实际输入转矩 T_i 总是大于理论上所需要的转矩 T_t，其主要原因是由于液压泵体内相对运动部件之间因机械摩擦而引起的摩擦转矩损失以及液体的粘性而引起的摩擦损失。液压泵经机械损失后的效率用机械效率表示，它等于液压泵的理论转矩 T_t 与实际输入转矩 T_i 之比，设转矩损失为 ΔT，则液压泵的机械效率为

$$\eta_m = \frac{T_t}{T_i} = \frac{1}{1 + \frac{\Delta T}{T_t}} \tag{3-5}$$

（2）液压泵的功率

1）输入功率 P_i。液压泵的输入功率是指作用在液压泵主轴上的机械功率。当输入转矩为 T_i，泵轴转速为 n 时，有

$$P_i = 2\pi n T_i \tag{3-6}$$

2）输出功率 P_o。液压泵的输出功率是指液压泵在工作过程中的实际吸、压油口间的压差 Δp 和输出流量 q 的乘积，即

$$P_o = \Delta p q \tag{3-7}$$

在实际的计算中，若油箱通大气，液压泵吸、压油的压差往往用液压泵出口压力 p 代入。

（3）液压泵的总效率　液压泵的总效率是指液压泵的实际输出功率与其输入功率的比值，即：

$$\eta = \frac{P_o}{P_i} = \frac{\Delta p q}{T_o \omega} = \frac{\Delta p q_{Vt} \eta_V}{\frac{T_i \omega}{\eta_m}} = \eta_V \eta_m \tag{3-8}$$

式中，$\frac{\Delta p q_{Vt}}{\omega}$ 为理论输入转矩 T_i。

由式（3-8）可知，液压泵的总效率等于其容积效率与机械效率的乘积。

第二节　齿　轮　泵

齿轮泵是一种常用液压泵，其主要特点是结构简单，制造方便，价格低廉，体积小，重量轻，自吸性能好，对油液污染不敏感，工作可靠；其主要缺点是流量和压力脉动大，噪声大，排量不可调。

按齿轮泵的内部结构不同，齿轮泵分为外啮合齿轮泵和内啮合齿轮泵，而以外啮合齿轮泵应用最广。

一、外啮合齿轮泵

1. 结构及工作原理

外啮合齿轮泵的工作原理如图 3-3 所示。其主要结构由泵体、一对啮合的齿轮、泵轴和前后泵盖组成。

当泵的主动齿轮按图示箭头方向旋转时，齿轮泵右侧（吸油腔）齿轮脱开啮合，齿轮的轮齿退出齿间，使密封容积增大，形成局部真空，油箱中的油液在外界大气压的作用下，经吸油管路、吸油腔进入齿间。随着齿轮的旋转，吸入齿间的油液被带到另一侧，进入压油腔。这时轮齿进入啮合，使密封容积逐渐减小，齿轮间部分油液被挤出，压力升高，形成了齿轮泵的压油过程。齿轮啮合时齿向接触线把吸油腔和压油腔分开，起配流作用。当齿轮泵的主动齿轮由电动机带动不断旋转时，轮齿脱开啮合的一侧，由于密封容积变大则不断从油箱中吸油，轮齿进入啮合的一侧，由于密封容积减小则不断地排油，这就是齿轮泵的工作原理。

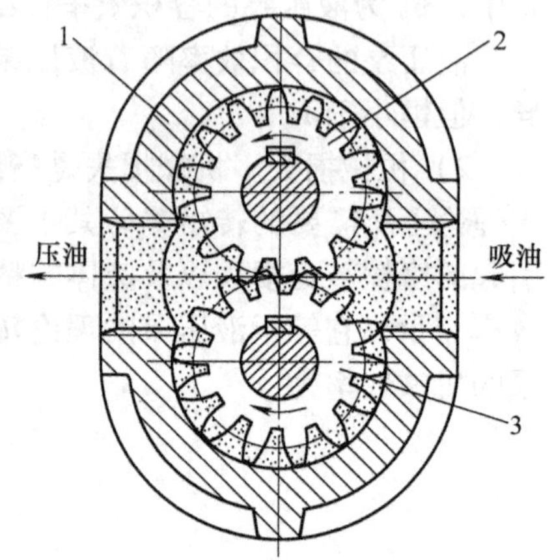

图 3-3　外啮合齿轮泵工作原理

1—泵体　2、3—齿轮

2. 外啮合齿轮泵的排量和流量

齿轮泵的排量 V 可视为一对齿轮所有齿槽的容积之和。假设齿槽的容积与轮齿的体积相等，则其排量就等于一个齿轮的齿槽容积和轮齿体积的总和，即相当于有效齿高和齿宽构成的平面所扫过的环形体积。于是泵的排量为

$$V=\pi dhb=2\pi zm^2b \tag{3-9}$$

式中，d 为节圆直径，$d=mz$；h 为有效齿高，$h=2m$；b 为齿宽；z 为齿数；m 为齿轮模数。

考虑到实际齿槽容积比轮齿体积稍大，故常用 3.33 代替式（3-9）中的 π，即

$$V=6.66zm^2b \tag{3-10}$$

泵的流量为

$$q=6.66zm^2bn\eta_V \tag{3-11}$$

式中，n 为泵的转速；η_V 为泵的容积效率。

式（3-11）表示的是泵的平均流量。实际上由于齿轮啮合过程中压油腔的容积变化率是不均匀的，因此齿轮泵的瞬时流量是脉动的。

3. 齿轮泵结构要点

（1）困油问题　齿轮泵要能连续地供油，就要求齿轮啮合的重叠系数 $\varepsilon>1$，也就是当一对齿轮尚未脱开啮合时，另一对齿轮已进入啮合。这样，就出现同时有两对齿轮啮合的瞬间，在两对齿轮的齿向啮合线之间形成了一个封闭容积，一部分油液也就被困在这一封闭容积中（见图 3-4a），齿轮连续旋转时，这一封闭容积便逐渐减小，到两啮合点处于节点两侧的对称位置时（见图 3-4b），封闭容积为最小；齿轮再继续转动时，封闭容积又逐渐增大，直到如图 3-4c所示位置时，容积又变为最大。在封闭容积减小时，被困油液受到挤压，压

力急剧上升，使轴承上突然受到很大的冲击载荷，使泵剧烈振动，这时高压油从一切可能泄漏的缝隙中挤出，造成功率损失，使油液发热等。当封闭容积增大时，由于没有油液补充，因此形成局部真空，使原来溶解于油液中的空气分离出来，形成了气泡，油液中产生气泡后，会引起噪声、气蚀等。以上就是齿轮泵的困油现象。这种困油现象极为严重地影响着泵的工作平稳性和使用寿命。

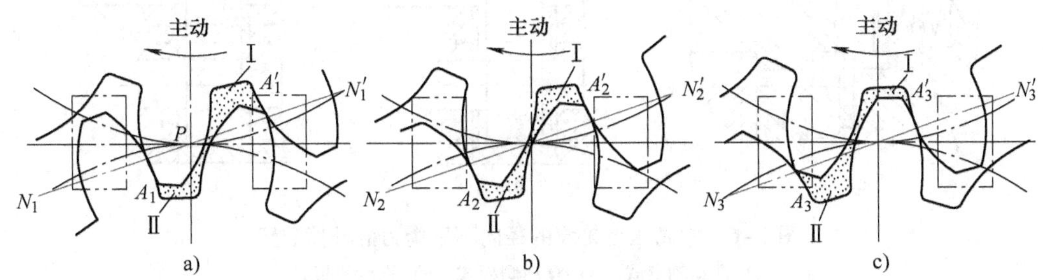

图 3-4　齿轮泵的困油现象

为了消除困油现象，在 CB—B 型齿轮泵的泵盖上铣出两个困油卸荷凹槽，其几何关系如图 3-5 所示。卸荷槽的位置应该使困油腔由大变小时，能通过卸荷槽与压油腔相通，而当困油腔由小变大时，能通过另一卸荷槽与吸油腔相通。两卸荷槽之间的距离为 a，必须保证在任何时候都不能使压油腔和吸油腔互通。

按上述对称开的卸荷槽，当困油封闭腔由大变至最小时（图 3-5），由于油液不易从即将关闭的缝隙中挤出，故封闭油压仍将高于压油腔压力；齿轮继续转动，当封闭腔和吸油腔相通的瞬间，高压油又突然和吸油腔的低压油相接触，会引起冲击和噪声。于是 CB—B 型齿轮泵将卸荷槽的位置整个向吸油腔一侧平移了一个距离。这时封闭腔只有在由小变至最大时才和压油腔断开，油压没有突变，封闭腔和吸油腔接通时，封闭腔不会出现真空也没有压力冲击，这样改进后，使齿轮泵的振动和噪声得到了进一步改善。

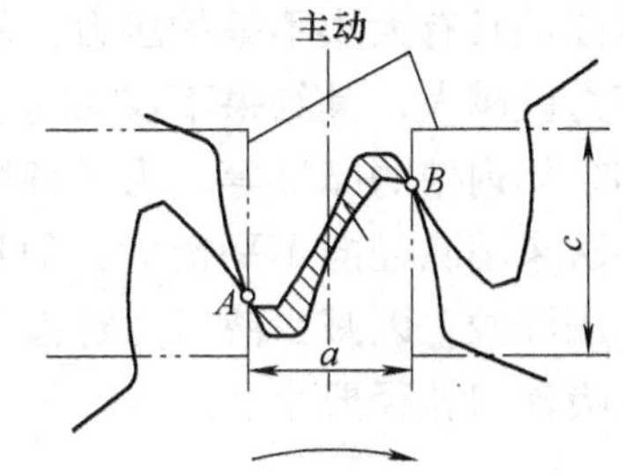

图 3-5　齿轮泵的困油卸荷槽图

（2）齿轮泵的泄漏　在液压泵中，运动件间是靠微小间隙密封的，这些微小间隙在运动学上称为摩擦副，而高压腔的油液通过间隙向低压腔泄漏是不可避免的；齿轮泵压油腔的压力油可通过三条途径泄漏到吸油腔中：一是通过齿轮啮合线处的间隙（齿侧间隙），二是通过壳体内孔和齿顶的径向间隙（齿顶间隙），三是通过齿轮两端面和侧板间的间隙（端面间隙）。在这三类间隙中，端面间隙的泄漏量最大（75% ~80%）。压力越高，由间隙泄漏的液压油液就越多，因此为了实现齿轮泵的高压化，为了提高齿轮泵的压力和容积效率，需要从结构上采取措施，对端面间隙进行自动补偿，如图 3-6 所示。

1）浮动轴套式。图 3-6a 所示为浮动轴套式的间隙补偿装置。它利用泵的出口压力油，引入齿轮轴上的浮动轴套 1 的外侧 A 腔，在液体压力作用下，使轴套紧贴齿轮 3 的侧面，因而可消除间隙，并可补偿齿轮侧面和轴套间的磨损量。在泵起动时，靠弹簧 4 来产生预紧力，保证了轴向间隙的密封。

2）浮动侧板式。浮动侧板式补偿装置的工作原理与浮动轴套式基本相似，它也是利用泵的出口压力油引到浮动侧板 5 的背面，如图 3-6b 所示，使之紧贴于齿轮的端面来补偿间隙。起动时，浮动侧板靠密封圈来产生预紧力。

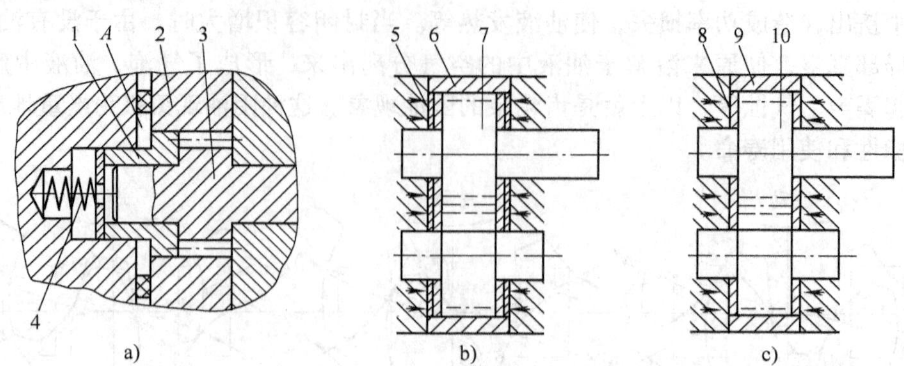

图 3-6　中高压齿轮泵的径向不平衡力的补偿装置

a）浮动轴套式　b）浮动侧板式　c）挠性侧板式

1—浮动轴套　2、6、9—轴套　3、7、10—齿轮　4—弹簧　5—浮动侧板　8—挠性侧板

3）挠性侧板式。图 3-6c 所示为挠性侧板式间隙补偿装置，它是利用泵的出口压力油引到侧板的背面后，靠挠性侧板 8 自身的变形来补偿端面间隙的，侧板的厚度较薄，内侧面要耐磨（如烧结有 0.5～0.7mm 厚的磷青铜），这种结构采取一定措施后，易使侧板外侧面的压力分布大体上和齿轮侧面的压力分布相适应。

（3）径向不平衡力　齿轮泵工作时，在齿轮和轴承上承受径向液压力的作用。如图 3-7 所示，泵的右侧为吸油腔，左侧为压油腔。在压油腔内有液压力作用于齿轮上，沿着齿顶的泄漏油具有大小不等的压力，就是齿轮和轴承受到的径向不平衡力。液压力越高，这个不平衡力就越大，其结果不仅加速了轴承的磨损，降低了轴承的寿命，甚至使轴变形，造成齿顶和泵体内壁的摩擦等。为了解决径向力不平衡问题，在有些齿轮泵上，采用开压力平衡槽的办法来消除径向不平衡力，但这将使泄漏增大，容积效率降低。CB—B 型齿轮泵则采用缩小压油腔，以减少液压力对齿顶部分的作用面积来减小径向不平衡力，所以泵的压油口孔径比吸油口孔径要小。

二、内啮合齿轮泵

内啮合齿轮泵的工作原理也是利用齿间密封容积的变化来实现吸油与压油的。图 3-8 所示是内啮合齿轮泵的工作原理图。

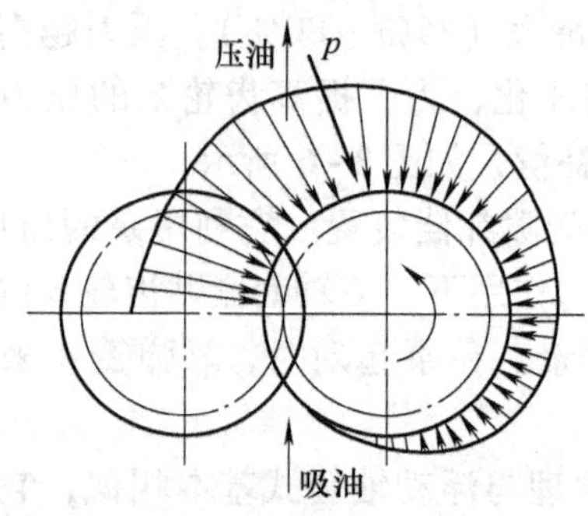

图 3-7　齿轮泵的径向不平衡力

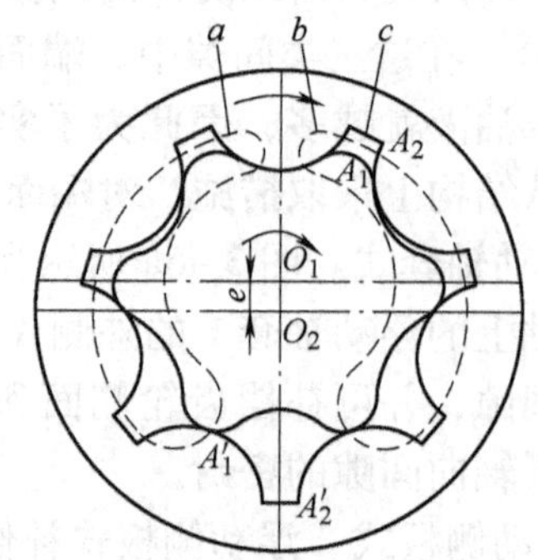

图 3-8　内啮合齿轮泵的工作原理图

它由配流盘（前、后盖）、外转子（从动轮）和偏心安置在泵体内的内转子（主动轮）等组成。内、外转子相差一齿，图中内转子为六齿，外转子为七齿，由于内外转子是多齿啮合，这就形成了若干密封容积。当内转子围绕中心 O_1 旋转时，带动外转子绕外转子中心 O_2 作同向旋转。这时，由内转子齿顶 A_1 和外转子齿谷 A_2 间形成的密封容积 c，随着转子的转动，密封容积逐渐扩大，于是形成局部真空，油液从配流窗口 b 被吸入密封腔，至 A'_1、A'_2 位置时封闭容积最大，这时吸油完毕。当转子继续旋转时，充满油液的密封容积便逐渐减小，油液受挤压，于是通过另一配流窗口 a 将油排出，至内转子的另一齿全部和外转子的齿凹 A_2 全部啮合时，压油完毕，内转子每转一周，由内转子齿顶和外转子齿谷所构成的每个密封容积，完成吸油、压油各一次，当内转子连续转动时，即完成了液压泵的吸排油工作。

内啮合齿轮泵的外转子齿形是圆弧，内转子齿形为短幅外摆线的等距线，故又称为内啮合摆线齿轮泵，也称转子泵。

内啮合齿轮泵有许多优点，如结构紧凑，体积小，零件少，转速可高达10000r/min，运动平稳，噪声低，流量脉动小，容积效率较高等。缺点是转子的制造工艺复杂等，目前转子常用的制造方法是采用粉末冶金压制成形。随着工业技术的发展，内啮合齿轮泵的应用将会越来越广泛。内啮合齿轮泵可正、反转，故可作液压马达用。

第三节 叶 片 泵

叶片泵的结构较齿轮泵复杂，但其工作压力较高，且流量脉动小，工作平稳，噪声较小，寿命较长。所以它广泛应用于机械制造中的专用机床、自动线等中低压液压系统中，但其结构复杂，吸油特性不太好，对油液的污染也比较敏感。

根据各密封工作容积在转子旋转一周吸、排油液次数的不同，叶片泵分为两类，即完成一次吸、排油液的单作用叶片泵和完成两次吸、排油液的双作用叶片泵。单作用叶片泵多为变量泵，工作压力最大为7.0MPa；双作用叶片泵均为定量泵，一般最大工作压力也为7.0MPa。结构经改进的高压叶片泵最大的工作压力可达16.0～21.0MPa。

一、单作用叶片泵

1. 单作用叶片泵的工作原理

单作用叶片泵的工作原理如图3-9所示，单作用叶片泵由转子1、定子2、叶片3和端盖等组成。定子具有圆柱形内表面，定子和转子间有偏心距。叶片装在转子槽中，并可在槽内滑动。当转子回转时，由于离心力的作用，使叶片紧靠在定子内壁，这样在定子、转子、叶片和两侧配流盘间即形成若干个密封的工作空间，当转子按图示方向回转时，在图的右部，叶片逐渐伸出，叶片间的工作空间逐渐增大，从吸油口吸油，这是吸油腔；在图的左部，叶片被定子内壁逐渐压进槽内，工作空间逐渐缩小，将油液从压油口压出，这是压油腔。在吸油腔和压油腔之间，有一段封油区，把吸油腔

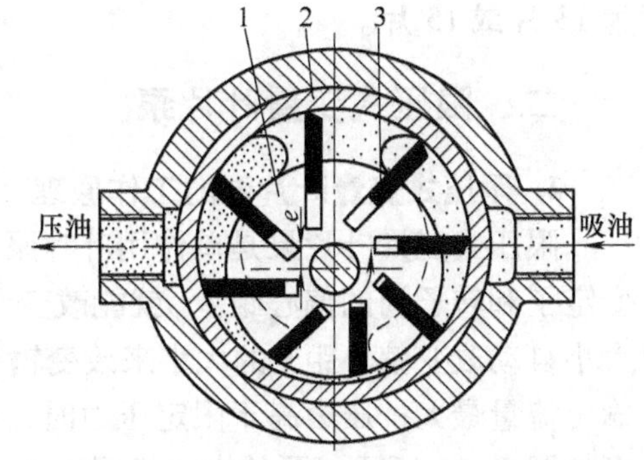

图3-9 单作用叶片泵的工作原理

1—转子 2—定子 3—叶片

和压油腔隔开。这种叶片泵的转子每转一周，每个工作空间完成一次吸油和压油，因此称为单作用叶片泵。转子不停地旋转，泵就不断地吸油和排油。

2. 单作用叶片泵的结构特点

1）改变定子和转子之间的偏心便可改变流量。偏心反向时，吸油、压油方向也相反。

2）处在压油腔的叶片顶部受到压力油的作用，该作用要把叶片推入转子槽内。为了使叶片顶部可靠地和定子内表面相接触，压油腔一侧的叶片底部要通过特殊的沟槽和压油腔相通。吸油腔一侧的叶片底部要和吸油腔相通，这里的叶片仅靠离心力的作用顶在定子内表面上。

3）由于转子受到不平衡的径向液压作用力，所以这种泵一般不宜用于高压。

4）为了更有利于叶片在惯性力作用下向外伸出，而使叶片有一个与旋转方向相反的倾斜角，该角称后倾角，一般为24°。

3. 单作用叶片泵的排量和流量

如图3-10所示，当单作用叶片泵的转子每转一周时，每两相邻叶片间的密封容积变化量为V_1-V_2。若近似把AB和MN看做是中心为O_1的圆弧，当定子内径为D时，此两圆弧的半径分别为$D/2+e$和$D/2-e$。设转子直径为d，叶片宽度为b，叶片数为z，则有

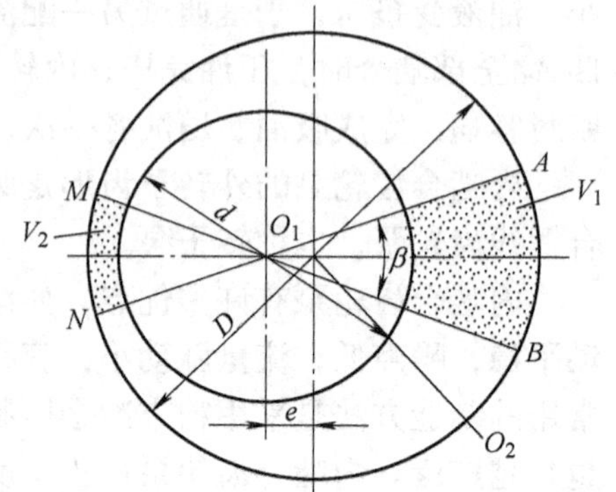

图3-10　单作用叶片泵排量的计算

$$V_1=\pi\left[\left(\frac{D}{2}+e\right)^2-\left(\frac{d}{2}\right)^2\right]\frac{\beta}{2\pi}b=\pi\left[\left(\frac{D}{2}+e\right)^2-\left(\frac{d}{2}\right)^2\right]\frac{b}{z} \tag{3-12}$$

$$V_2=\pi\left[\left(\frac{D}{2}-e\right)^2-\left(\frac{d}{2}\right)^2\right]\frac{\beta}{2\pi}b=\pi\left[\left(\frac{D}{2}-e\right)^2-\left(\frac{d}{2}\right)^2\right]\frac{b}{z} \tag{3-13}$$

式中，$\beta=2\pi/z$为两相邻叶片所夹的中心角。

因排量$V=(V_1-V_2)Z$，将式（3-12）与式（3-13）代入，整理可得泵的排量为

$$V=2\pi beD \tag{3-14}$$

实际流量为

$$q=2\pi beDn\eta_V \tag{3-15}$$

由于定子和转子偏心安装，单作用叶片泵的容积变化是不均匀的，因此有流量脉动。理论计算可以证明，叶片数为奇数时流量脉动较小，故单作用叶片泵的叶片数总取奇数，一般为13片或15片。

二、限压式变量叶片泵

1. 限压式变量叶片泵的工作原理

限压式变量叶片泵是单作用叶片泵，根据前面介绍的单作用叶片泵的工作原理可知，改变定子和转子间的偏心距e，就能改变泵的输出流量。限压式变量叶片泵能借助输出压力的大小自动改变偏心距e的大小来改变输出流量。当压力低于某一可调节的限定压力时，泵的输出流量最大；压力高于限定压力时，随着压力增加，泵的输出流量线性地减少，其工作原理如图3-11所示。泵的出口经通道7与活塞腔6相通。在泵未运转时，定子2在调压弹簧9的作用下，紧靠活塞4，并使活塞4靠在螺钉5上。这时，定子和转子有一偏心量e_0，调

节螺钉5的位置，便可改变e_0。当泵的出口压力p较低时，则作用在活塞4上的液压力也较小，若此液压力小于左端的弹簧作用力，当活塞的面积为A、调压弹簧的刚度K_x、预压缩量为x_0时，有

$$pA < K_x x_0 \tag{3-16}$$

此时，定子相对于转子的偏心量最大，输出流量最大。随着外负载的增大，液压泵的出口压力p也将随之提高，当压力升至与弹簧力相平衡的控制压力p_b时，有

$$p_b A = K_x x_0 \tag{3-17}$$

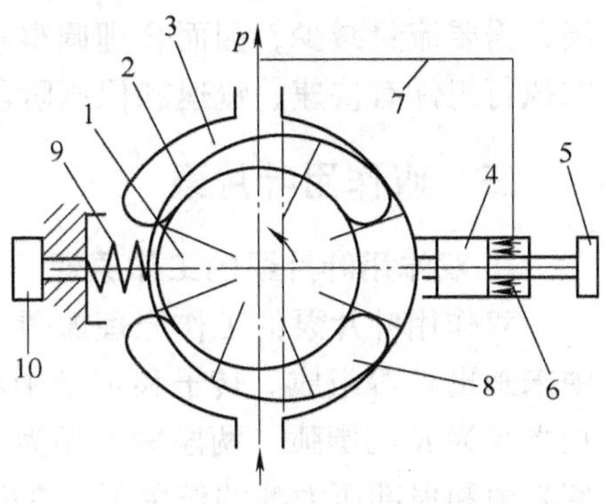

图3-11　限压式变量叶片泵的工作原理
1—转子　2—定子　3—吸油窗口　4—活塞　5—螺钉　6—活塞腔　7—通道　8—压油窗口　9—调压弹簧　10—调压螺钉

当压力进一步升高，使$pA > K_x x_0$，这时，若不考虑定子移动时的摩擦力，液压作用力就要克服弹簧力推动定子向上移动，泵的偏心量随之减小，泵的输出流量也减小。p_b称为泵的限定压力，即泵处于最大流量时所能达到的最高压力，调节调压螺钉10，改变弹簧的预压缩量x_0即可改变p_b的大小。

设定子的最大偏心量为e_0，偏心量减小时，弹簧的附加压缩量为x，则定子移动后的偏心量e为

$$e = e_0 - x \tag{3-18}$$

这时，定子上的受力平衡方程式为

$$pA = K_x (x_0 + x) \tag{3-19}$$

将式（3-17）、式（3-19）代入式（3-18）可得

$$e = e_0 - A(p - p_b)/K_x \quad (p \geqslant p_b) \tag{3-20}$$

式（3-20）表示了泵的工作压力与偏心量的关系，由该式可以看出，泵的工作压力越高，偏心量就越小，泵的输出流量也就越小，且当$p = K_x(e_0 + x_0)/A$时，泵的输出流量为零。控制定子移动的作用力是将液压泵出口的压力油引到活塞上，然后再加到定子上去，这种控制方式称为外反馈式。

2. 限压式变量叶片泵的特点

1）在限压式变量叶片泵中，当叶片处于压油区时，叶片底部通压油腔，当叶片处于吸油区时，叶片底部通吸油腔，这样，叶片的顶部和底部的液压力基本平衡，这就避免了定量叶片泵在吸油区定子内表面严重磨损的问题。如果在吸油腔叶片底部仍通压油腔，叶片顶部就会给定子内表面以较大的摩擦力，以致减弱了压力反馈的作用。

2）叶片也有倾角，但倾斜方向正好与双作用叶片泵相反，这是因为限压式变量叶片泵的叶片上下压力是平衡的，叶片在吸油区向外运动主要依靠其旋转时的离心惯性作用。根据力学分析，这样的倾斜方向更有利于叶片在离心惯性作用下向外伸出。

3）限压式变量叶片泵结构复杂，轮廓尺寸大，相对运动的机件多，泄漏较大，轴上承受不平衡的径向液压力，噪声较大，容积效率和机械效率都没有定量叶片泵高；但是，它能按负载压力自动调节流量，在功率使用上较为合理，可减少油液发热。

限压式变量叶片泵对既要实现快速行程，又要实现工作进给（慢速移动）的执行组件来说是一种合适的油源。快速行程需要大的流量，负载压力较低，工作进给时负载压力升

高，需要流量减少，因而合理调整拐点压力 p_b 是使用该泵的关键。目前这种泵广泛用于要求执行组件有快速、慢速和保压阶段的中低压系统中，有利于节能和简化回路。

三、双作用叶片泵

1. 双作用叶片泵的工作原理

双作用叶片泵的工作原理如图 3 - 12 所示，它也由定子 1、转子 2、叶片 3 和配流盘（图中未画出）等组成。转子和定子中心重合，定子内表面近似为椭圆柱形，该椭圆形由两段长半径为 R 的圆弧、两段短半径为 r 的圆弧和四段过渡曲线所组成。当转子转动时，叶片在离心力和根部压力油的作用下，在转子槽内作径向移动而压向定子内表面，由叶片、定子的内表面、转子的外表面和两侧配流盘间形成若干个密封空间，当转子按图示方向旋转时，处在小圆弧上的密封空间经过渡曲线而运动到大圆弧的过程中，叶片外伸，密封空间的容积增大，要吸入油液；再从大圆弧经过渡曲线运动到小圆弧的过程中，叶片被定子内壁逐渐压进槽内，密封空间容积变小，将油液从压油口压出。因而，当转子每转一周，每个工作空间要完成两次吸油和压油，所以称之为双作用叶片泵。这种叶片泵由于有两个吸油腔和两个压油腔，并且各自的中心夹角是对称的，作用在转子上的油液压力相互平衡，因此双作用叶片泵又称为卸荷式叶片泵，为了要使径向力完全平衡，密封空间数（即叶片数）应当是偶数。

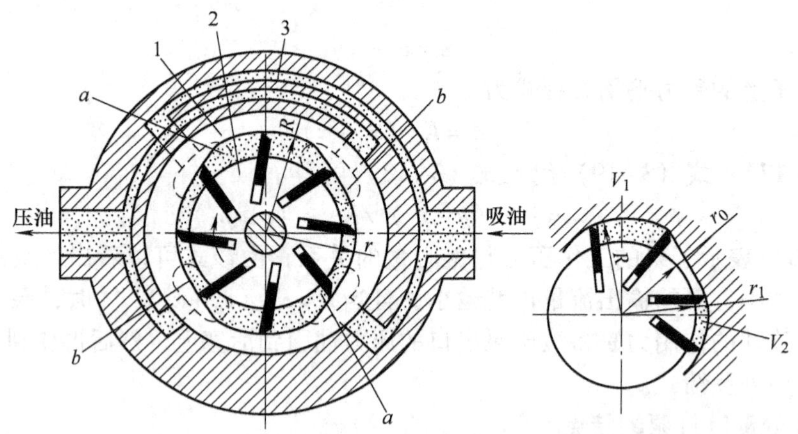

图 3 - 12　双作用叶片泵的工作原理

1—定子　2—转子　3—叶片

2. 双作用叶片泵的排量和流量计算

由图 3 - 12 可知，叶片泵每转一周，两叶片组成的工作腔由最小到最大变化两次。因此，叶片泵每转一周，两叶片间的油液排出量为大圆弧段 R 处的容积与小圆弧段 r 处的容积的差值的两倍。若叶片数为 z，当不计叶片本身的体积时，通过计算可得双作用叶片泵的排量为

$$V_p = 2\pi\ (R^2 - r^2)\ b \tag{3-21}$$

泵的流量为

$$q = 2\pi\ (R^2 - r^2)\ bn\eta_V \tag{3-22}$$

式中，R 为定子的长半径；r 为定子的短半径；b 为叶片宽度。

3. 双作用叶片泵的结构特点

（1）配流盘　双作用叶片泵的配流盘如图 3-13 所示，在盘上有两个吸油窗口 2、4 和两个压油窗口 1、3，窗口之间为封油区。通常应使封油区对应的中心角 β 稍大于或等于两个叶片之间的夹角，否则会使吸油腔和压油腔连通，造成泄漏，当两个叶片间的密封油液从吸油区过渡到封油区（长半径圆弧处）时，其压力基本上与吸油压力相同，但当转子再继续旋转一个微小角度时，该密封腔突然与压油腔相通，使其中油液压力突然升高，油液的体积突然收缩，压油腔中的油倒流进该腔，使液压泵的瞬时流量突然减小，引起液压泵的流量脉动、压力脉动和噪声。为此在配流盘的压油窗口靠叶片从封油区进入压油区的一边，开有一个截面形状为三角形的三角槽（又称眉毛槽），使两叶片之间的封闭油液在未进入压油区之前就通过该三角槽与压力油相连，其压力逐渐上升，因而缓减了流量和压力脉动，并降低了噪声。环形槽 c 与压油腔相通并与转子叶片槽底部相通，使叶片的底部作用有压力油。

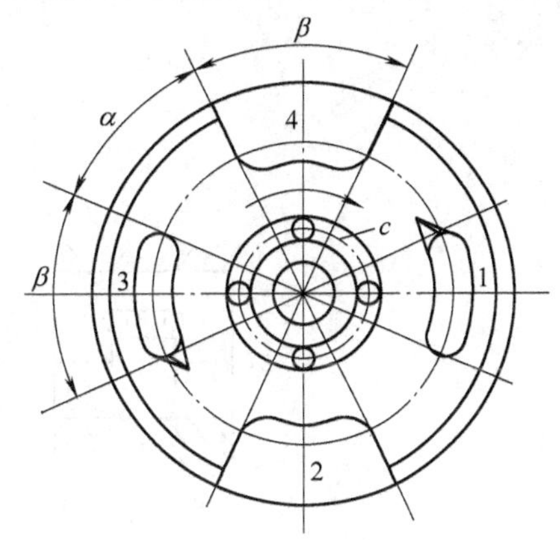

图 3-13　配流盘

1、3—压油窗口　2、4—吸油窗口

c—环形槽

（2）定子曲线　定子曲线是由四段圆弧和四段过渡曲线组成的。过渡曲线应保证叶片贴紧在定子内表面上，保证叶片在转子槽中径向运动时速度和加速度的变化均匀，使叶片对定子的内表面的冲击尽可能小。过渡曲线如采用阿基米德螺旋线，则叶片泵的流量理论上没有脉动，可是叶片在大、小圆弧和过渡曲线的连接点处产生很大的径向加速度，对定子产生冲击，造成连接点处严重磨损，并发生噪声。在连接点处用小圆弧进行修正，可以改善这种情况，在较为新式的泵中采用“等加速-等减速”曲线，在国外有些叶片泵上采用了三次以上的高次曲线作为过渡曲线。

（3）叶片的倾角　叶片在工作过程中，受离心力和叶片根部压力油的作用，使叶片和定子紧密接触。当叶片转至压油区时，定子内表面迫使叶片推向转子中心，它的工作情况和凸轮相似。叶片与定子内表面接触的压力角为 β，且其大小是变化的，其变化规律与叶片径向速度变化规律相同，即从零逐渐增加到最大，又从最大逐渐减小到零，因而在双作用叶片泵中，将叶片顺着转子回转方向前倾一个 θ 角，使压力角减小到 β'，这样就可以减小侧向力 F_T，使叶片在槽中移动灵活，并可减少磨损。根据双作用叶片泵定子内表面的几何参数，其压力角的最大值 $\beta_{max} \approx 24°$。一般取 $\theta = \beta_{max}/2$，因而叶片泵叶片的倾角 θ 一般为 10°～14°。YB 型叶片泵的叶片相对于转子径向连线前倾 13°。但近年的研究表明，叶片倾角并非完全必要，某些高压双作用叶片泵的转子槽是径向的，且使用情况良好。

（4）提高双作用叶片泵压力的措施　由于一般双作用叶片泵的叶片底部通压力油，就使得处于吸油区的叶片顶部和底部的液压作用力不平衡，叶片顶部以很大的压紧力抵在定子吸油区的内表面上，使磨损加剧，影响叶片泵的使用寿命，尤其是工作压力较高时，磨损更严重。因此吸油区叶片两端压力不平衡，限制了双作用叶片泵工作压力的提高。所以在高压叶片泵的结构上必须采取措施，使叶片压向定子的作用力减小。常用的措施有：

1）减小作用在叶片底部的油液压力。将泵的压油腔的油通过阻尼槽或内装式小减压阀通到吸油区的叶片底部，使叶片经过吸油腔时，叶片压向定子内表面的作用力不致过大。

2）减小叶片底部承受压力油作用的面积。叶片底部受压面积为叶片的宽度和叶片厚度的乘积，因此减小叶片的实际受力宽度和厚度，就可减小叶片受压面积。

减小叶片实际受力宽度的结构如图3-14a所示，这种结构中采用了复合式叶片（也称子母叶片），叶片分成母叶片1与子叶片2两部分。通过配流盘使K腔总是接通压力油，引入母子叶片间的小腔c内，而母叶片底部L腔，则借助于虚线所示的油孔，始终与顶部油液压力相同。这样，无论叶片处在吸油区还是压油区，母叶片顶部和底部的压力总是相等的。当叶片处在吸油腔时，只有c腔的高压油作用而压向定子内表面，减小了叶片和定子内表面间的作用力。图3-14b所示为阶梯片结构，在这里，阶梯叶片和阶梯叶片槽之间的油室d始终和压力油相通，而叶片的底部和所在腔相通。这样，叶片在d室内油液压力作用下压向定子表面，由于作用面积减小，使其作用力不致太大，但这种结构的工艺性较差。

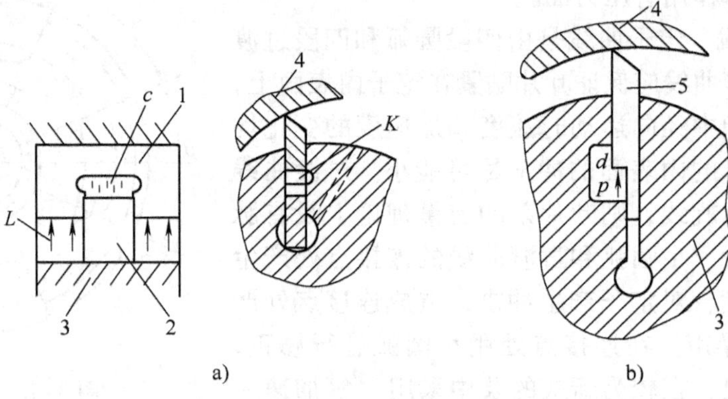

图3-14 减小叶片作用面积的高压叶片泵叶片结构

1—母叶片 2—子叶片 3—转子 4—定子 5—叶片

3）使叶片顶端和底部的液压作用力平衡。图3-15a所示的泵采用双叶片结构，叶片槽中有两个可以作相对滑动的叶片1和2，每个叶片都有一棱边与定子内表面接触，在叶片的顶部形成一个油腔a，叶片底部油腔b始终与压油腔相通，并通过两叶片间的小孔c与油腔a相连通，因而使叶片顶端和底部的液压作用力得到平衡。适当选择叶片顶部棱边的宽度，可以使叶片对定子表面既有一定的压紧力，又不致使该力过大。为了使叶片运动灵活，对零件的制造精度将提出较高的要求。

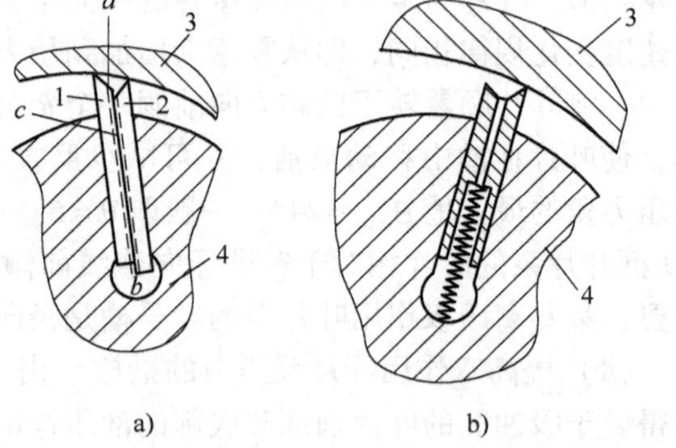

图3-15 叶片液压力平衡的高压叶片泵叶片结构

1、2—叶片 3—定子 4—转子

图3-15b所示为叶片装弹簧的结构，这种结构叶片较厚，顶部与底部有孔相通，叶片底部的油液是由叶片顶部经叶片的孔引入的，因此叶片上下油腔油液的作用力基本平衡，为使叶片紧贴定子内表面，保证密封，在叶片根部装有弹簧。

第四节 柱 塞 泵

柱塞泵是靠柱塞在缸体中作往复运动造成密封容积的变化来实现吸油与压油的液压泵。与齿轮泵和叶片泵相比，柱塞泵有许多优点：第一，构成密封容积的零件为圆柱形的柱塞和缸孔，加工方便，可得到较高的配合精度，密封性能好，在高压下工作仍有较高的容积效率；第二，只需改变柱塞的工作行程就能改变流量，易于实现变量；第三，柱塞泵中的主要零件均受压应力作用，材料强度性能可得到充分利用。由于柱塞泵压力高，结构紧凑，效率高，流量调节方便，故在需要高压、大流量、大功率的系统中和流量需要调节的场合，如龙门刨床、拉床、液压机、工程机械、矿山冶金机械、船舶上得到广泛的应用。柱塞泵按柱塞的排列和运动方向不同，可分为轴向柱塞泵和径向柱塞泵两大类。轴向柱塞泵的柱塞都平行于缸体中心线，径向柱塞泵的柱塞与缸体中心线垂直。按配流方式不同，可分为阀配流（缸体不动）、端面配流和轴配流（缸体转动）。

轴向柱塞泵又可分为斜盘式和斜轴式两类。下面以斜盘式为主来分析轴向柱塞泵。

一、轴向柱塞泵

1. 轴向柱塞泵的工作原理

轴向柱塞泵是将多个柱塞配置在一个共同缸体的圆周上，并使柱塞中心线和缸体中心线平行的一种泵。轴向柱塞泵有两种形式，直轴式（斜盘式）和斜轴式（摆缸式）。图 3 - 16 所示为直轴式轴向柱塞泵的工作原理，这种泵主体由缸体 1、配流盘 2、柱塞 3 和斜盘 4 组成。柱塞沿圆周均匀分布在缸体内。斜盘轴线与缸体轴线倾斜一角度，柱塞靠机械装置或在低压油作用下压紧在斜盘上（图中为弹簧），配流盘 2 和斜盘 4 固定不转，当原动机通过传动轴使缸体转动时，由于斜盘的作用，迫使柱塞在缸体内作往复运动，并通过配流盘的配流窗口进行吸油和压油。如图 3 - 16 所示的回转方向，当缸体转角在 $\pi \sim 2\pi$ 范围内，柱塞向外伸出，柱塞底部缸孔的密封工作容积增大，通过配流盘的吸油窗口吸油；在 $0 \sim \pi$ 范围内，柱塞被斜盘推入缸体，使缸孔密封工作容积减小，通过配流盘的压油窗口压油。缸体每转一周，每个柱塞各完成吸、压油一次，如改变斜盘倾角 γ，就能改变柱塞行程的长度，即改变液压泵的排量，改变斜盘倾角方向，就能改变吸油和压油的方向，即成为双向变量泵。

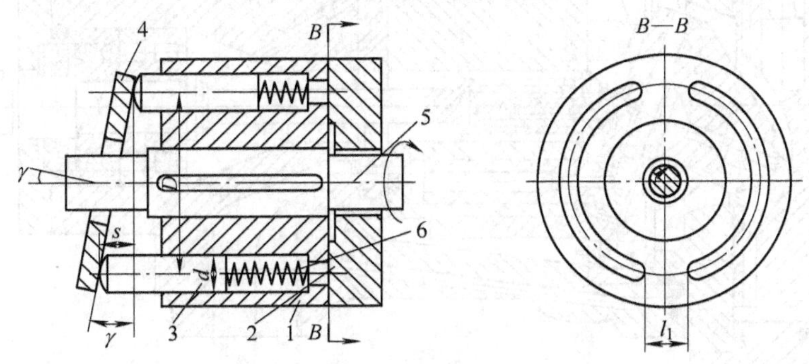

图 3 - 16 轴向柱塞泵的工作原理

1—缸体 2—配流盘 3—柱塞 4—斜盘 5—传动轴 6—弹簧

配流盘上吸油窗口和压油窗口之间的密封区宽度 l_1 应稍大于柱塞缸体底部通油孔宽度 l_2。但不能相差太大，否则会发生困油现象。一般在两配流窗口的两端部开有小三角槽，以减小冲击和噪声。

斜轴式轴向柱塞泵的缸体轴线相对传动轴轴线成一倾角，传动轴端部用万向铰链、连杆与缸体中的每个柱塞相连接，当传动轴转动时，通过万向铰链、连杆使柱塞和缸体一起转动，并迫使柱塞在缸体中作往复运动，借助配流盘进行吸油和压油。这类泵的优点是变量范围大，泵的强度较高，但和上述直轴式相比，其结构较复杂，外形尺寸和重量均较大。

轴向柱塞泵的优点是：结构紧凑，径向尺寸小，惯性小，容积效率高，目前最高压力可达 40.0MPa，甚至更高，一般用于工程机械、压力机等高压系统中；但其轴向尺寸较大，轴向作用力也较大，结构比较复杂。

2. 轴向柱塞泵的结构特点

（1）典型结构　图 3-17 所示为一种直轴式轴向柱塞泵的结构。柱塞的球状头部装在滑履 4 内，以缸体作为支承的弹簧 9 通过钢球推压回程盘 3，回程盘和柱塞滑履一同转动。在排油过程中借助斜盘 2 推动柱塞作轴向运动；在吸油时依靠回程盘、钢球和弹簧组成的回程装置将滑履紧紧压在斜盘表面上滑动，弹簧 9 一般称为回程弹簧，这样的泵具有自吸能力。在滑履与斜盘相接触的部分有一油室，它通过柱塞中间的小孔与缸体中的工作腔相连，压力油进入油室后在滑履与斜盘的接触面间形成了一层油膜，起着静压支承的作用，使滑履作用在斜盘上的力大大减小，因而磨损也减小。传动轴 8 通过左边的花键带动缸体 6 旋转，由于滑履 4 贴紧在斜盘表面上，柱塞在随缸体旋转的同时也在缸体中作往复运动。缸体中柱塞底部的密封工作容积是通过配流盘 7 与泵的进出口相通的。随着传动轴的转动，液压泵就连续地吸油和排油。

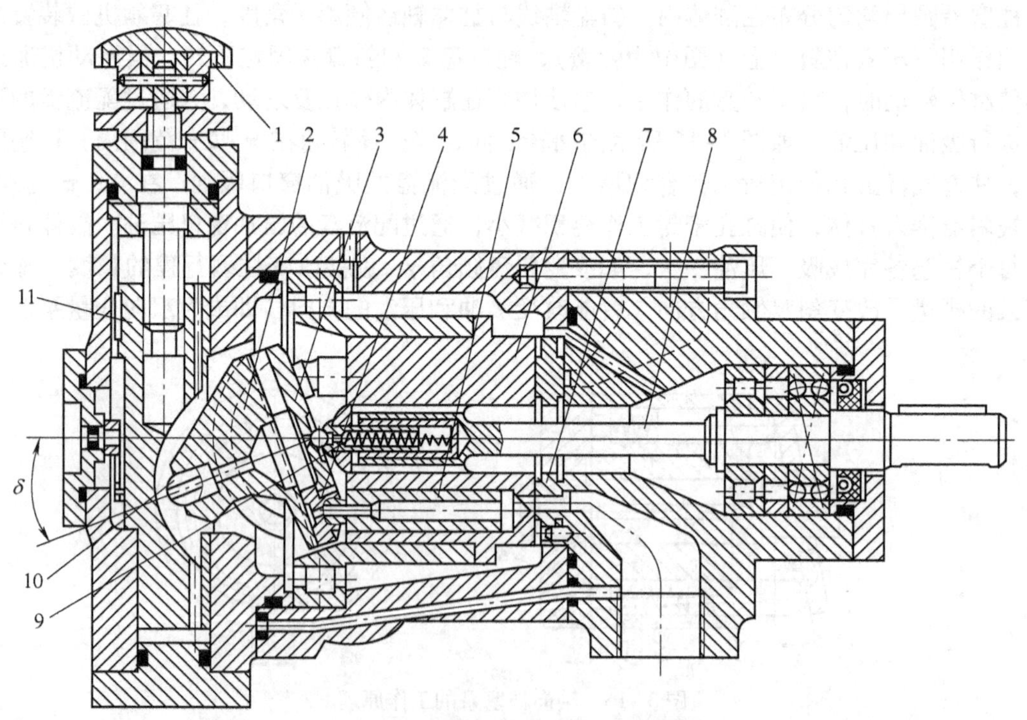

图 3-17　直轴式轴向柱塞泵结构

1—手轮　2—斜盘　3—回程盘　4—滑履　5—柱塞　6—缸体　7—配流盘　8—传动轴　9—弹簧　10—轴销　11—变量活塞

（2）变量机构　只要改变斜盘的倾角，即可改变轴向柱塞泵的排量和输出流量。下面介绍常用的轴向柱塞泵的手动和伺服变量机构的工作原理。

1）手动变量机构。如图3-17所示，转动手轮1，使丝杠转动，带动变量活塞11作轴向移动（因导向键的作用，变量活塞只能作轴向移动，不能转动）。通过轴销10使斜盘2绕变量机构壳体上的圆弧导轨面的中心（即钢球中心）旋转，从而使斜盘倾角改变，达到变量的目的。当流量达到要求时，可用锁紧螺母锁紧。这种变量机构结构简单，但操纵不轻便，且不能在工作过程中变量。

2）伺服变量机构。图3-18所示为轴向柱塞泵的伺服变量机构，以此机构代替图3-17所示轴向柱塞泵中的手动变量机构，就成为伺服变量泵。其工作原理为：泵输出的压力油由通道经单向阀 a 进入变量机构壳体的下腔 d，液压力作用在变量活塞4的下端。当与伺服阀阀芯1相连接的拉杆不动时（图示状态），变量活塞4的上腔 g 处于封闭状态，变量活塞不动，斜盘3在某一相应的位置上。当使拉杆向下移动时，推动阀芯1一起向下移动，d 腔的压力油经通道 e 进入上腔 g。由于变量活塞上端的有效面积大于下端的有效面积，向下的液压力大于向上的液压力，故变量活塞4也随之向下移动，直到将通道 e 的油口封闭为止。变量活塞的移动量等于拉杆的位移量。当变量活塞向下移动时，通过轴销带动斜盘3摆动，斜盘倾斜角增加，泵的输出流量随之增加；当拉杆带动伺服阀阀芯向上运动时，阀芯将通道 f 打开，上腔 g 通过卸压通道接通油箱而卸压，变量活塞向上移动，直到阀芯将卸压通道关闭为止。此时变量活塞的移动量也等于拉杆的移动量。这时斜盘也被带动作相应的摆动，使倾斜角减小，泵的流量也随之相应地减小。由上述可知，伺服变量机构是通过操作液压伺服阀动作，利用泵输出的压力油推动变量活塞来实现变量的。故加在拉杆上的力很小，控制灵敏。拉杆可用手动方式或机械方式操作，斜盘可以倾斜±18°，故在工作过程中泵的吸压油方向可以变换，因而这种泵就成为双向变量液压泵。

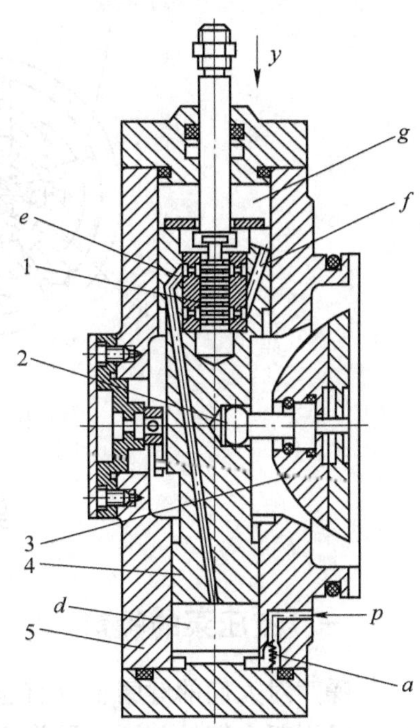

图3-18　伺服变量机构

1—阀芯　2—铰链

3—斜盘　4—变量活塞　5—壳体

除了以上介绍的两种变量机构以外，轴向柱塞泵还有很多种变量机构。如恒功率变量机构、恒压变量机构、恒流量变量机构等，这些变量机构与轴向柱塞泵的泵体部分组合就成为各种不同变量方式的轴向柱塞泵，在此不一一介绍。

二、径向柱塞泵

径向柱塞泵的工作原理如图3-19所示，柱塞1径向排列装在缸体2中，缸体由原动机带动连同柱塞1一起旋转，所以缸体2一般称为转子，柱塞1在离心力（或低压油）的作用下抵紧定子4的内壁。当转子按图示方向回转时，由于定子和转子之间有偏心距 e，柱塞绕经上半周时向外伸出，柱塞底部的容积逐渐增大，形成部分真空，因此便经过衬套3（衬套3是压紧在转子内，并和转子一起回转）上的油孔从配流轴5和吸油口b吸油；当柱塞转到下半周时，定子内壁将柱塞向里推，柱塞底部的容积逐渐减小，向配流轴的压油口 c 压油；当转子回转一周时，每个柱塞底部的密封容积完成一次吸压油，转子连续运转，即完成压吸油工作。配流轴固定不动，油液从配流轴上半部的两个孔 a 流入，从下半部两个油孔 d 压出。为了进行配流，配流轴在和衬套 3 接触的一段加工出上下两个缺口，形成吸油口 b 和压油口 c，留下的部分形成封油区。封油区的宽度应能封住衬套上的吸压油孔，以防吸油口和压油口相连通，但尺寸也不能大得太多，以免产生困油现象。

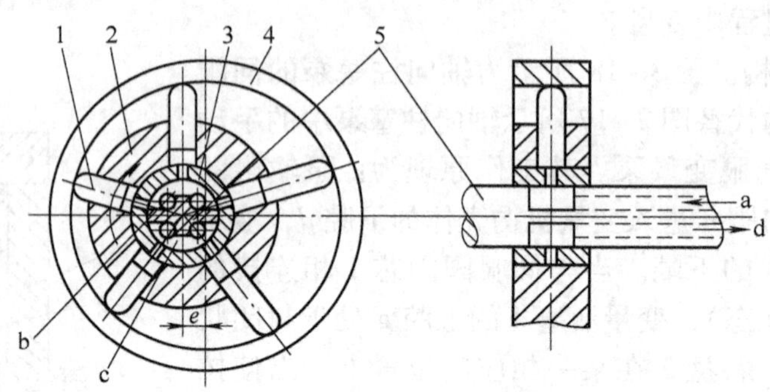

图 3 - 19　径向柱塞泵的工作原理

1—柱塞　2—缸体　3—衬套　4—定子　5—配流轴

第五节　泵的拓展知识

一、液压泵的噪声

噪声对人们的健康十分有害，随着工业生产的发展，工业噪声对人们的影响越来越严重，已引起人们的关注。目前液压技术向着高压、大流量和高功率的方向发展，产生的噪声也随之增加，而在液压系统的噪声中，液压泵的噪声占有很大的比重。因此，研究减小液压系统的噪声，特别是液压泵的噪声，已引起液压界广大工程技术人员、专家学者的重视。

液压泵的噪声大小和液压泵的种类、结构、大小、转速以及工作压力等很多因素有关。

1. 产生噪声的原因

1）泵的流量脉动和压力脉动造成泵构件的振动。这种振动有时还可产生谐振。谐振频率可以是流量脉动频率的 2 倍、3 倍或更大，泵的基本频率及其谐振频率若和机械部分的自然频率相一致，则噪声便大大增加。研究结果表明，转速增加对噪声的影响一般比压力增加还要大。

2）泵的工作腔从吸油腔突然和压油腔相通，或从压油腔突然和吸油腔相通时，产生的油液流量和压力突变，对噪声的影响甚大。

3）空穴现象。当泵吸油腔中的压力小于油液所在温度下的空气分离压时，溶解在油液中的空气要析出而变成气泡，这种带有气泡的油液进入高压腔时，气泡被击破，形成局部的高频压力冲击，从而引起噪声。

4）泵内流道具有截面突然扩大和收缩、急拐弯，通道截面过小而导致液体湍流、旋涡及喷流，使噪声加大。

5）由于机械原因，如转动部分不平衡、轴承不良、泵轴的弯曲等造成的机械振动引起机械噪声。

2. 降低噪声的措施

1）消除液压泵内部油液压力的急剧变化。

2）为吸收液压泵流量及压力脉动，可在液压泵的出口装置消声器。

3）装在油箱上的泵应使用橡胶垫减振。

4）压油管的一段用橡胶软管，对泵和管路的连接进行隔振。

5）防止泵产生空穴现象，可采用直径较大的吸油管，减小管道局部阻力；采用大容量的吸油过滤器，防止油液中混入空气；合理设计液压泵，提高零件刚度。

二、液压泵的选用

液压泵是液压系统中提供一定流量和压力的油液动力组件，它是每个液压系统不可缺少的核心组件，合理地选择液压泵对于降低液压系统的能耗、提高系统的效率、降低噪声、改善工作性能和保证系统的可靠工作都十分重要。

选择液压泵的原则是：根据主机工况、功率大小和系统对工作性能的要求，首先确定液压泵的类型，然后按系统所要求的压力、流量大小确定其规格型号。

表 3 - 1 列出了液压系统中常用液压泵的主要性能。

表 3 - 1 液压系统中常用液压泵的性能比较

性能	外啮合齿轮泵	双作用叶片泵	限压式变量叶片泵	径向柱塞泵	轴向柱塞泵	螺杆泵
输出压力	低压	中压	中压	高压	高压	低压
流量调节	不能	不能	能	能	能	不能
效率	低	较高	较高	高	高	较高
输出流量脉动	很大	很小	一般	一般	一般	最小
自吸特性	好	较差	较差	差	差	好
对油的污染敏感性	不敏感	较敏感	较敏感	很敏感	很敏感	不敏感
噪声	大	小	较大	大	大	最小

一般来说，由于各类液压泵各自突出的特点，其结构、功用和运转方式各不相同，因此应根据不同的使用场合选择合适的液压泵。一般在机床液压系统中，往往选用双作用叶片泵和限压式变量叶片泵；而在筑路机械、港口机械以及小型工程机械中往往选择抗污染能力较强的齿轮泵；在负载大、功率大的场合往往选择柱塞泵。

三、液压泵使用注意事项

影响液压泵的使用因素很多，除了泵的自身设计、制造因素外，还受泵相关组件（如联轴器）的选用、试车运行过程中的操作等因素影响。

液压泵传动轴不能承受径向力和轴向力，因此不允许在轴端之间安装带轮、齿轮、链轮，通常用联轴器连接驱动轴和泵传动轴。如因制造原因，泵与联轴器同轴度误差超标，装配时存在偏差，则随着泵的转速提高，离心力加大，使联轴器变形，而联轴器变形加大，又使离心力加大，造成恶性循环，其结果是产生振动噪声，从而影响泵的使用寿命。此外，联轴器柱销松动未及时紧固、橡胶圈磨损未及时更换等也会影响液压泵的使用。液压泵对联轴器的要求是：刚性联轴器两轴的同轴度误差小于0.05mm，弹性联轴器两轴的同轴度误差小于0.01mm。

液压泵的操作要求如下：

（1）运行前

1）液压泵安装是否准确可靠，螺钉是否拧紧，联轴器安装是否符合要求。

2）泵体内是否灌满油液。

3）泵的转向是否与进出油口相符。

4）液压系统的安全阀是否调到规定压力值。

（2）运行中　起动时不可急剧全速起动，应在系统卸荷状态下点动原动机开关数次后才能连续空载运转，目的是将管道中的空气尽可能排除干净，空载运转1~2min无异常现象后逐渐加载，加载过程中应无异常振动、噪声和泄漏，否则立即停机检查分析，排除故障。

（3）运行结束后　若泵长期不用应将泵内油液放出，再灌满含酸值较低的油液，外露加工面涂缓蚀油，各油口用堵头封好，以防污物进入。

能力训练　液压泵的拆装

1. 训练目的

液压泵是液压系统的重要组成部分，通过对液压泵的拆装可加深对泵结构及工作原理的了解。

2. 技能培养

拆装各类液压泵，观察及了解各零件在液压泵中的作用，了解各种液压泵的工作原理，并按一定的步骤装配各类液压泵。

3. 拆装要点

1）正确选取拆装工具和量具。

2）拆卸程序是否正确。

3）所使用的工艺方法是否得当，是否符合技术规范。

4）能够正确地对零件进行外部检查。

5）拆装完毕后工具的整理是否合符规范。

6）测量数据分析和结论是否正确。

4. 拆装工具

内六角扳手、固定扳手、螺钉旋具、铜棒及各类液压泵。

5. 操作步骤

（1）CB型齿轮泵　齿轮泵虽然结构简单，但种类较多，结构各异。本次拆装训练所采用的齿轮泵为CB—B型齿轮泵，其最高排油压力为2.5MPa。

1）工作原理。在吸油腔，轮齿在啮合点相互从对方齿谷中退出，密封工作空间的有效容积不断增大，完成吸油过程；在排油腔，轮齿在啮合点相互进入对方齿谷中，密封工作空间的有效容积不断减小，实现排油过程。

2）拆装应注意事项。

①预先准备好拆卸工具。

②螺钉要对称松卸。

③拆卸时应注意做好记号。

④注意不要碰伤或损坏零件和轴承等。

⑤紧固件应借助专用工具拆卸，不得任意敲打。

3）拆的步骤。

①切断电动机电源，并在电气控制箱上打好“设备检修，严禁合闸”的警告牌。

②关闭管路上吸、排截止阀。

③旋开排出口上的螺塞，将管系及泵内的油液放出，然后拆下吸、排管路。

④用内六角扳手将输出轴侧的端盖螺钉拧松（拧松之前在端盖与本体的结合处做上记号）并取出螺钉。

⑤用螺钉旋具轻轻沿端盖与本体的结合面处将端盖撬松，注意不要撬太深，以免划伤密封面，因为密封主要靠两密封面的加工精度及泵体密封面上的卸油槽来实现。

⑥将端盖板拆下，将主、从动齿轮取出，注意将主、从动齿轮与对应位置做好记号。

⑦用煤油或轻柴油将拆下的所有零部件进行清洗并放于容器内妥善保管，以备检查和测量。

4）装的步骤。

①将啮合良好的主、从动齿轮两轴装入左侧（非输出轴侧）端盖的轴承中，装复时应按拆卸所做记号对应装入，切不可装反。

②安装右侧端盖，拧紧螺钉，拧紧时应边拧边转动主动轴，并对称拧紧，以保证端面间隙均匀一致。

③装复联轴器，将电动机装好，对好联轴器，调整同轴度，保证转动灵活。

④泵与吸排管系接妥，再次用手转动看是否灵活。

5）主要零件分析。

①泵体的两端开有封油槽，此槽与吸油口相通，用来防止泵内油液从泵体与泵盖接合面外泄，泵体与齿顶圆的径向间隙为0.13～0.16mm。

②泵盖内侧开有卸荷槽，用来消除困油。端盖上吸油口大，压油口小，用来减小作用在轴和轴承上的径向不平衡力。

③两个齿轮的齿数和模数完全一致，齿轮与端盖间的轴向间隙为0.03～0.04mm，轴向间隙不可以调节。

（2）YB型定量叶片泵（双作用叶片泵）

1）工作原理。当轴带动转子转动时，装于叶片槽中的叶片在离心力的作用下伸出，叶片顶部紧贴定子内表面，沿着定子曲线滑动。使得由定子的内表面、配流盘、转子和叶片所形成的密闭容腔不断变化，通过配流盘的配流窗口实现吸油或压油。转子旋转一周，叶片伸出和缩进各两次，实现两次吸排油。

2）拆装要点。通过叶片泵的拆装分析叶片泵的结构特点，观察叶片倾角，分析配流盘的作用，观察定子内表面的曲线形状。

3）拆的过程。

①观察叶片泵的外部形状、记录铭牌标记；用手转动传动轴，体会转动的轻重，观察泵体上的两个油口，确定吸油口和压油口，并做记号。

②对称松开并卸下左、右泵体上固定螺钉，将液压泵翻转，放在铺有干净布垫的工作台

面上，使左泵体在下，右泵体在上。

③用铜棒轻击右泵体并正反方向旋转，边转边往外拉，卸下右泵体。

④松开泵盖与右泵体的固定螺钉，拆下头盖，用专用工具取出油封。

⑤用卡簧钳拆下轴承挡圈，拆下泵轴，取出轴承。

⑥将右泵体翻转放在工作台上，观察其上的油道与油口连通情况。

⑦观察左泵体内泵芯组件（由左、右配流盘和定子、转子及其叶片、两只螺钉组成）的安装位置，分析其结构、特点，装入传动轴，理解工作过程，注意观察转子旋转一周，每个密封工作腔如何实现吸油、压油各两次。

⑧从左泵体内取出泵芯组件。

⑨拆卸泵芯组件。拔出传动轴，松开固定螺钉，依次取下左配流盘、定子、转子及其叶片、右配流盘。

4）装的过程。装配时，遵循先拆的零部件后安装，后拆的零部件先安装的原则，正确合理地安装，注意配流盘、定子、转子、叶片安装要正确，安装完毕后应使泵转动灵活，没有卡死现象。

5）主要零件分析。

①定子。定子内表面近似为椭圆形，该椭圆形由四段圆弧和四段过渡曲线组成，设置过渡曲线的目的在于保证叶片在转子槽中滑动时的速度和加速度均匀变化。

②转子。铣有叶片槽，且与定子同心。

③叶片。该泵有偶数个叶片，流量脉动较奇数小。叶片前倾角为24°，有利于叶片与定子的紧密接触。

（3）轴向柱塞泵

1）工作原理。当液压泵的输入轴通过电动机带动旋转时，缸体随之转动，由于装在缸体中的柱塞的球头部分上的滑靴被回程盘压向斜盘，因此柱塞将随着斜盘的斜面在缸中作往复运动。从而实现液压泵的吸油和排油。液压泵的配流是由配流盘实现的。改变斜盘的倾斜角度就可以改变液压泵的流量输出。

2）拆装步骤。

①松开固定螺钉，分开手动变量机构、中间泵体和右端泵盖三部分。

②分解各部分。

③清洗、检验和分析。

④装配。先装部件再总装。

3）主要零部件分析。

①缸体。缸体用铝青铜制成，它上面有若干与柱塞相配合的圆柱孔，其加工精度高，以保证既能相对滑动，又有良好的密封性能。缸体中心开有花键孔，与传动轴相配合。缸体右端面与配流盘配合。缸体外表面镶有钢套并装在滚动轴承上。

②滑履机构。柱塞在缸体内往复运动，并随缸体一起转动。滑履随柱塞作轴向运动，并在斜盘的作用下绕柱塞球头中心摆动，使滑履平面与斜盘斜面贴合。柱塞与滑履中心开有直径为1mm的小孔，缸中的压力油可进入柱塞和滑履、滑履和斜盘间的相对滑动表面，形成油膜，起静压支承作用。减小这些零件的磨损。

③中心弹簧机构。中心弹簧通过内套、钢球和回程盘将滑履压向斜盘，使活塞得到回程

运动，从而使泵具有较好的自吸能力。同时，弹簧又通过外套使缸体紧贴配流盘，以保证泵起动时基本无泄漏。

④配流盘。配流盘上开有两条月牙形配流窗口，外圈的环形槽是卸荷槽，与回油相通，使直径超过卸荷槽的配流盘端面上的压力降低到零，保证配流盘端面可靠地贴合。四个小不通孔起储油润滑作用。配流盘下端的缺口用来与右泵盖准确定位。

⑤滚动轴承。用来承受斜盘作用在缸体上的径向力。

⑥变量机构。变量活塞装在变量壳体内，并与螺杆相连。斜盘前后有两根耳轴支承着变量壳体，并可绕耳轴中心线摆动。斜盘中部装有销轴，其左侧插入变量活塞的孔内。转动手轮，螺杆带动变量活塞上下移动，通过销轴使斜盘摆动，从而改变了斜盘倾角，达到变量目的。

复习思考题

1. 液压泵完成吸油和压油，需要具备什么条件？
2. 液压泵的工作压力取决于什么？泵的工作压力和额定压力有什么区别？
3. 什么是齿轮泵的困油现象？有何危害？如何解决？
4. 说明叶片泵的工作原理，试叙述单作用叶片泵和双作用叶片泵各有什么特点。
5. 限压式变量叶片泵的限定压力和流量如何调节？
6. 各类液压泵中，哪些能实现单向变量？哪些能实现双向变量？
7. 某液压泵的输出油压 $p=10\text{MPa}$，转速 $n=1450\text{r/min}$，排量 $V=100\text{L/r}$，容积效率 $\eta_V=0.95$，总效率 $\eta=0.9$，求泵的输出功率和电动机的驱动功率。

第四章　液压执行元件

液压执行元件包括液压缸和液压马达。它们都是将压力能转换成机械能的能量转换装置。液压缸输出直线运动（包括输出摆动运动），液压马达输出旋转运动。

第一节　液　压　缸

液压缸是液压系统中的执行组件，其功能就是将液压能转变成直线往复式的机械运动，应用广泛，是液压系统中最常用的执行组件。

液压缸按其作用方式可分为单作用液压缸和双作用液压缸两大类。单作用液压缸利用液压力推动活塞向一个方向运动，而反向运动则靠外力实现。双作用液压缸则是利用液压力推动活塞作正反两个方向的运动，这种形式的液压缸应用最多。双作用液压缸可分为单活塞杆和双活塞杆两种形式，双活塞杆液压缸在机床液压系统中采用较多，单活塞杆液压缸广泛应用于各种工程机械中。

液压缸按结构特点的不同可分为活塞缸和柱塞缸。活塞缸和柱塞缸用以实现直线运动，输出推力和速度。

一、活塞缸

活塞式液压缸根据其使用要求不同可分为双杆式和单杆式两种。

1. 双杆式活塞缸

活塞两端都有一根直径相等的活塞杆伸出的液压缸称为双杆式活塞缸，它一般由缸体、缸盖、活塞、活塞杆和密封件等零件构成。根据安装方式不同可分为缸筒固定式和活塞杆固定式两种。

图 4-1a 所示为缸筒固定式的双杆活塞缸。它的进、出口布置在缸筒两端，活塞通过活塞杆带动工作台移动，当活塞的有效行程为 l 时，整个工作台的运动范围为 $3l$，所以机床占地面积大，一般适用于小型机床。当工作台行程要求较长时，可采用图 4-1b 所示的活塞杆固定的形式，这时缸体与工作台相连，活塞杆通过支架固定在机床上，动力由缸体传出。这种安装形式中，工作台的移动范围只等于液压缸有效行程 l 的两倍（$2l$），因此占地面积小。进出油口可以设置在固定不动的空心活塞杆的两端，但必须使用软管连接。

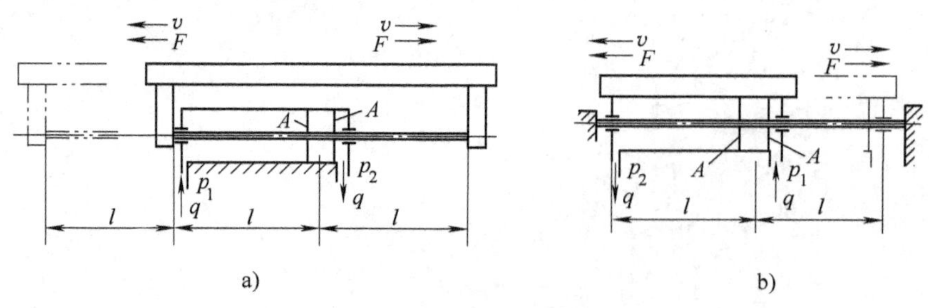

图 4-1　双杆式活塞缸

由于双杆活塞缸两端的活塞杆直径通常是相等的，因此它左、右两腔的有效面积也相等，当分别向左、右腔输入相同压力和相同流量的油液时，液压缸左、右两个方向的推力和速度相等。当活塞的直径为D，活塞杆的直径为d，液压缸进、出油腔的压力为p_1和p_2，输入流量为q时，双杆活塞缸的推力F和速度v为

$$F = A(p_1 - p_2) = \pi(D^2 - d^2)\frac{(p_1 - p_2)}{4} \tag{4-1}$$

$$v = \frac{q}{A} = \frac{4q}{\pi(D^2 - d^2)} \tag{4-2}$$

式中，A为活塞的有效工作面积。

双杆活塞缸在工作时，设计成一个活塞杆是受拉的，而另一个活塞杆不受力，因此这种液压缸的活塞杆可以做得细些。

2. 单杆式活塞缸

如图4-2所示，活塞只有一端带活塞杆。单杆液压缸也有缸体固定和活塞杆固定两种形式，但它们的工作台移动范围都是活塞有效行程的两倍。

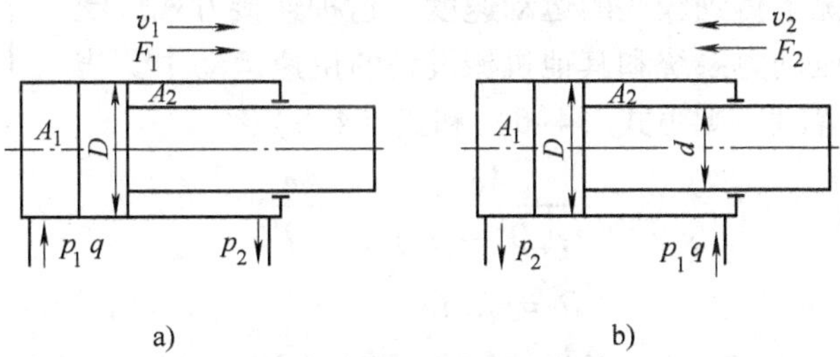

图4-2 单杆式活塞缸

a）无杆腔进油 b）有杆腔进油

由于液压缸两腔的有效工作面积不等，如果以相同流量的压力油分别进入液压缸的左、右腔，活塞移动的速度与进油腔的有效面积成反比，即油液进入无杆腔时有效面积大，速度慢；进入有杆腔时有效面积小，速度快。而活塞上产生的推力则与进油腔的有效面积成正比。这样又可分为下列三种情况。

1）无杆腔进油，有杆腔回油，如图4-2a所示。活塞推力和移动速度分别为

$$F_1 = p_1A_1 - p_2A_2 = \frac{\pi}{4}D^2p_1 - \frac{\pi}{4}(D^2 - d^2)p_2 \tag{4-3}$$

$$v_1 = \frac{q}{A_1} = \frac{4q}{\pi D^2} \tag{4-4}$$

2）有杆腔进油，无杆腔回油，如图4-2b所示。活塞推力和移动速度分别为

$$F_2 = p_1A_2 - p_2A_1 = \frac{\pi}{4}(D^2 - d^2)p_1 - \frac{\pi}{4}D^2p_2 \tag{4-5}$$

$$v_2 = \frac{q}{A_2} = \frac{4q}{\pi(D^2 - d^2)} \tag{4-6}$$

由式（4-3）与式（4-4）可知，由于$A_1 > A_2$，所以$F_1 > F_2$，$v_1 < v_2$。如把两个方向上的输出速度v_2和v_1的比值称为速度比，记作λ_v，则$\lambda_v = v_2/v_1 = 1/[1-(d/D)^2]$。因此，

$d = D\sqrt{(\lambda_v - 1)/\lambda_v}$。在已知 D 和 λ_v 时，可确定 d 值。

3）差动连接。单杆活塞缸在其左右两腔都接通压力油时称为差动连接，如图4-3所示。差动连接缸左右两腔的油液压力相同，但是由于左腔（无杆腔）的有效面积大于右腔（有杆腔）的有效面积，故活塞向右运动，同时使右腔中排出的油液（流量为 q'）也进入左腔，加大了流入左腔的流量（$q+q'$），从而也加快了活塞移动的速度。实际上活塞在运动时，由于差动连接时两腔间的管路中有压力损失，所以右腔中油液的压力稍大于左腔油液压力，而这个差值一般都较小，可以忽略不计，则差动连接时活塞推力 F_3 和运动速度 v_3 为

$$F_3 = p_1(A_1 - A_2) = \frac{\pi}{4}d^2 p_1 \tag{4-7}$$

进入无杆腔的流量

$$v_3 = \frac{q}{A_1 - A_2} = \frac{4q}{\pi d^2} \tag{4-8}$$

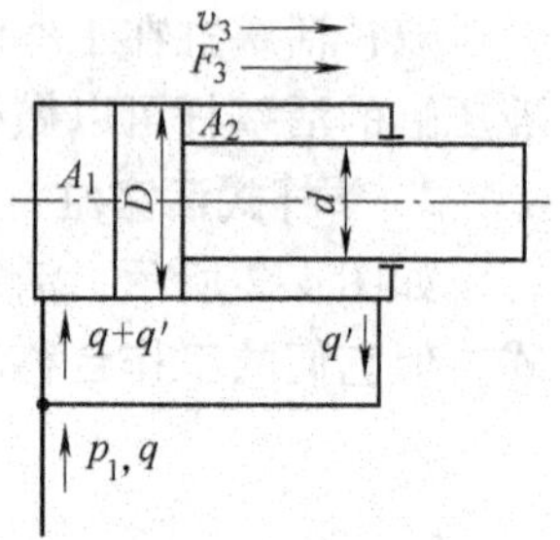

图4-3　差动缸

由式（4-3）~式（4-8）可知，差动连接时液压缸的推力比非差动连接时小，速度比非差动连接时大，正好利用这一点，可在不加大油源流量的情况下得到较快的运动速度，这种连接方式广泛应用于组合机床的液压动力系统和其他机械设备的快速运动中。当要求机床往返速度相等时，则由式（4-6）和式（4-8）得

$$\frac{4q}{\pi(D^2 - d^2)} = \frac{4q}{\pi d^2}$$

$$D = \sqrt{2}d$$

把单杆活塞缸实现差动连接，并按 $D=\sqrt{2}d$ 设计缸径和杆径的液压缸称为差动液压缸。

二、柱塞缸

图4-4a所示为柱塞缸，它只能实现一个方向的液压传动，反向运动要靠外力。若需要实现双向运动，则必须成对使用，如图4-4b所示。

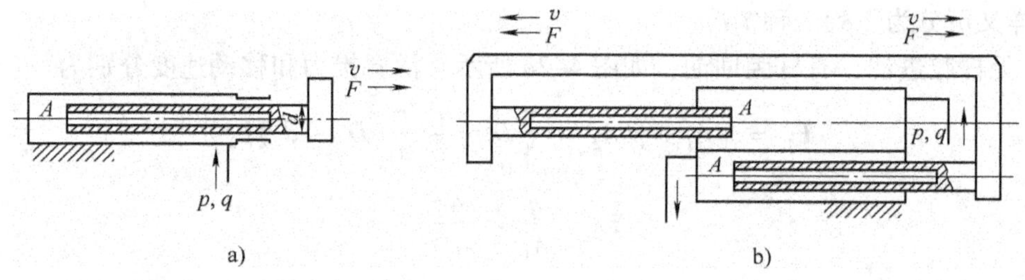

图4-4　柱塞缸

柱塞缸输出的推力和速度分别为

$$F = pA = p\frac{\pi d^2}{4} \tag{4-9}$$

$$v = \frac{q}{A} = \frac{4q}{\pi d^2} \tag{4-10}$$

柱塞缸的主要特点是柱塞与缸筒无配合要求，缸筒内孔不需精加工，甚至可以不加工。运动时由缸盖上的导向套来导向，所以它特别适用在行程较长的场合，常用于行程很长的龙门刨床、导轨磨床和大型拉床等设备的液压系统中。

柱塞缸一般垂直安装使用；在水平安装时，为防止柱塞因自重下垂，常制成空心状。

三、摆动液压马达

摆动液压马达不仅能输出转矩和角速度（或转速），还能输出小于360°的往复摆动运动。

摆动液压马达有单叶片和双叶片两种结构形式。

图4-5a所示为单叶片式摆动液压马达，它的摆动角度较大，可达300°。

图4-5b所示为双叶片式摆动液压马达，它的摆动角度较小，一般不超过150°，它的输出转矩是单叶片式的两倍，而角速度则是单叶片式的一半。

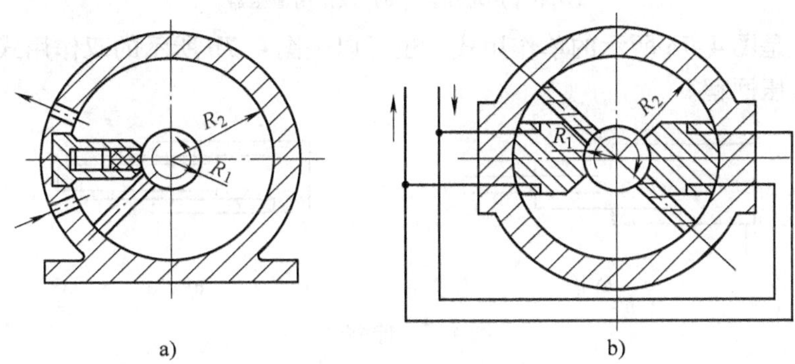

图4-5 摆动液压马达

a）单叶片式摆动液压马达 b）双叶片式摆动液压马达

摆动液压马达一般用于机床和工装夹具的夹紧装置、送料装置、转位装置、周期性进给机构等中低压系统及工程机械。

四、其他液压缸

1. 增压器

增压器利用活塞和柱塞有效面积的不同使液压系统中的局部区域获得高压。它有单作用和双作用两种形式，单作用增压器的工作原理如图4-6a所示，当输入活塞缸的液体压力为p_1，活塞直径为D，柱塞直径为d时，柱塞缸中输出的液体压力为高压，其值为

$$p_2 = p_1\left(\frac{D}{d}\right)^2 = Kp_1 \tag{4-11}$$

式中，$K = D^2/d^2$，称为增压比，它代表其增压程度。

显然增压能力是在降低有效能量的基础上得到的，也就是说增压器仅仅是增大输出的压力，并不能增大输出的能量。

单作用增压器在柱塞运动到终点时，不能再输出高压液体，需要将活塞退回到左端位置，再向右行时才又输出高压液体，为了克服这一缺点，可采用双作用增压器，如图4-6b所示，由两个高压端连续向系统供油。

2. 伸缩缸

伸缩缸由两个或多个活塞缸套装而成，前一级活塞缸的活塞杆是后一级活塞缸的缸筒。

伸缩缸伸出时可获得很长的工作行程，缩回时可保持很小的结构尺寸，伸缩缸广泛用于起重运输车辆上。

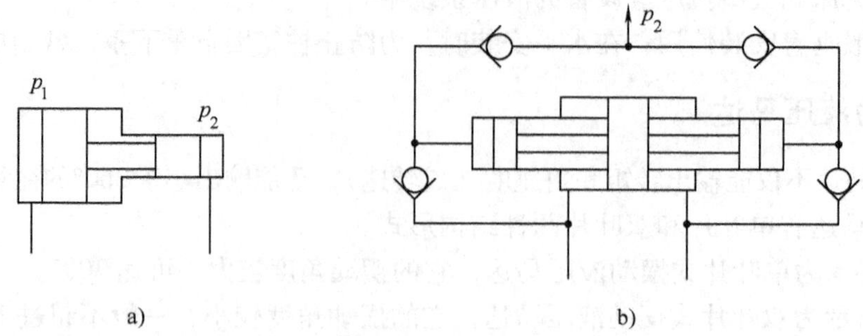

图 4-6　增压器

a）单作用增压器　b）双作用增压器

伸缩缸可以是图 4-7a 所示的单作用式，也可以是图 4-7b 所示的双作用式，前者靠外力回程，后者靠液压回程。

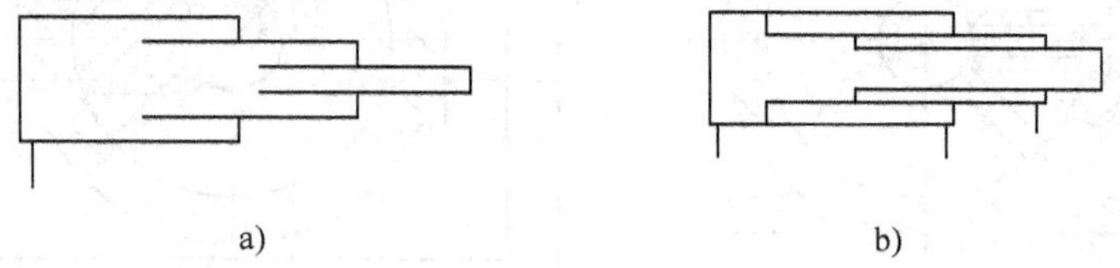

图 4-7　伸缩缸

伸缩缸的外伸动作是逐级进行的。首先是最大直径的缸筒以最低的油液压力开始外伸，当到达行程终点后，稍小直径的缸筒开始外伸，直径最小的末级最后伸出。随着工作级数变大，外伸缸筒直径越来越小，工作油液压力随之升高，工作速度变快。其值为

$$F_i = p_i \frac{\pi}{4} D_i^{\ 2} \tag{4-12}$$

$$v_i = \frac{4q}{\pi D_i^2} \tag{4-13}$$

式中，i 为 i 级活塞缸。

3. 齿轮缸

齿轮缸又称无杆活塞缸。它由带有齿条杆的双活塞缸和齿轮齿条机构所组成，如图 4-8 所示。活塞的移动经齿轮齿条传动装置变成齿轮的转动，用于实现工作部件的往复摆动或间歇进给运动。用于机械手、磨床的进给机构、回转工作台的转位机构和回转夹具等。

五、液压缸的典型结构

图 4-9 所示的是一个较常用的双作用单活塞杆液压缸。它由缸底 20、缸筒 10、缸盖兼导向套 9、活塞 11 和活塞杆 18 组成。缸筒一端与缸底焊接，另一端缸盖（导向套）与缸筒用卡键 6、套 5 和弹簧挡圈 4 固定，以便拆装检修，两端设有油口 A 和 B。活塞 11 与活塞杆 18 利用卡键 15、卡

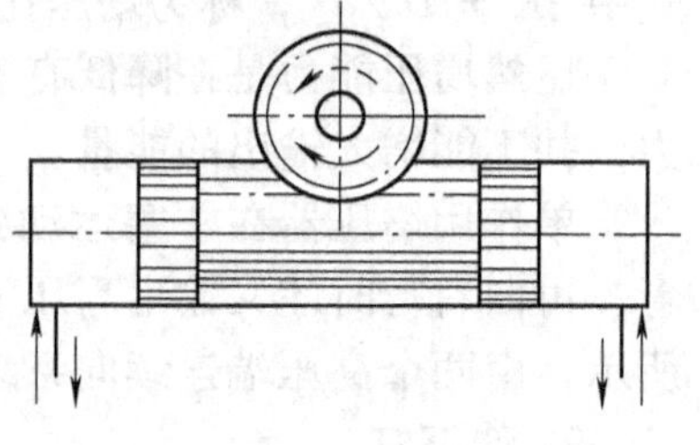

图 4-8　齿轮缸

键帽16和弹簧挡圈17连在一起。活塞与缸孔的密封采用的是一对Y形聚氨酯密封圈12，由于活塞与缸孔有一定间隙，采用由尼龙1010制成的耐磨环（又称支承环）13定心导向。活塞杆18和活塞11的内孔由O形密封圈14密封。较长的缸盖兼导向套9则可保证活塞杆不偏离中心，导向套外径由O形密封圈7密封，而其内孔则由Y形密封圈8和防尘圈3分别防止油外漏和灰尘带入缸内。缸与杆端销孔与外界连接，销孔内有尼龙衬套抗磨。

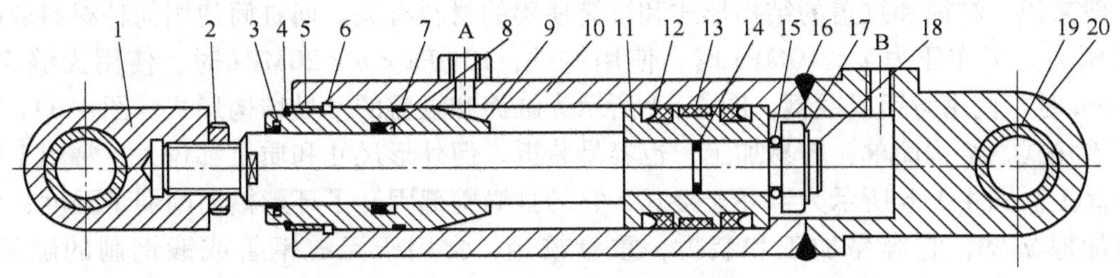

图4-9 双作用单活塞杆液压缸

1—耳环 2—螺母 3—防尘圈 4、17—弹簧挡圈 5—套 6、15—卡键 7、14—O形密封圈 8、12—Y形密封圈 9—缸盖兼导向套 10—缸筒 11—活塞 13—耐磨环 16—卡键帽 18—活塞杆 19—衬套 20—缸底

图4-10所示为一空心双活塞杆式液压缸的结构。由图可见，液压缸的左右两腔是通过油口 b 和 d 经活塞杆1和15的中心孔与左右径向孔 a 和 c 相通的。由于活塞杆固定在床身上，缸体10固定在工作台上，工作台在径向孔 c 接通压力油，径向孔 a 接通回油时向右移动；反之则向左移动。在这里，缸盖18和24通过螺钉（图中未画出）与压板11和20相连，并经钢丝环12相连，左缸盖24空套在托架3孔内，可以自由伸缩。空心活塞杆的一端用堵头2堵死，并通过锥销9和22与活塞8相连。缸筒相对于活塞运动由左右两个导向套6和19导向。活塞与缸筒之间、缸盖与活塞杆之间以及缸盖与缸筒之间分别用O形密封圈7、V形密封圈4和17、纸垫13和23进行密封，以防止油液的内、外泄漏。缸筒在接近行程的左右终端时，径向孔 a 和 c 的开口逐渐减小，对移动部件起制动缓冲作用。为了排除液压缸中剩留的空气，缸盖上设置有排气孔5和14，经导向套环槽的侧面孔道（图中未画出）引出与排气阀相连。

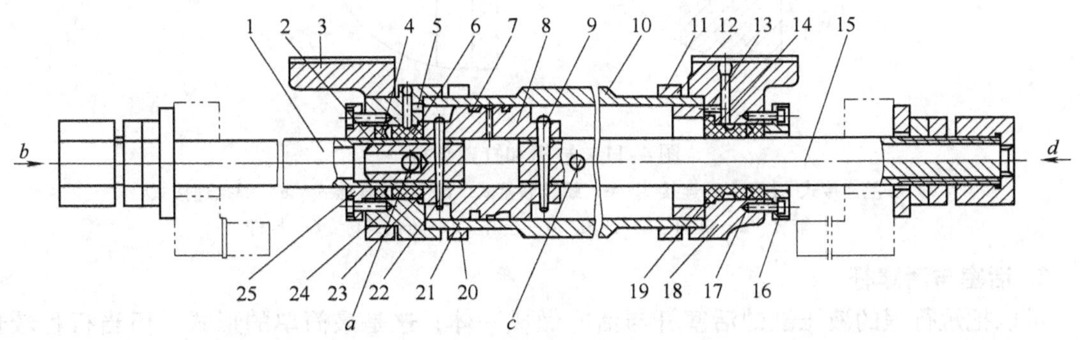

图4-10 空心双活塞杆式液压缸的结构

1、15—活塞杆 2—堵头 3—托架 4、17—V形密封圈 5、14—排气孔 6、19—导向套 7—O形密封圈 8—活塞 9、22—锥销 10—缸体 11、20—压板 12、21—钢丝环 13、23—纸垫 16、25—压盖 18、24—缸盖

六、液压缸的组成

从上面所述的液压缸典型结构中可以看出，液压缸的结构基本上可以分为缸筒和缸盖、活塞和活塞杆、密封装置、缓冲装置和排气装置五个部分，分述如下。

1. 缸筒和缸盖

一般来说，缸筒和缸盖的结构形式和缸筒使用的材料有关。而缸筒使用何种材料取决于其工作压力。工作压力 $p \leqslant 10\text{MPa}$ 时，使用铸铁；$10\text{MPa} < p < 20\text{MPa}$ 时，使用无缝钢管；$p \geqslant 20\text{MPa}$ 时，使用铸钢或锻钢。图 4-11 所示为缸筒和缸盖的常见结构形式。图 4-11a 所示为法兰连接式，结构简单，容易加工，也容易装拆，但外形尺寸和质量都较大，常用于铸铁制的缸筒上。图 4-11b 所示为半环连接式，它的缸筒壁部因开了环形槽而削弱了强度，为此有时要加厚缸壁，它容易加工和装拆，重量较轻，常用于无缝钢管或锻钢制的缸筒上。图 4-11c所示为螺纹联接式，它的缸筒端部结构复杂，外径加工时要求保证内外径同心，装拆要使用专用工具，它的外形尺寸和质量都较小，常用于无缝钢管或铸钢制的缸筒上。图 4-11d 所示为拉杆连接式，结构的通用性大，容易加工和装拆，但外形尺寸较大，且较重。图 4-11e 所示为焊接连接式，结构简单，尺寸小，但缸底处内径不易加工，且可能引起变形。

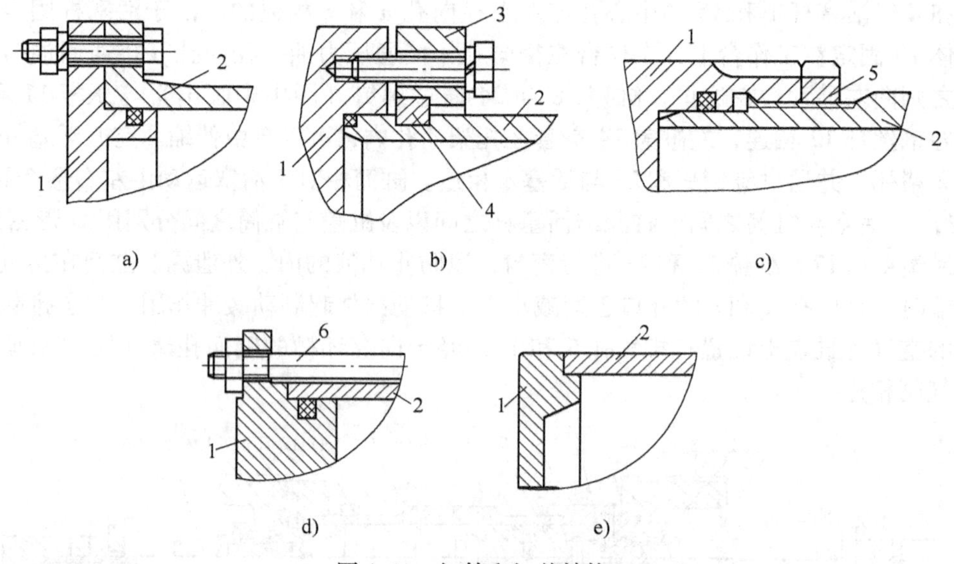

图 4-11　缸筒和缸盖结构

a）法兰连接式　b）半环连接式　c）螺纹联接式　d）拉杆连接式　e）焊接连接式

1—缸盖　2—缸筒　3—压板　4—半环　5—防松螺母　6—拉杆

2. 活塞与活塞杆

可以把短行程的液压缸的活塞杆与活塞做成一体，这是最简单的形式。但当行程较长时，这种整体式活塞组件的加工较费事，所以常把活塞与活塞杆分开制造，然后再连接成一体。图 4-12 所示为几种常见的活塞与活塞杆的连接形式。

图 4-12a 所示为活塞与活塞杆之间采用螺母联接，它适用于负载较小，受力无冲击的液压缸中。螺纹联接虽然结构简单，安装方便可靠，但在活塞杆上车螺纹将削弱其强度。

图 4-12b、c 所示为卡环式连接方式。图 4-12b 中活塞杆 5 上开有一个环形槽，槽内装有两个半环 3 以夹紧活塞 4，半环 3 由轴套 2 套住，而轴套 2 的轴向位置用弹簧卡 1 来固定。图 4-12c中的活塞杆，使用了两个半环 4，它们分别由两个密封圈座 2 套住，半圆形的活塞 3 安放在密封圈座的中间。图 4-12d 所示为一种径向销式连接结构，用锥销 1 把活塞 2 固连在活塞杆 3 上。这种连接方式特别适用于双出杆式活塞。

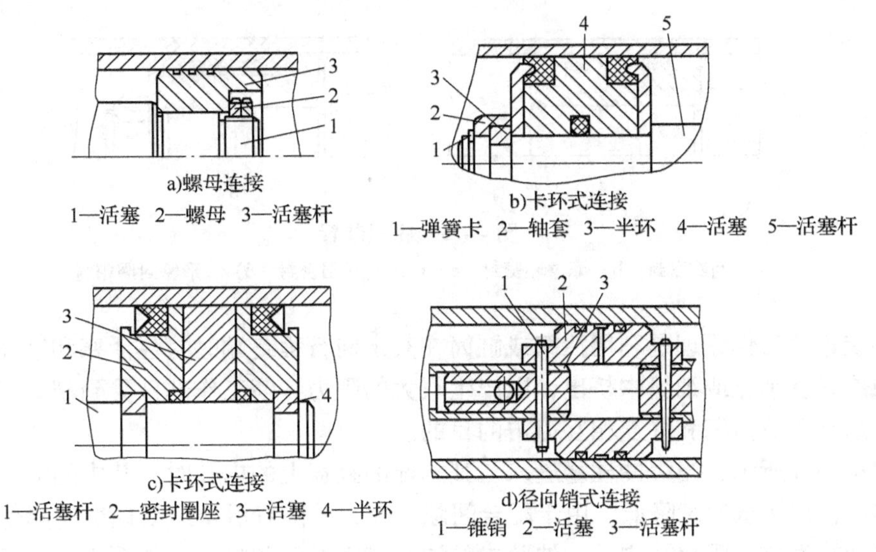

图 4-12　常见的活塞组件结构形式

3. 密封装置

液压缸中常见的密封装置如图 4-13 所示。图 4-13a 所示为间隙密封，它依靠运动间的微小间隙来防止泄漏。为了提高这种装置的密封能力，常在活塞的表面上制出几条细小的环形槽，以增大油液通过间隙时的阻力。它的结构简单，摩擦阻力小，可耐高温，但泄漏大，加工要求高，磨损后无法恢复原有能力，只有在尺寸较小、压力较低、相对运动速度较高的缸筒和活塞间使用。图 4-13b 所示为摩擦环密封，它依靠套在活塞上的摩擦环（尼龙或其他高分子材料制成）在 O 形密封圈弹力作用下贴紧缸壁而防止泄漏。这种材料效果较好，摩擦阻力较小且稳定，可耐高温，磨损后有自动补偿能力，但加工要求高，装拆较不便，适用于缸筒和活塞之间的密封。图 4-13c、d 所示为密封圈（O 形密封圈、V 形密封圈等）密封，它利用橡胶或塑料的弹性使各种截面的环形圈贴紧在静、动配合面之间来防止泄漏。它结构简单，制造方便，磨损后有自动补偿能力，性能可靠，在缸筒和活塞之间、缸盖和活塞杆之间、活塞和活塞杆之间、缸筒和缸盖之间都能使用。

对于活塞杆外伸部分来说，由于它很容易把脏物带入液压缸，使油液受污染，使密封件磨损，因此常需在活塞杆密封处增添防尘圈，并放在向着活塞杆外伸的一端。

4. 缓冲装置

液压缸一般都设置缓冲装置，特别是对大型、高速或要求高的液压缸，为了防止活塞在行程终点时和缸盖相互撞击，引起噪声、冲击，则必须设置缓冲装置。

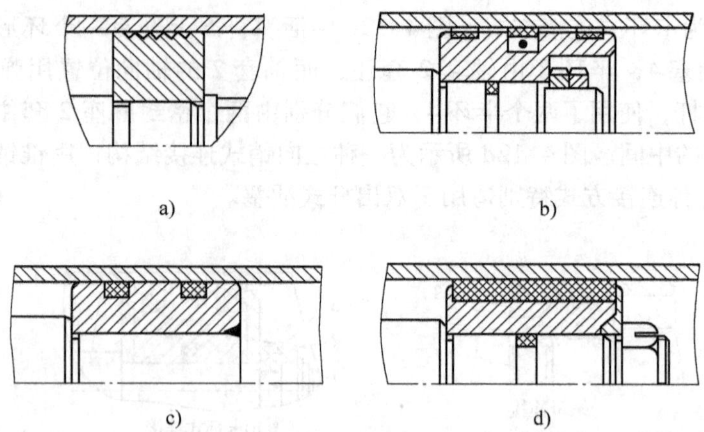

图 4-13　密封装置

a）间隙密封　b）摩擦环密封　c）O 形密封圈密封　d）V 形密封圈密封

缓冲装置的工作原理是利用活塞或缸筒在其走向行程终端时封住活塞和缸盖之间的部分油液，强迫它从小孔或细缝中挤出，以产生很大的阻力，使工作部件受到制动，逐渐减慢运动速度，达到避免活塞和缸盖相互撞击的目的。

如图 4-14a 所示，当缓冲柱塞进入与其相配的缸盖上的内孔时，孔中的液压油只能通过间隙 δ 排出，使活塞速度降低。由于配合间隙不变，故随着活塞运动速度的降低，起缓冲作用。当缓冲柱塞进入配合孔之后，油腔中的油只能经节流阀排出，如图 4-14b 所示。由于节流阀是可调的，因此缓冲作用也可调节，但仍不能解决速度降低后缓冲作用减弱的缺点。如图 4-14c 所示，在缓冲柱塞上开有三角槽，随着柱塞逐渐进入配合孔中，其节流面积越来越小，解决了在行程最后阶段缓冲作用过弱的问题。

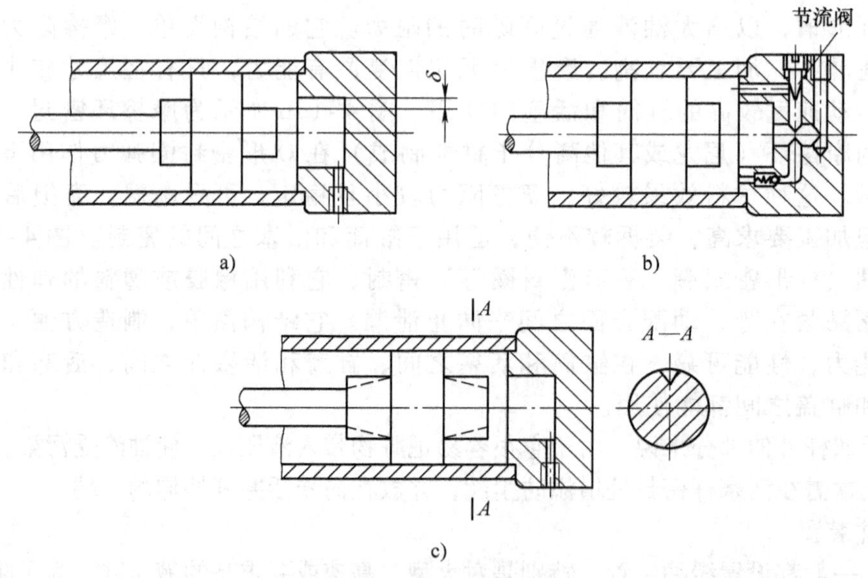

图 4-14　液压缸的缓冲装置

5. 排气装置

液压缸在安装过程中或长时间停放重新工作时，液压缸里和管道系统中会渗入空气，为了防止执行组件出现爬行、噪声和发热等不正常现象，需把缸中和系统中的空气排出。一般可在液压缸的最高处设置进出油口把空气带走，也可在最高处设置如图4-15a所示的放气孔或专门的放气阀，如图4-15b、c所示。

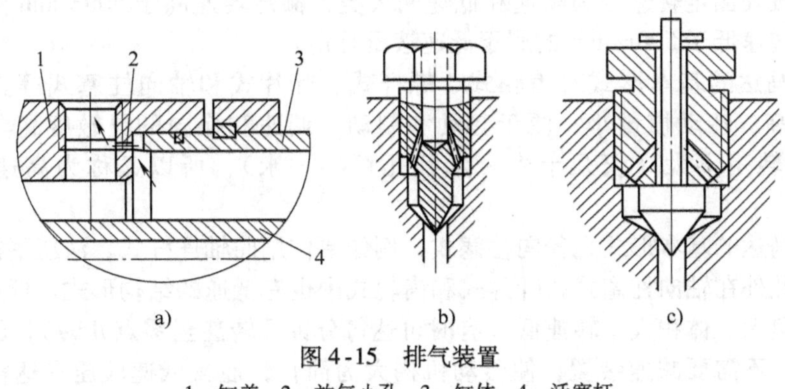

图4-15 排气装置

1—缸盖 2—放气小孔 3—缸体 4—活塞杆

第二节 液压马达

液压马达也是一种将液压泵输出的压力能转换为机械能的执行元件，用于实现旋转运动。与液压泵一样，液压马达也是依靠工作腔的密闭容积变化工作的。

一、液压马达的特点

液压马达是把液体的压力能转换为机械能的装置，从原理上讲，液压泵可以作液压马达用，液压马达也可作液压泵用。但事实上同类型的液压泵和液压马达虽然在结构上相似，但由于两者的工作情况不同，使得两者在结构上也有某些差异。例如：

1）液压马达一般需要正反转，所以在内部结构上应具有对称性，而液压泵一般是单方向旋转的，没有这一要求。

2）为了减小吸油阻力，减小径向力，一般液压泵的吸油口比出油口的尺寸大。而液压马达低压腔的压力稍高于大气压力，所以没有上述要求。

3）液压马达要求能在很宽的转速范围内正常工作，因此，应采用液动轴承或静压轴承。因为当马达速度很低时，若采用动压轴承，就不易形成润滑油膜。

4）叶片泵依靠叶片跟转子一起高速旋转而产生的离心力使叶片始终贴紧定子的内表面，起封油作用，形成工作容积。若将其当液压马达用，必须在液压马达的叶片根部装上弹簧，以保证叶片始终贴紧定子内表面，以便液压马达能正常起动。

5）液压泵在结构上需保证具有自吸能力，而液压马达就没有这一要求。

6）液压马达必须具有较大的起动转矩。所谓起动转矩，就是液压马达由静止状态起动时，液压马达轴上所能输出的转矩，该转矩通常大于在同一工作压差时处于运行状态下的转矩，所以，为了使起动转矩尽可能接近工作状态下的转矩，要求液压马达转矩的脉动小，内部摩擦小。

由于液压马达与液压泵具有上述不同的特点，使得很多类型的液压马达和液压泵不能互逆使用。

二、液压马达的分类

液压马达按其额定转速分为高速和低速两大类，额定转速高于 500r/min 的属于高速液压马达，额定转速低于 500r/min 的属于低速液压马达。

高速液压马达的基本形式有齿轮式、螺杆式、叶片式和轴向柱塞式等。它们的主要特点是转速较高、转动惯量小、便于起动和制动、调速和换向的灵敏度高。通常高速液压马达的输出转矩不大（仅几十牛·米到几百牛·米），所以又称为高速小转矩液压马达。

低速液压马达的基本形式是径向柱塞式，例如单作用曲轴连杆式、液压平衡式和多作用内曲线式等。此外在轴向柱塞式、叶片式和齿轮式中也有低速的结构形式。低速液压马达的主要特点是排量大、体积大、转速低（有时可达每分钟几转甚至零点几转），因此可直接与工作机构连接，不需要减速装置，使传动机构大为简化，通常低速液压马达输出转矩较大（可达几千牛·米到几万牛·米），所以又称为低速大转矩液压马达。

液压马达也可按其结构类型来分，可以分为齿轮式、叶片式、柱塞式和其他形式。

三、液压马达的性能参数

液压马达的性能参数很多。下面是液压马达的主要性能参数：

1. 工作压力和额定压力

工作压力：液压马达入口油液的实际压力。

额定压力：马达在正常工作条件下，按试验标准规定的连续运转的最高工作压力。

2. 排量和流量

习惯上将马达的轴每转一周，按几何尺寸计算所进入的液体容积称为马达的排量 V，有时称为几何排量或理论排量，即不考虑泄漏损失时的排量。

液压马达的排量表示出其工作容腔的大小，它是一个重要的参数。液压马达在工作中输出的转矩大小是由负载转矩决定的，但推动同样大小的负载，工作容腔大的液压马达的压力要低于工作容腔小的液压马达的压力，所以说工作容腔的大小是液压马达工作能力的主要标志，也就是说，排量的大小是液压马达工作能力的重要标志。

根据液压动力组件的工作原理可知，马达转速 n、理论流量 q_t 与排量 V 之间具有下列关系

$$q_t = nV \tag{4-14}$$

式中，q_t 为理论流量（m^3/min）；n 为转速（r/min）；V 为排量（m^3/min）。

为了满足转速要求，马达实际输入流量 q 大于理论输入流量，则有

$$q = q_t + \Delta q \tag{4-15}$$

式中，Δq 为泄漏流量。

四、液压马达的工作原理

常用的液压马达的结构与同类型的液压泵很相似，下面对齿轮马达、叶片马达、轴向柱

塞马达的工作原理分别作介绍。

1. 齿轮马达

如图 4-16 所示，齿轮马达的结构特点（与齿轮泵比较）：

1）结构具有对称性，马达能正反转，泵不能。

2）马达外泄油口回油箱，泵内泄油口回低压腔。

3）马达的齿数比泵多，目的是减小脉动，容积效率比泵高。

4）因马达速度范围很宽，必须采用滚动轴承（或静压轴承）。

齿轮马达的性能特点：

1）结构简单、体积小、价格低、使用可靠性好。

2）输出转矩的脉动性较大、机械效率低、低速稳定性差。

2. 叶片马达

图 4-17 所示为叶片液压马达的工作原理图。

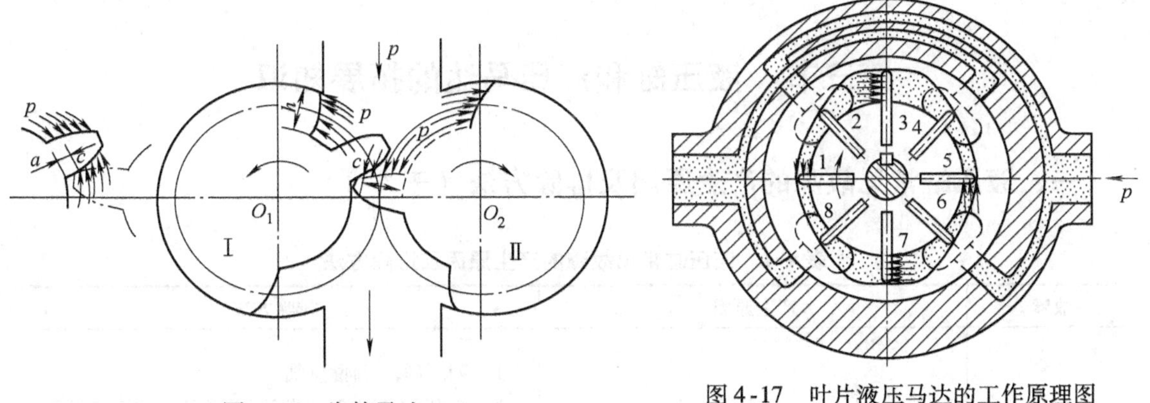

图 4-16　齿轮马达

图 4-17　叶片液压马达的工作原理图
1～8—叶片

当压力为 p 的油液从进油口进入叶片 1 和 3 之间时，叶片 2 因两面均受液压油的作用所以不产生转矩。叶片 1、3 上，一面作用有压力油，另一面为低压油。由于叶片 3 伸出的面积大于叶片 1 伸出的面积，因此作用于叶片 3 上的总液压力大于作用于叶片 1 上的总液压力，于是压差使转子产生顺时针方向的转矩。同样道理，压力油进入叶片 5 和 7 之间时，叶片 7 伸出的面积大于叶片 5 伸出的面积，也产生顺时针方向的转矩。这样，就把油液的压力能转变成了机械能，这就是叶片马达的工作原理。当输油方向改变时，液压马达就反转。

叶片马达的体积小，转动惯量小，因此动作灵敏，可适应的换向频率较高。但泄漏较大，不能在很低的转速下工作，因此，叶片马达一般用于转速高、转矩小和动作灵敏的场合。

3. 轴向柱塞马达

轴向柱塞马达的结构形式基本上与轴向柱塞泵一样，故其种类与轴向柱塞泵相同，也分为直轴式轴向柱塞马达和斜轴式轴向柱塞马达两类。斜盘式轴向柱塞马达的工作原理如图 4-18 所示。

当压力油进入液压马达的高压腔之后，工作柱塞便受到油压作用力为 pA（p 为油压力，A 为柱塞面积），通过滑靴压向斜盘，其反作用为 N。N 力分解成两个分力，沿柱塞轴向分力 P，与柱塞所受液压力平衡；另一分力 F 与柱塞轴线垂直向上，它与缸体中心线的距离为

r，这个力便产生驱动马达旋转的力矩。力 F 使缸体产生转矩的大小，由柱塞在压油区所处的位置而定。随着角度 ϕ 的变化，柱塞产生的转矩也跟着变化。整个液压马达能产生的总转矩是所有处于压力油区的柱塞产生的转矩之和，因此，总转矩也是脉动的，当柱塞的数目较多且为奇数时，脉动较小。

可以看出，当输入液压马达的油液压力一定时，液压马达的输出转矩仅和每转排量有关。因此，提高液压马达的每转排量，可以增加液压马达的输出转矩。

一般来说，轴向柱塞马达都是高速马达，输出转矩小，因此，必须通过减速器来带动工作机构。如果能使液压马达的排量显著增大，也就可以使轴向柱塞马达做成低速大转矩马达。

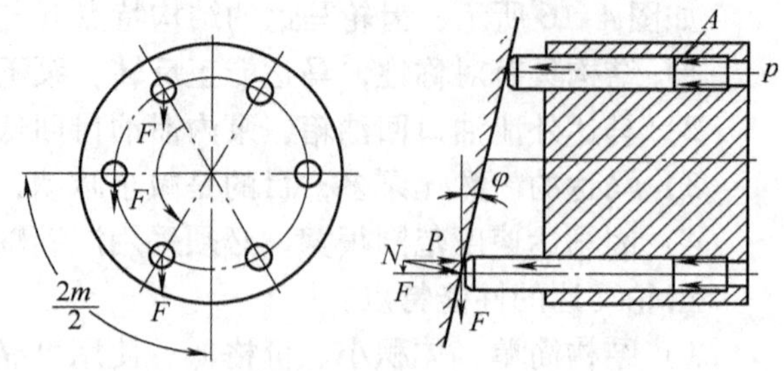

图 4-18　斜盘式轴向柱塞马达的工作原理图

第三节　液压缸和液压马达的拓展知识

一、液压缸常见故障的产生原因及排除方法（表 4-1）

表 4-1　液压缸常见故障的产生原因及排除方法

故障	产生原因	排除方法
爬行和局部速度不均匀	1. 空气侵入液压缸 2. 缸盖活塞杆密封装置过紧或过松 3. 活塞杆与活塞不同心 4. 液压缸安装位置偏移 5. 液压缸内孔表面直线性不良 6. 液压缸内表面锈蚀或拉毛	1. 设排气阀，排除空气 2. 密封圈密封应保证能用手平稳地拉动活塞杆而无泄漏，活塞杆与活塞同轴度偏差不得大于 0.01mm，否则应矫正或更换 3. 活塞杆全长直线度偏差不得大于 0.2mm，否则应矫正或更换 4. 液压缸安装位置不得与设计要求相差大于 0.1mm 5. 液压缸内孔圆度、圆柱度不得大于内径配合公差之半，否则应进行镗铰或更换缸体 6. 进行镗磨，严重者更换缸体
冲击	1. 活塞与缸体配合间隙过大或节流阀等缓冲装置失灵 2. 纸垫密封冲破，大量泄油	1. 保证设计间隙，过大者应换活塞，检查修复缓冲装置 2. 更换新纸垫，保证密封
缓冲过长	1. 缓冲装置结构不正确，三角节流槽过短 2. 缓冲节流回油口开设位置不对 3. 活塞与缸体配合间隙过小 4. 缓冲的回油孔道半堵塞	1. 修正凸台与凹槽，加长三角节流槽 2. 修改节流回油口的位置 3. 加大至要求的间隙 4. 清洗回油孔道

（续）

故障	产生原因	排除方法
推力不足或速度减慢	1. 活塞与缸体配合间隙过大，内泄漏严重 2. 活塞杆弯曲，阻力增大 3. 活塞上密封圈损坏，增大泄漏或增大摩擦力 4. 液压缸内表面有腰鼓形造成两端通油	1. 更换磨损的活塞，单配活塞其间隙为0.03～0.04mm 2. 校正活塞杆 3. 更换密封圈，装配时不应过紧 4. 镗磨液压缸内孔，单配活塞

二、液压马达常见故障的产生原因及排除方法

液压马达常见故障的产生原因及排除方法与液压泵非常相近，见表4-2。

表4-2 液压马达常见故障的产生原因及排除方法

故障	产生原因	排除方法
转速降低、输出转矩降低	1. 液压泵供油量不足，液压泵因磨损轴向间隙和径向间隙增大，内泄漏量增大；或者液压泵电动机转速与功率不匹配等原因，造成输出油量不足，造成马达的流量也减少 2. 液压系统调压阀调压失灵压力上不去，各控制阀内泄漏量增大等原因，造成进入马达的流量和压力不够 3. 油液粘度过小，致使液压系统各部分内泄漏量增大 4. 马达本身的原因，如CM型马达的侧板和齿轮两侧面磨损拉伤，造成高低压腔之间内泄漏量大，甚至串腔。特别是当转子和定子接触线因齿形精度差或者拉伤时，泄漏更为严重，造成转速下降，输出转矩降低 5. 工作负载较大，转速降低	1. 清洗过滤器，修复液压泵，保证合理的间隙，更换能满足转速和功率要求的电动机等 2. 检查调压阀调压失灵的原因，并针对性地排除 3. 选用合适粘度的油液 4. 研磨修复马达侧板的齿轮两面，并保证装配间隙即马达体也研磨掉相应尺寸 5. 检查负载过大的原因并排除
噪声过大并伴随振动和发热	1. 系统吸进空气，原因主要有：过滤器因污物堵塞，泵进油管接头漏气，油箱液面太低，油液老化等 2. 马达本身的原因，主要有：齿轮齿形精度不好或接触不良；轴向间隙过小；马达滚针轴承破裂；马达个别零件损坏；齿轮内孔与端面不垂直，马达前后盖轴承孔不平行等原因，造成旋转不均衡，机械摩擦严重，噪声大和振动现象	1. 清洗过滤器，减少液压油的污染；泵进油管路管接头拧紧，密封破损的予以更换；油箱油液补充添加至油标要求位置；油液污染老化严重的予以更换等 2. 对研齿轮或更换齿轮；研磨有关零件，重配轴向间隙；更换破损的轴承；修复齿轮和有关零件的精度；更换损坏的零件；避免输出轴过大的不平衡径向负载
油封漏油	1. 泄油管的压力高 2. 马达油封破损	1. 泄油管要单独引回油箱，而不要共享马达回油管路；泄漏管通路因污物堵塞或设计过小时，要设法使泄油管油液畅通流回油箱 2. 更换油封，并检查马达轴的拉伤情况进行研磨修复，避免再次拉伤油封

能力训练　液压缸的拆装

1. 训练目的

液压缸是液压系统的执行元件，通过对液压缸的拆装可加深对其结构及工作原理的了解。

2. 实训内容

观察及了解液压缸的工作原理，按一定的步骤拆装液压缸。

3. 实训用工具及材料

内六角扳手、固定扳手、螺钉旋具、铜棒、待拆液压缸。

4. 注意事项

1）液压缸的基座必须有足够的刚度，否则加压时缸筒成弓形向上翘，使活塞杆弯曲。

2）液压缸安装时，先要检查活塞杆是否弯曲，特别对长行程液压缸。活塞杆弯曲会造成缸盖密封损坏，导致泄漏、爬行和动作失灵，并且加剧活塞杆的磨损。

3）液压缸轴心线应与导轨平行。特别注意活塞杆全部伸出时的情况。若二者不平行，会产生较大的侧向力，造成液压缸别劲，换向不良、爬行和液压缸密封破失效等故障。一般可以导轨为基准，用百分表调整液压缸，使活塞杆（伸出）的侧母线与V形导轨平行，上母线与水平导轨平行，误差为0.04～0.8mm/m。

4）活塞杆轴心线对两端支座的安装基面，其平行度误差不得大于0.05mm。

5）对行程较长的液压缸，活塞杆与工作台的联结应保持浮动（以球面副相连），以补偿安装误差产生的别劲和补偿热膨胀的影响。

6）液压马达的安装请参考本书第三章中液压泵的安装。

5. 拆装步骤

1）拆装前的准备工作（同液压泵）。

2）用各种拆卸工具按照已定的顺序进行拆卸。注意事项有：

①拆装液压缸时，严禁损伤活塞杆顶端的螺纹、油口螺纹和活塞杆表面。拆卸时，不能硬性将活塞从缸筒中打出。

②拆装液压缸时，严禁用锤敲打缸筒及活塞表面。如缸孔及活塞表面有损伤，不许用砂纸打磨，要用细油石精心研磨。

③长径比值较大的零件（如活塞杆）拆下后，随即清洗、涂油、垂直悬挂。重型零件可用多支点支承卧放，以免变形。

3）清洗（同液压泵）。

4）结合工作原理仔细观察其内部结构。

5）装配。液压缸装配注意事项有：

①严格控制液压缸与活塞之间的配合间隙，这是防止泄漏和保证运动可靠的关键。如果活塞上没有O形密封圈，其配合间隙应为0.02～0.04mm；带O形密封圈时，配合间隙应为0.05～0.1mm。

②为保证活塞与油缸直线运动的准确和平稳，活塞与活塞杆的同轴度误差应小于0.04mm。活塞杆在全长范围内，直线度误差不大于0.02mm。装配时，将活塞和活塞杆连成一体，放在V形架上，用百分表检验并校正。

③装配后，活塞在液压缸内全长移动时应灵活无阻滞。

④液压缸两端盖装上后，应均匀拧紧螺钉，使活塞杆能在全长范围移动，无阻滞和轻重不一现象。

6）性能试验。液压缸装配后要进行如下性能试验：

①在规定压力下，观察活塞与液压缸端盖、端盖与液压缸的结合处是否有渗漏。

②油封装置是否过紧，而使活塞或液压缸移动时阻滞，或过松而造成漏油。

③测定活塞或缸筒的移动速度是否均匀。

复习思考题

1. 简述液压泵与液压马达的作用和类型。

2. 活塞式液压缸有几种形式？有什么特点？它们分别用在什么场合？

3. 以单杆活塞式液压缸为例，说明液压缸的一般结构形式。

4. 活塞式液压缸的常见故障有哪些？如何排除？

5. 如图4-19所示，已知单杆液压缸的内径 $D=50\text{mm}$，活塞杆直径 $d=35\text{mm}$，泵的供油压力 $p=2.5\text{MPa}$，供油流量 $q_V=8\text{L/min}$。试求：

（1）液压缸差动连接时的运动速度和推力。

（2）若考虑管路损失，则实测 $p_1\approx p$，而 $p_2=2.6\text{MPa}$，求此时液压缸的推力。

6. 一柱塞缸柱塞固定，缸筒运动，压力油从空心柱塞中通入，压力为 p，流量为 q_V，缸筒直径为 D，柱塞外径为 d，柱塞内孔直径为 d_0，试求缸所产生的推力和运动速度。

7. 如图4-20所示，两个结构相同相互串联的液压缸，无杆腔的面积 $A_1=100\times10^{-4}\text{m}^2$，有杆腔的面积 $A_2=80\times10^{-4}\text{m}^2$，缸1的输入压力 $p_1=9\text{MPa}$，输入流量 $q_V=12\text{L/min}$，不计损失和泄漏，求：

（1）两缸承受相同负荷（$F_1=F_2$）时，该负载的数值及两缸的运动速度。

（2）缸2的输入压力是缸1的是一半（$p_2=0.5p_1$）时，两缸各能承受多少负载。

（3）缸1不承受负载（$F_1=0$）时，缸2能承受多少负载。

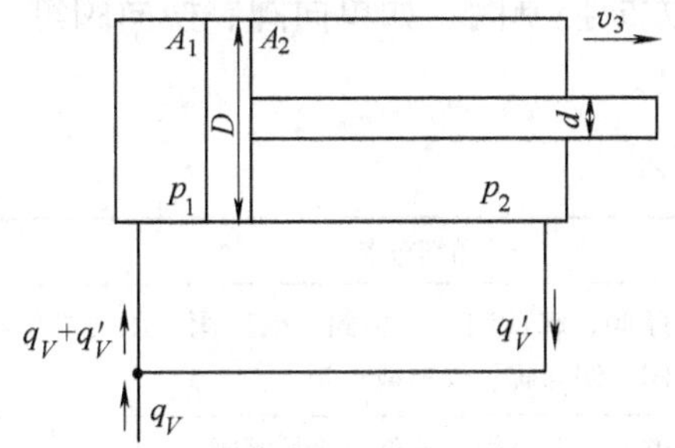

图4-19　习题5图

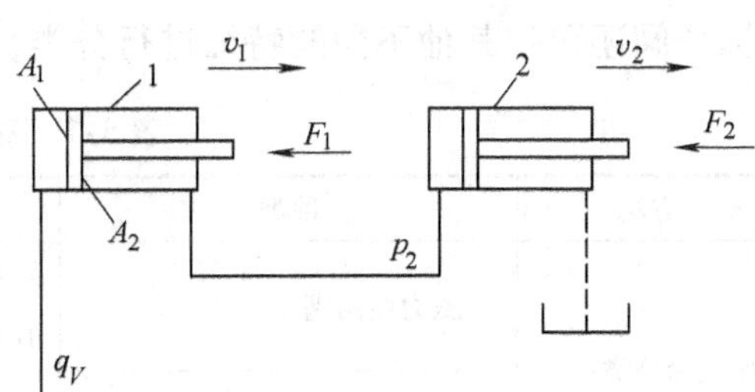

图4-20　习题7图

8. 求一差动液压缸在以下两种情况下活塞面积 A_1 和活塞杆面积 A_2 之比，其中 $v_{快进}$、$v_{快退}$ 分别为活塞快进与快退时的速度。

（1）$v_{快进}=v_{快退}$。

（2）$v_{快进}=2v_{快退}$。

9. 图4-21所示三个液压缸的缸筒和活塞杆直径均为 D 和 d，当输入压力油的流量都是 q 时，试说明各缸筒的移动速度、移动方向和活塞杆的受力情况。

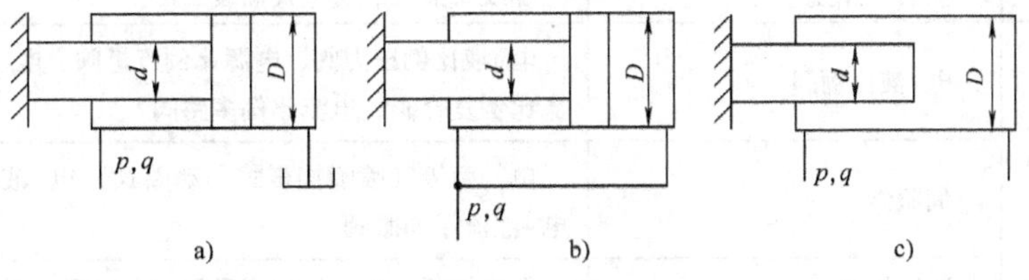

图4-21　习题9图

第五章　压力控制回路

在液压系统中，用于控制或调节液体的流动方向、压力高低、流量大小的组件统称为液压控制阀。液压阀性能的优劣、工作是否可靠，对整个液压系统的正常工作将产生直接影响。本章将重点介绍常用液压阀的典型结构、工作原理、性能特点及应用回路。

液压控制阀的种类繁多，除了不同品种、规格的通用阀外，还有许多专用阀和复合阀。

一、按用途分

1. 压力控制阀

用来控制和调节液压系统中液流的压力或利用压力控制的阀类称为压力控制阀。如溢流阀、减压阀、顺序阀、电-液比例溢流阀、电-液比例减压阀等。

2. 流量控制阀

用来控制和调节液压系统中液流流量的阀类称为流量控制阀，如节流阀、调速阀、分流阀、电-液比例流量阀等。

3. 方向控制阀

用来控制和改变液压系统中液流方向的阀类称为方向控制阀，如单向阀、换向阀等。

液压阀还可按其他不同的特征进行分类，见表5-1。

表5-1　液压阀的分类

分类方法	种类	详细分类
按用途分类	压力控制阀	溢流阀、顺序阀、卸荷阀、平衡阀、减压阀、压力继电器、比例压力控制阀、缓冲阀、仪表截止阀
	流量控制阀	节流阀、调整阀、分流阀、比例流量控制阀
	方向控制阀	单向阀、液控单向阀、换向阀、比例方向阀
按操作方法分类	手动阀	手把及手轮、踏板、杠杆
	机动阀	挡块及碰块、弹簧、液压、气动
	电动阀	电磁铁控制、伺服电动机和步进电动机控制
按连接方式分类	管式连接	螺纹式连接、法兰式连接
	板式及叠加式连接	单层连接板式、双层连接板式、整体连接板式、叠加阀
	插装式连接	螺纹式插装、法兰式插装
按控制方式分类	电-液比例阀	电-液比例压力阀、电源比例流量阀、电-液比例换向阀、电流比例复合阀、电流比例多路阀
	伺服阀	单、两级（喷嘴挡板式、动圈式）电-液流量伺服阀、三级电-液流量伺服阀
	数字控制阀	数字控制、压力控制流量阀与方向阀

二、对液压阀的基本要求

1）动作灵敏，使用可靠，工作时冲击和振动小。

2）油液流过液压阀时压力损失小。

3）密封性能好。

4）结构紧凑，安装、调整、使用、维护方便，通用性大。

第一节 压力控制阀

在液压传动系统中，控制油液压力高低的液压阀称为压力控制阀，简称压力阀。这类阀的共同点是它们都是利用作用在阀芯上的液压力和弹簧力相平衡的原理工作的。

在具体的液压系统中，根据工作需要的不同，对压力控制的要求是各不相同的。有的需要限制液压系统的最高压力，如安全阀；有的需要稳定液压系统中某处的压力值（或者压差，压力比等），如溢流阀、减压阀等定压阀；还有的是利用液压力作为信号控制其动作，如顺序阀、压力继电器等。

一、溢流阀

溢流阀是通过阀口的开启实现溢流，使被控制系统的压力保持恒定，实现稳压、调压或限压的作用。对溢流阀的主要要求是：调压范围大、调压偏差小、压力振摆小、动作灵敏、过流能力大、噪声小。

1. 溢流阀的作用及性能要求

溢流阀的主要作用是对液压系统定压或进行安全保护。几乎在所有的液压系统中都需要用到它，其性能好坏对整个液压系统的正常工作有很大影响。

（1）溢流阀的作用　在液压系统中维持定压是溢流阀的主要用途。它常用于节流调速系统中，和流量控制阀配合使用，调节进入系统的流量，并保持系统的压力基本恒定。如图5-1a所示，溢流阀4并联于系统中，进入液压缸3的流量由节流阀2调节。由于定量泵1的流量大于液压缸3所需的流量，油压升高，将溢流阀4打开，多余的油液经溢流阀4流回油箱。因此，在这里溢流阀的功用就是在不断的溢流过程中保持系统压力基本不变。

用于过载保护的溢流阀一般称为安全阀。图5-1b所示为变量泵调速系统，在正常工作时，溢流阀（安全阀）4关闭，不溢流，只有在系统发生故障，压力升至安全阀的调整值时，阀口才打开，使变量泵排出的油液经溢流阀4流回油箱，以保证液压系统的安全。

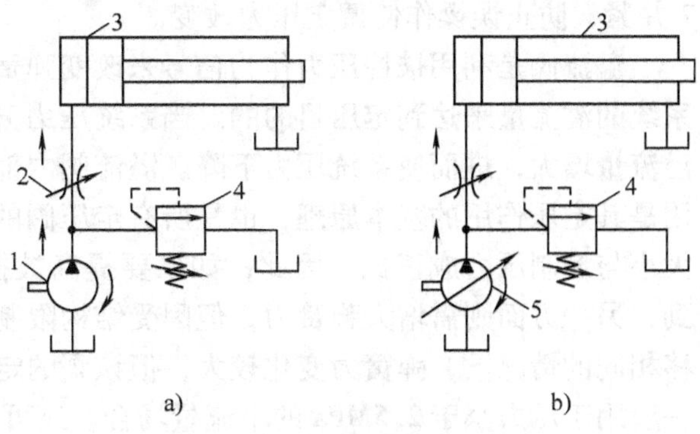

图5-1　溢流阀的作用

1—定量泵　2—节流阀　3—液压缸　4—溢流阀　5—变量泵

溢流阀在液压系统中的主要应用可归纳为以下几个方面：

1）作溢流阀。正常工作时溢流阀处于常开状态，使系统压力基本保持稳定。

2）作安全阀。正常工作时溢流阀处于常闭状态，当系统超载，压力上升，超过溢流阀的调定压力值时，溢流阀打开，油液流回油箱，防止系统过载，保障系统安全。这时的溢流阀称为安全阀。

3）作背压阀。溢流阀安装在回油路上，造成一定的回油阻力，改善执行元件的运动平稳性。

4）利用先导式溢流阀的远控口实现远程调压或使系统卸荷。

（2）液压系统对溢流阀的性能要求

1）定压精度高。当流过溢流阀的流量发生变化时，系统中的压力变化要小，即静态压力超调要小。

2）灵敏度要高。如图5-1a所示，当液压缸3突然停止运动时，溢流阀4要迅速开大。否则，定量泵1输出的油液将因不能及时排出而使系统压力突然升高，并超过溢流阀的调定压力，即动态压力超调，使系统中各组件及辅助件受力增加，影响其寿命。溢流阀的灵敏度越高，则动态压力超调越小。

3）工作要平稳，且无振动和噪声。

4）当阀关闭时，密封要好，泄漏要小。

对于经常开启的溢流阀，主要要求前三项性能；而对于安全阀，则主要要求第二和第四两项性能。其实，溢流阀和安全阀都是同一结构的阀，只不过是在不同要求时有不同的作用而已。

2. 溢流阀的结构和工作原理

常用的溢流阀按其结构形式和基本动作方式可归类为直动式和先导式两种。

（1）直动式溢流阀　直动式溢流阀是依靠系统中的压力油直接作用在阀芯上与弹簧力相平衡，以控制阀芯的启闭动作。图5-2a所示为一种直动式溢流阀，P是进油口，O是回油口，压力油自P口流入，经阀芯3中间的孔c及阻尼孔b流入阀芯左端后盖1内的a腔，使阀芯3的左端受到液压力。当阀芯3左端的液压力小于右端的弹簧4的预压紧力时，阀芯3处于最左端，此时进油口P和回油口O不通，处于封闭状态。当进油口P的压力升高，阀芯3左端的液压力增大，达到能克服右端的弹簧力时，阀芯3向右移动，使溢流阀口开启，部分油液从进油口P通过回油口O流回油箱。调整调节螺母8，推动调节杆6压缩弹簧4，可以改变弹簧4的预紧力，从而调整溢流阀的开启压力。调节螺母8调整好后，用锁紧螺母7并紧，防止误操作使调定压力改变。

溢流阀是利用被控压力作为信号来改变弹簧的压缩量，从而改变阀口的通流截面面积和系统的溢流量来达到定压目的的。当系统压力升高时，阀芯上升，阀口通流截面面积增加，溢流量增大，进而使系统压力下降。溢流阀内部通过阀芯的平衡和运动构成的这种负反馈作用是其定压作用的基本原理，也是所有定压阀的基本工作原理。由图5-2a可知，弹簧力的大小与控制压力成正比。因此，如果要提高被控压力，一方面可通过减小阀芯的面积来达到；另一方面则需增大弹簧力，但因受结构限制，只可采用大刚度的弹簧。这样，在阀芯位移相同的情况下，弹簧力变化较大，但该阀的定压精度较低。所以，这种低压直动式溢流阀一般用于压力小于2.5MPa的小流量场合。还可看出，在常位状态下，溢流阀进、出油口之间是不相通的，而且作用在阀芯上的液压力是由进口油液压力产生的，经溢流阀阀芯的泄漏油液经内泄漏通道进入回油口。

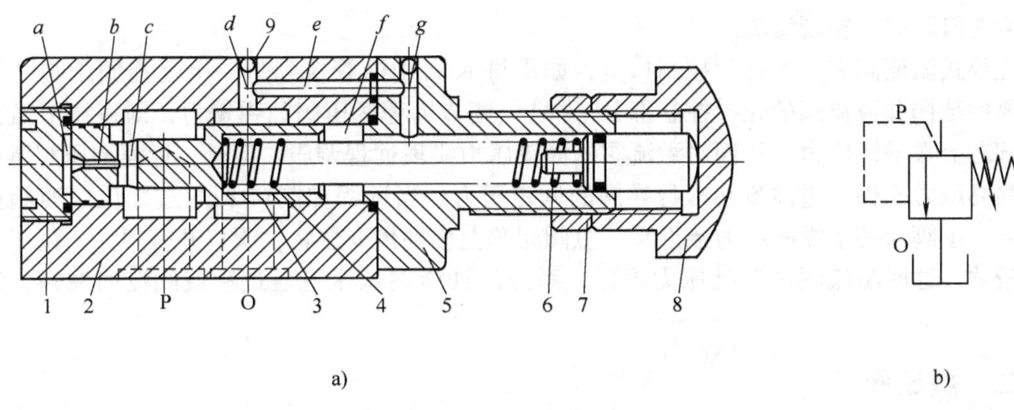

图 5-2　直动式溢流阀

a）直动式溢流阀　　b）图形符号

1—后盖　2—阀体　3—阀芯　4—弹簧　5—阀盖　6—调节杆　7—锁紧螺母　8—调节螺母　9—钢球

（2）先导式溢流阀　在中、高压，大流量的情况下，一般采用先导式溢流阀。图 5-3 所示为先导式溢流阀的结构示意图，这种溢流阀在结构上分两部分，左边为主阀部分，右边为先导阀部分。这种阀利用主阀阀芯 9 左右两端的压差使主阀芯移动。压力油从 P 腔进入，通过孔 c、b 孔进入 a 腔，作用于主阀芯的左端，同时又经过阻尼小孔 d 进入 f 腔，并经过 k 孔、j 腔、阀座 6 内的 i 孔作用于先导阀阀芯 5 上，当进油腔的压力较低时，先导阀阀芯上的油压力小于先导阀调压弹簧 4 的预紧力，先导阀阀芯 5 关闭，阻尼小孔 d 中的油液不流动，所以主阀阀芯 9 两端的油压力相等，在复位弹簧 8 的作用下主阀阀芯 9 处于最左端位置，将溢流口关闭。

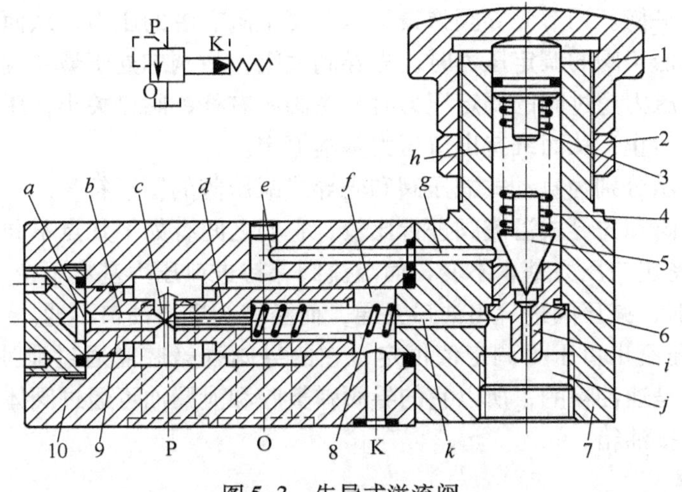

图 5-3　先导式溢流阀

1—调节螺母　2—锁紧弹簧　3—调节杆　4—调压弹簧　5—先导阀阀芯

6—先导阀阀座　7—先导阀阀体　8—复位弹簧　9—主阀阀芯　10—主阀阀体

当进油压力升高，作用于先导阀阀芯 5 上的油压力大于调压弹簧 4 的预紧力时，先导阀阀芯 5 上移，调压弹簧 4 将先导口打开，压力油经阻尼小孔 d、孔 k、j 腔、孔 i、g、e 流入回油腔。因为油液流经阻尼小孔 d 时，产生压差，使主阀阀芯 9 右端的油压力小于左端的油压力，当这个压差对主阀阀芯 9 的作用力超过复位弹簧 8 的预紧力时，主阀阀芯 9 向右移动，溢流口开启，实现溢流。

先导式溢流阀有一个远程控制口 K，如果将 K 口用油管接到另一个远程调压阀（远程调压阀的结构和溢流阀的先导控制部分一样），调节远程调压阀的弹簧力，即可调节溢流阀主阀阀芯上端的液压力，从而对溢流阀的溢流压力实现远程调压。但是，远程调压阀所能调节的最高压力不得超过溢流阀本身导阀的调定压力。当远程控制口 K 通过二位二通阀接通油箱时，主阀阀芯上端的压力接近零，主阀阀芯上移到最高位置，阀口开得很大。由于主阀弹簧较软，这时溢流阀 P 口处压力很低，系统的油液在低压下通过溢流阀流回油箱，实现卸荷。

二、减压阀

减压阀是使出口压力（二次压力）低于进口压力（一次压力）的一种压力控制阀。其作用是降低液压系统中某一回路的油液压力，使用一个油源能同时提供两个或几个不同压力的输出。减压阀在各种液压设备的夹紧系统、润滑系统和控制系统中应用较多。此外，当油液压力不稳定时，在回路中串入一减压阀可得到一个稳定的较低的压力。根据减压阀所控制的压力不同，它可分为定值输出减压阀、定差减压阀和定比减压阀。

1. 定值输出减压阀

图 5-4a 所示为先导式减压阀的结构示意图，它与先导式溢流阀相类似，其先导阀也是一个小规格的直动式溢流阀，不同的是主阀结构。先导式减压阀的控制油路引自出口。P_1 口是进油口，经过节流口 f 产生压差，低压油从出油口 P_2 流出。同时出口压力油又经阻尼孔流入主阀芯的左端，再经主阀芯上的阻尼孔 e 进入主阀芯右端，主阀芯两端的液压作用力之差与主阀弹簧办平衡。调节先导阀弹簧可以改变主阀右腔的压力，从而对出口压力起调节作用。当出口压力低于阀的调定压力时，先导阀关闭，主阀芯处于最左端，阀口全开，不起减压作用；当出口压力超过阀的调定压力时，主阀芯右移，阀口关小，压力降增大，使出口压力减到调定压力为止，从而维持出口压力基本恒定。

图 5-4b、c 所示分别为直动式减压阀和先导式减压阀的图形符号。

将先导式减压阀和先导式溢流阀进行比较，它们之间有如下几点不同之处：

1）减压阀保持出口压力基本不变，而溢流阀保持进口压力基本不变。

2）在不工作时，减压阀进、出油口互通，而溢流阀进出油口不通。

3）为保证减压阀出口压力调定值恒定，它的导阀弹簧腔需通过泄油口单独外接油箱；而溢流阀的出油口是通油箱的，所以它的导阀弹簧腔和泄漏油可通过阀体上的通道和出油口相通，不必单独外接油箱。

2. 定差减压阀

定差减压阀是使进、出口之间的压差等于或近似于不变的减压阀，其工作原理图与图形符号如图 5-5 所示。压力这 p_1 的高压油经节流口减压后以低压 p_2 流出，同时，低压油经阀芯中心孔将压力传至阀芯上腔，则其进、出油液压力在阀芯有效作用面积上的压差与弹簧力相平衡，只要尽量减小阀口开度 x_R 的变化量，就可使压差近似地保持为定值。

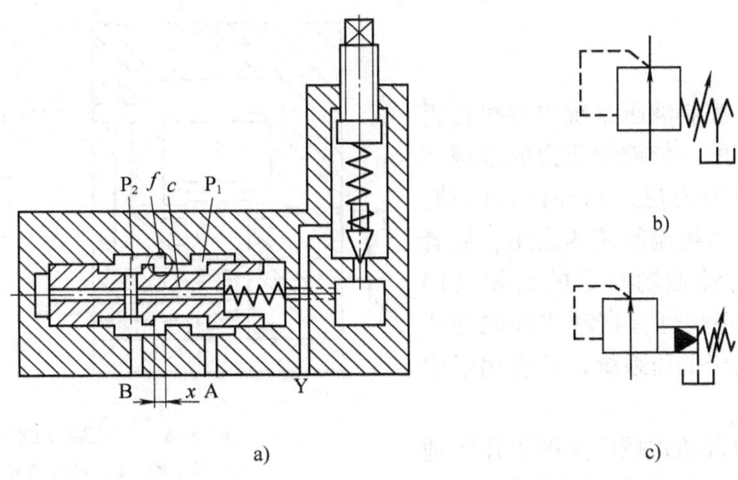

图 5-4 减压阀

a）结构图 b）、c）图形符号

定差减压阀的主要用途是与节流阀串联组成调速阀。调速阀中的定差减压阀可置于节流阀前也可置于节流阀后。在节流调速系统中，当负载或油源压力变化时，由于定差减压阀的补偿作用，使节流阀两端的压差和流量基本保持不变，从而得到很高的调速刚性。

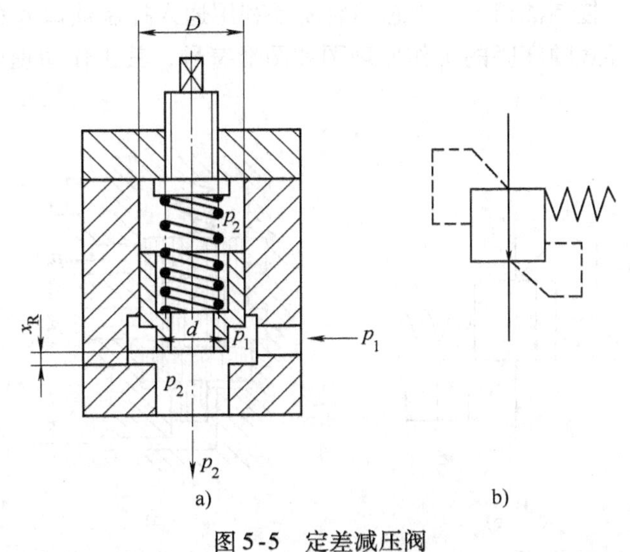

图 5-5 定差减压阀

a）工作原理图 b）图形符号

3. 定比减压阀

定比减压阀的作用是使进、出油口压力的比值保持恒定，其工作原理图与图形符号如图 5-6所示。该阀的弹簧主要用于复位，阀的输入压力不是弹簧力而是进口压力。若忽略液动力和弹簧力的影响，则无论 p_1、p_2 或通过的流量发生怎样的变化，通过定比减压阀可变节流口的调节作用，定差减压阀的减压比基本保持不变，即 $p_1/p_2 = A_1/A_2$。选择不同的阀芯作用面积 A_1 和 A_2 即可得到所要求的压力比。

三、顺序阀

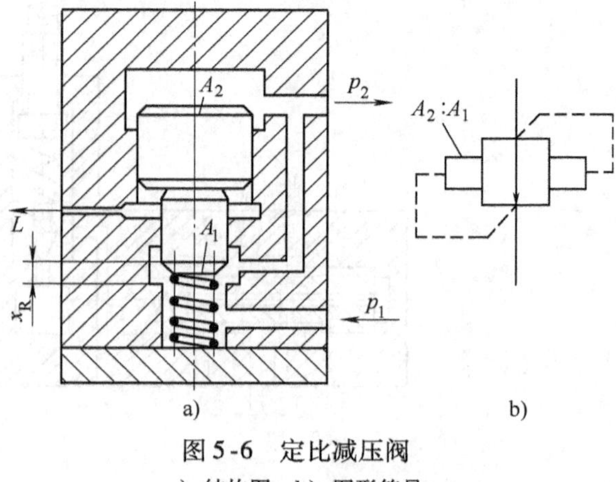

图 5-6 定比减压阀
a）结构图 b）图形符号

顺序阀是用来控制液压系统中各执行组件动作的先后顺序的。依控制压力的来源不同，顺序阀又可分为内控式和外控式两种。前者用阀的进口压力控制阀芯的启闭，后者用外来的控制压力油控制阀芯的启闭（即液控顺序阀）。顺序阀也有直动式和先导式两种，前者一般用于低压系统，后者用于中高压系统。

图 5-7 所示为直动式顺序阀的工作原理图和图形符号。当进油口压力 p_1 较低时，阀芯在弹簧作用下处于下端位置，进油口和出油口不相通。当作用在阀芯下端的油液的液压力大于弹簧的预紧力时，阀芯向上移动，阀口打开，油液便经阀口从出油口流出，从而操纵另一执行组件或其他组件动作。由图 5-7 可见，顺序阀和溢流阀的结构基本相似，不同的只是顺序阀的出油口通向系统的另一压力油路，而溢流阀的出油口通油箱。此外，由于顺序阀的进、出油口均为压力油，所以它的泄油口 L 必须单独外接油箱。

直动式外控顺序阀的工作原理图和图形符号如图 5-8 所示，和图 5-9 所示的顺序阀的差别仅仅在于其下部有一控制油口 K，阀芯的启闭是利用通入控制油口 K 的外部控制油来控制的。图 5-9 所示为先导式顺序阀的工作原理图和图形符号，其工作原理可参照先导式溢流阀推演，在此不再赘述。

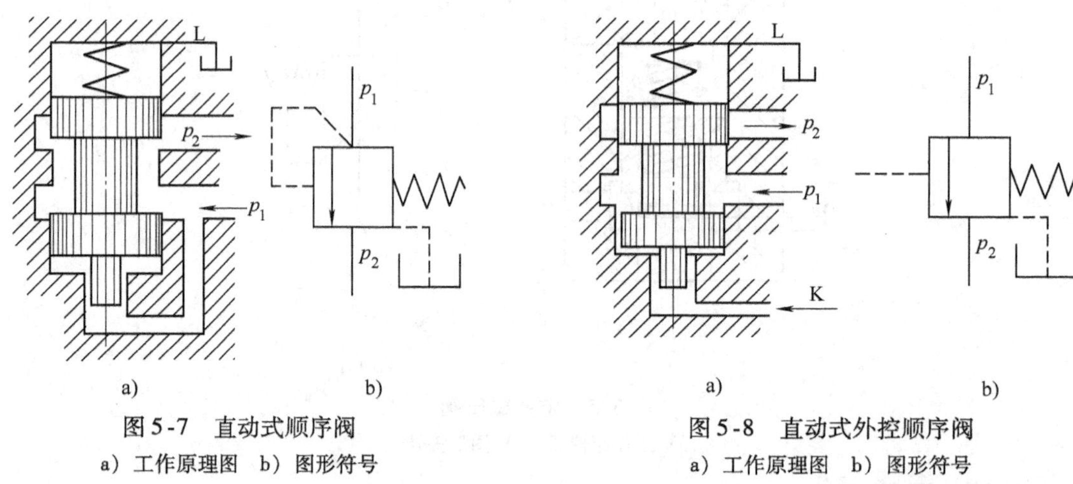

图 5-7 直动式顺序阀
a）工作原理图 b）图形符号

图 5-8 直动式外控顺序阀
a）工作原理图 b）图形符号

将先导式顺序阀和先导式溢流阀进行比较，它们之间有以下不同之处：

1）溢流阀的进口压力在通流状态下基本不变，而顺序阀在通流状态下其进口压力由出口压力而定。当出口压力 p_2 比进口压力 p_1 低得多时，p_1 基本不变；而当 p_2 增大到一定程度时，p_1 也随之增加，则 $p_1=p_2+\Delta p$，Δp 为顺序阀上的损失压力。

2）溢流阀为内泄漏，而顺序阀需单独引出泄漏通道，为外泄漏。

3）溢流阀的出口必须回油箱，顺序阀的出口可接负载。

四、压力继电器

压力继电器是一种将油液的压力信号转换成电信号的电-液控制组件。当油液压力达到压力继电器的调定压力时，即发出电信号，以控制电磁铁、电磁离合器、继电器等组件动作，使油路卸压、换向、执行组件实现顺序动作，或关闭电动机，使系统停止工作，起安全保护作用等。图5-10所示为常用柱塞式压力继电器的结构示意图和图形符号。如图所示，当从压力继电器下端进油口通入的油液压力达到调定压力值时，推动柱塞1上移，此位移通过杠杆2放大后推动开关4动作。改变弹簧3的预紧力即可以调节压力继电器的动作压力。

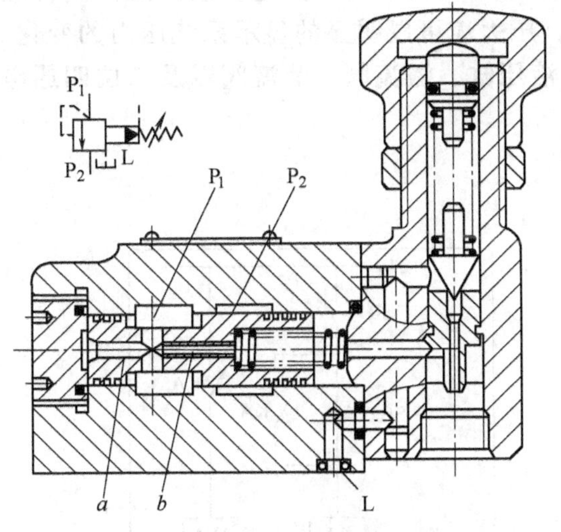

图5-9 先导式顺序阀和图形符号

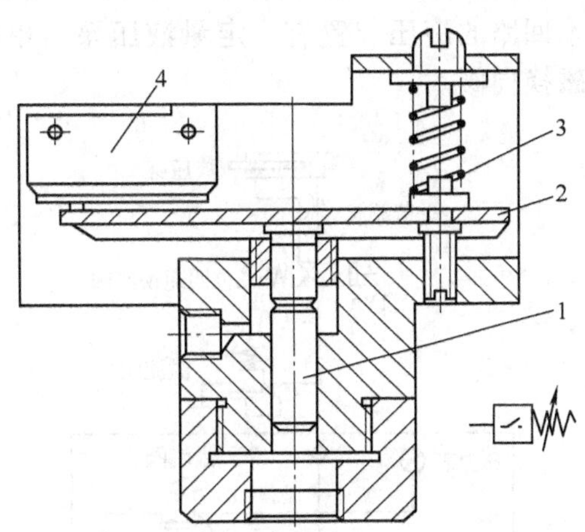

图5-10 常用柱塞式压力继电器的结构示意图和图形符号

1—柱塞 2—杠杆 3—弹簧 4—开关

第二节 压力控制回路

一、压力调节回路

压力控制回路是用压力阀来控制和调节液压系统主油路或某一支路的压力，以满足执行组件对力或力矩的要求。利用压力控制回路可实现对系统进行调压（稳压）、减压、增压、卸荷、保压与平衡等各种控制。

当液压系统工作时，液压泵应向系统提供所需压力的液压油，同时，又需节省能源，减少油液发热，提高执行组件运动的平稳性。所以，液压系统中应设置调压或限压回路。当液压泵一直工作在系统的调定压力时，就要通过溢流阀调节并稳定液压泵的工作压力。在变量泵系统中或旁路节流调速系统中用溢流阀（当安全阀用）限制系统的最高安全压力。当系统在不同的工作时间内需要有不同的工作压力，可采用二级或多级调压回路。

1. 单级调压回路

图 5-11 所示的回路为单级调压回路。通过调节溢流阀的压力，可以改变泵的输出压力。当溢流阀的调定压力确定后，液压泵就在溢流阀的调定压力下工作。从而实现了对液压系统进行调压和稳压控制。如果将定量泵改为变量泵，这时溢流阀将作为安全阀来使用。液压泵的工作压力低于溢流阀的调定压力时溢流阀不工作；当系统出现故障，液压泵的工作压力上升时，一旦压力达到溢流阀的调定压力，溢流阀开启，并将液压泵的工作压力限制在溢流阀的调定压力下，使液压系统不致因压力过载而受到破坏，从而保护了液压系统。

如图 5-11、图 5-12 所示接好油路、电路。泵起动时液压缸活塞杆缩回；按下按钮 SB2 时，1YA 得电，液压缸活塞杆伸出；按下按钮 SB1 时，1YA 失电，液压缸活塞杆缩回。当液压缸活塞杆走到末端时，调节溢流阀，压力表可以明显的显示系统压力的变化。本回路的液压装置有：定量液压泵、单向阀、液压缸、溢流阀、节流阀以及二位四通电磁换向阀。

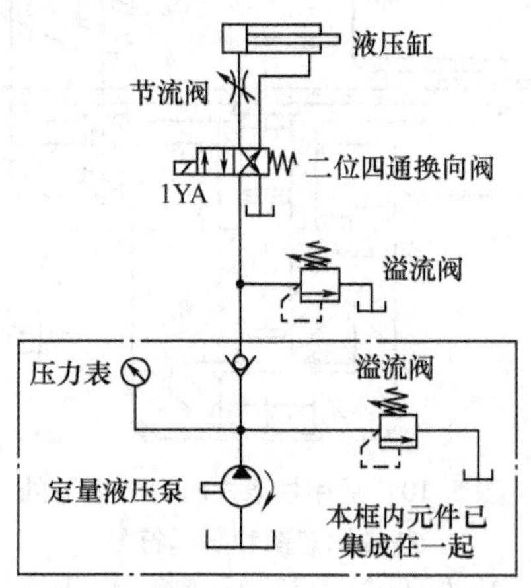

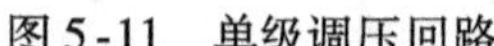
图 5-11　单级调压回路

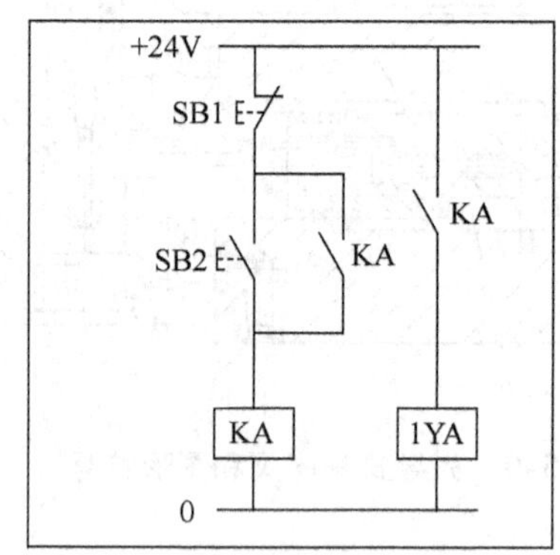

图 5-12　单级调压回路电气控制原理图

单级调压回路中使用的溢流阀可以是直动式或先导式结构。图 5-11 所示为采用直动式溢流阀和节流阀组成的基本回路。在转速一定的情况下，定量泵输出的流量基本不变，当改变节流阀的开口大小来调节液压缸运动速度时，由于要排掉定量泵输出的多余流量，溢流阀始终处于开启溢流状态，使系统工作压力稳定在溢流阀调定压力值附近。

2. 二级调压回路

图 5-13 所示为二级调压回路，该回路可实现两种不同的系统压力控制。

如图 5-13、图 5-14 所示接好油路、电路。系统压力由先导式溢流阀和直动式溢流阀各调一级；当二位二通电磁阀未得电时，系统压力由先导式溢流阀调定；当二位二通阀得电后处于上位时，系统压力由溢流阀调定。但要注意：溢流阀的调定压力一定要小于先导式溢流阀的调定压力，否则不能实现调压；当系统压力由溢流阀调定时，先导式溢流阀的先导阀口关闭，但主阀开启，液压泵的溢流流量经主阀回油箱，这时溢流阀也处于工作状态，并有油液通过。

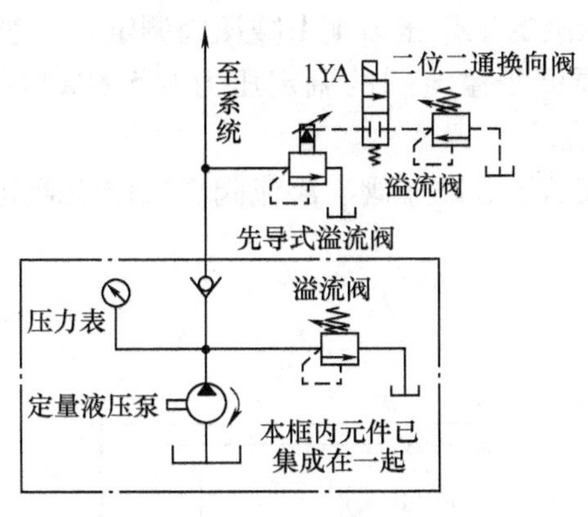

图 5-13 二级调压回路

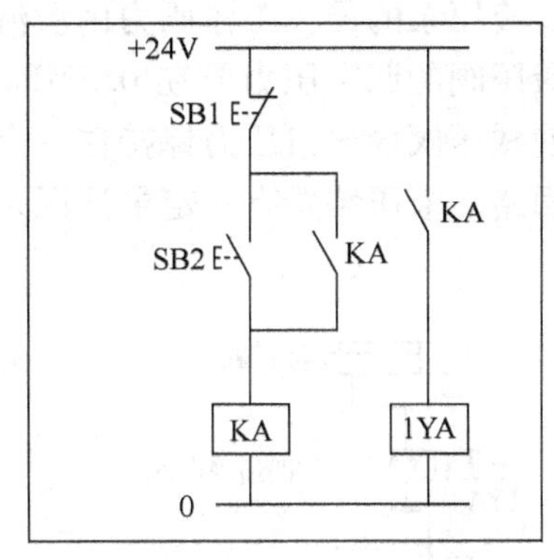

图 5-14 二级调压回路电气控制原理图

3. 多级调压回路

图 5-15 所示为三级调压回路，三级压力分别由溢流阀 1、2、3 调定，当电磁铁 1YA、2YA 失电时，系统压力由主溢流阀调定。当 1YA 得电时，系统压力由阀 2 调定。当 2YA 得电时，系统压力由阀 3 调定。在这种调压回路中，阀 2 和阀 3 的调定压力要低于主溢流阀的调定压力，而阀 2 和阀 3 的调定压力之间没有一定的关系。当阀 2 或阀 3 工作时，阀 2 或阀 3 相当于阀 1 上的另一个先导阀。

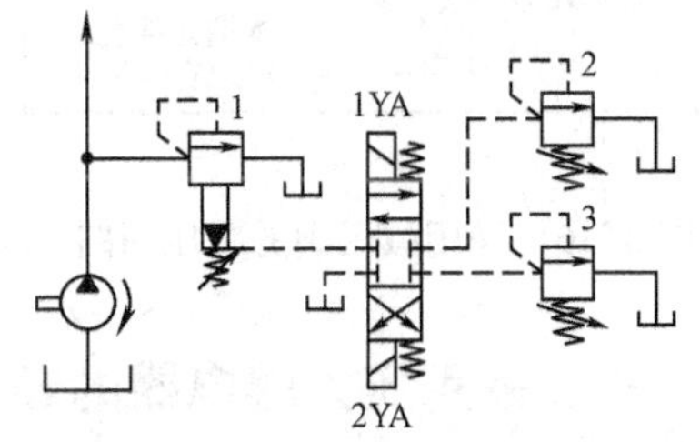

图 5-15 三级调压回路

二、减压回路

当泵的输出压力是高压而局部回路或支路要求是低压时，可以采用减压回路，如机床液压系统中的定位、夹紧及液压组件的控制油路等，它们往往要求比主油路低的压力。减压回路较为简单，一般是在所需低压的支路上串接减压阀。采用减压回路虽能方便地获得某支路稳定的低压，但压力油经减压阀口时要产生压力损失，这是它的缺点。

最常见的减压回路为通过定值减压阀与主油路相连，如图 5-16 所示。回路中的单向阀为主油路压力降低（低于减压阀的调定压力）时防止油液倒流，起短时保压作用，减压回路中也可以采用类似两级或多级调压的方法获得两级或多级减压。

为了使减压回路工作可靠，减压阀的最低调定压力不应小于 0.5MPa，最高调定压力至少应比系统压力小 0.5MPa。当减压回路中的执行组件需要调速时，调速组件应放在减压阀的后面，以避免减压阀的泄漏（指由减压阀泄油口流回油箱的油液）对执行组件的速度产生影响。

如图 5-16 和图 5-17 所示接好油路、电路。泵起动时液压缸活塞杆缩回；按下按钮 SB2 时，1YA 得电，油缸活塞杆伸出；按下按钮 SB1 时，1YA 失电，液压缸活塞杆缩回。调节减压阀的旋钮，压力表便可以清楚地显示减压回路系统的压力变化，可将此压力与溢流阀的调定压力值进行比较。

在液压系统中，当某个支路所需要的工作压力低于油源设定的压力值时，可采用一级减压回路。液压泵的最大工作压力由溢流阀调定，液压缸的工作压力则由减压阀调定。一般情况下，减压阀的调定压力要在 0.5MPa 以上，但又要低于溢流阀的调定压力 0.5MPa 以上，这样可使减压阀的出口压力保持在一个稳定的范围内。

本回路的液压装置有：定量液压泵、单向阀、液压缸、减压阀、溢流阀、二位四通电磁换向阀。

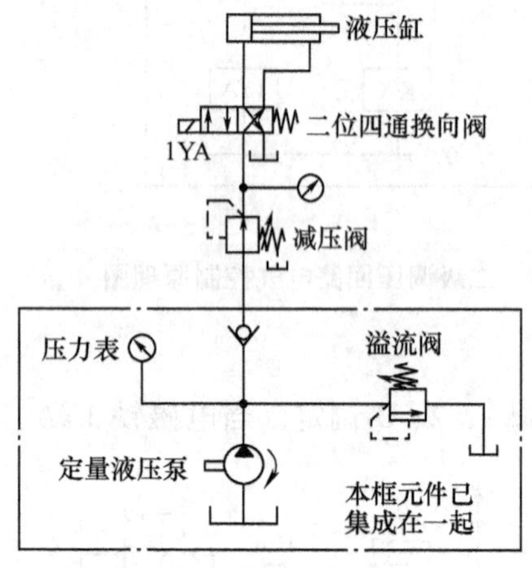

图 5-16　采用减压阀的减压回路

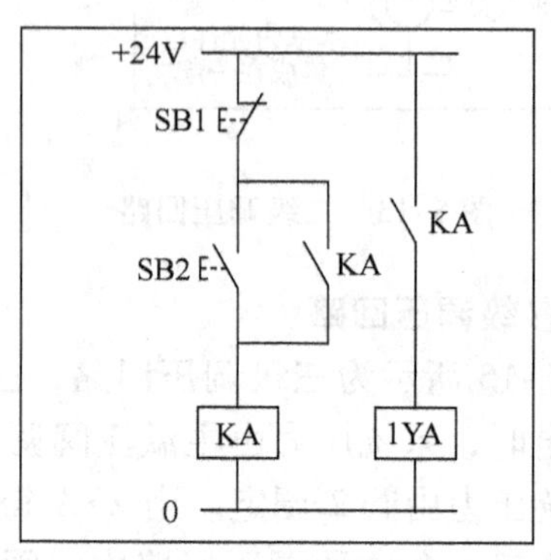

图 5-17　采用减压阀的减压回路电气控制原理图

三、采用压力继电器的顺序动作回路

如图 5-18 和图 5-19 所示接好油路、电路。按下按钮 SB2 时，电磁阀 1YA 得电，液压缸 1 活塞杆伸出，实现动作①。当压力达到与继电器相对应的压力时，压力继电器的常开触点闭合，电磁阀 DT2 得电，液压缸 2 活塞杆伸出，完成动作②。按下按钮 SB1 时，结束。本回路的液压装置有：定量液压泵、单向阀、液压缸、溢流阀、二位四通电磁阀、压力继电器。

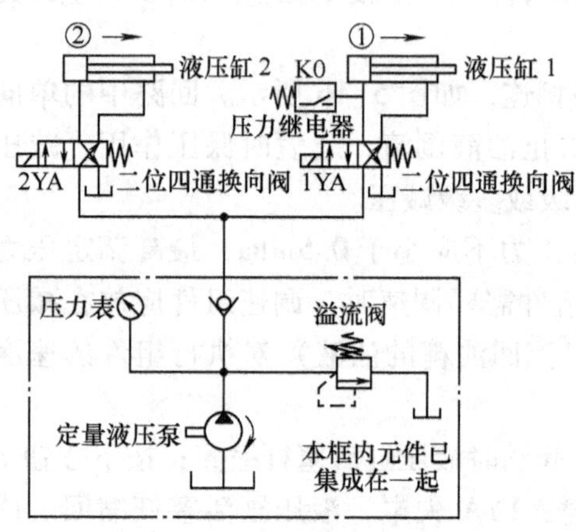

图 5-18　采用压力继电器控制的顺序动作回路

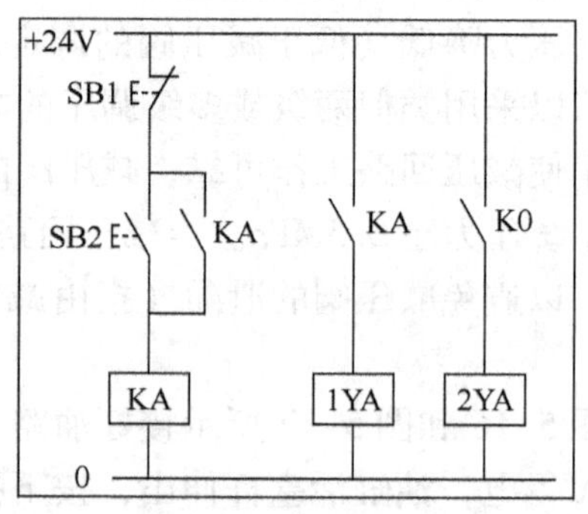

图 5-19　采用压力继电器控制的顺序动作回路电气控制原理图

四、卸荷回路

在液压系统工作中，有时执行组件短时间停止工作，不需要液压系统传递能量，或者执行组件在某段工作时间内保持一定的力，而运动速度极慢，甚至停止运动。在这种情况下，不需要液压泵输出油液，或只需要很小流量的液压油，于是液压泵输出的压力油全部或绝大部分从溢流阀流回油箱，造成能量的无谓消耗，引起油液发热，使油液加快变质，而且还影响液压系统的性能及泵的寿命。为此，需要采用卸荷回路，即卸荷回路的功用是在液压泵驱动电动机不频繁启闭的情况下，使液压泵在功率输出接近于零的情况下运转，以减少功率损耗，降低系统发热，延长泵和电动机的寿命。因为液压泵的输出功率为其流量和压力的乘积，因此，当两者任一近似为零时，功率损耗即近似为零。液压泵的卸荷有流量卸荷和压力卸荷两种，前者主要是使用变量泵，使变量泵仅为补偿泄漏而以最小流量运转，此方法比较简单，但泵仍处在高压状态下运行，磨损比较严重；压力卸荷是使泵在接近零压下运转。

如图 5-20、图 5-21 所示接好油路、电路。泵起动时油缸活塞杆缩回；按下按钮 SB2 时，1YA 得电，油缸活塞杆伸出；按下按钮 SB4 时，2YA 得电，此时回路卸荷。

本回路的液压装置有：定量液压泵、单向阀、液压缸、先导式溢流阀、二位四通电磁换向阀和二位二通阀。用先导式溢流阀的远程控制口来控制卸荷的回路如图 5-20 所示，先导式溢流阀的远程控制口直接与二位二通电磁阀相连，便构成一种采用先导式溢流阀的卸荷回路，这种卸荷回路卸荷压力小，切换时冲击也小。

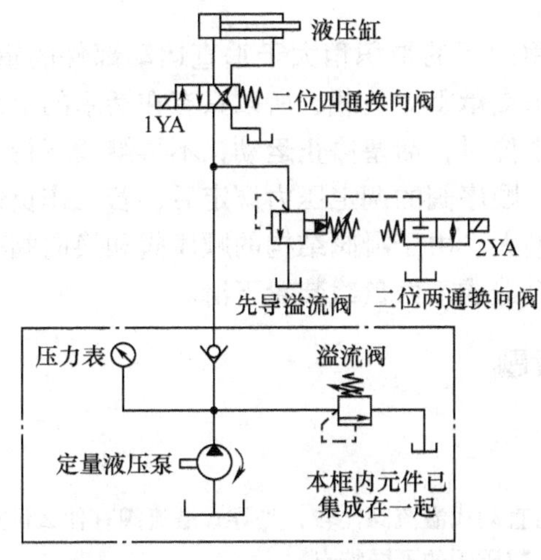

图 5-20　采用二位二通阀的卸荷回路

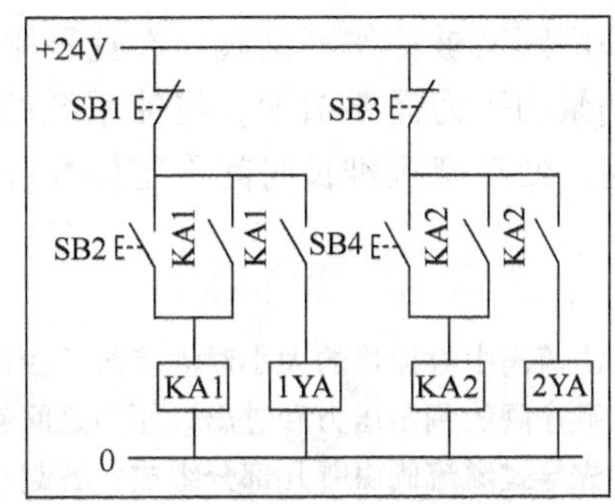

5-21　采用二位二通阀卸荷回路的电气控制原理图

五、平衡回路

平衡回路的功用在于防止垂直或倾斜放置的液压缸和与之相连的工作部件因自重而自行下落。图 5-22 所示为采用内控式单向顺序阀的平衡回路，当 1YA 得电后活塞下行时，回油路上就存在着一定的背压，只要将这个背压调得能支承住活塞和与之相连的工作部件的自重，活塞就可以平稳地下落。当换向阀处于中位时，活塞就停止运动，不再继续下移。这种回路中，当活塞向下快速运动时功率损失大；活塞锁住时，活塞和与之相连的工作部件会因单向顺序阀和换向阀的泄漏而缓慢下落。因此它只适用于工作部件质量不大、活塞锁住时定位要求不高的场合。

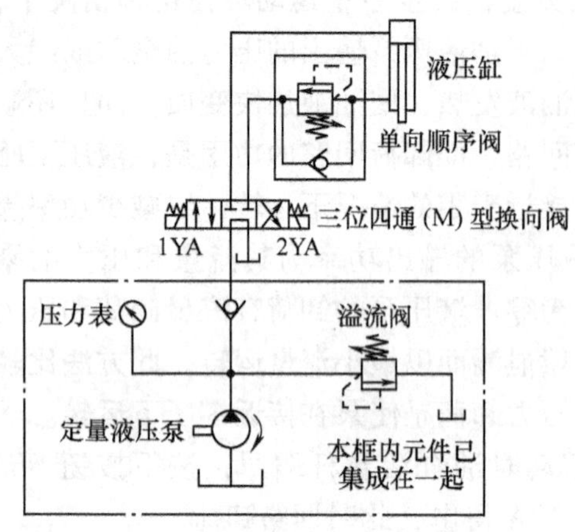

图 5-22　采用顺序阀的平衡回路

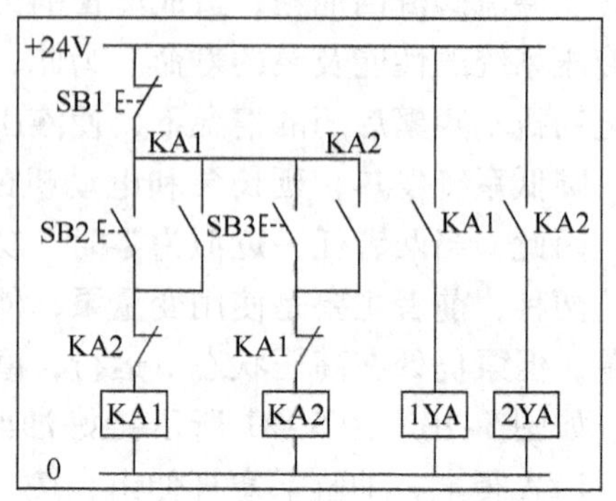

图 5-23　平衡阀平衡回路的电气控制原理图

如图 5-22、图 5-23 所示接好油路、电路。按下按钮 SB2 时，1YA 得电液压缸活塞杆伸出；按下按钮 SB3 时，1YA 失电 2YA 得电，液压缸活塞杆缩回；按下 SB1 时电磁铁失电，此时回路卸荷。

调整顺序阀，使其开启压力与液压缸下腔作用面积的乘积稍大于垂直运动部件的重力。当活塞杆下行时，由于回油路上存在一定的背压来支承重力负载，所以只有在活塞的上部具有一定压力时活塞才会平稳下落；当换向阀处于中位时，活塞停止运动，不再继续下行。此处的顺序阀又被称作平衡阀。在这种平衡回路中，顺序阀的调定压力调定后，若工作负载变小，则泵的压力需要增加，将使系统的功率损失增大。由于滑阀结构的顺序阀和换向阀存在内泄漏，使活塞很难长时间稳定停在任意位置，会造成重力负载装置下滑。

复习思考题

1. 溢流阀中溢流量的大小对溢流阀的控制压力有何影响？
2. 顺序阀的调定压力和进出口压力之间有什么关系？
3. 先导式溢流阀由哪几部分组成？各起什么作用？与直动式溢流阀比较，先导式溢流阀有什么优点？
4. 从结构原理图和图形符号，说明溢流阀、顺序阀、减压阀的不同特点。
5. 画出溢流阀、减压阀和顺序阀的图形符号，并比较：

（1）进出油口的油压。

（2）正常工作时阀口的开启情况。

（3）泄油情况。

6. 图 5-24 所示的溢流阀的调定压力为 5MPa，减压阀的调定压力为 2.5MPa，设缸的无杆腔面积 $A=50\text{m}^2$，液流通过单向阀和非工作状态下的减压阀时，压力损失分别为 0.2MPa 和 0.3MPa。

试问，当负载 F 分别为 0、7.5kN 和 30kN 时：

（1）缸能否移动？

（2）A、B 和 C 三点压力数值各为多少？

7. 图 5-25 所示的液压系统中，已知：外界负载 $F=30000\text{N}$，活塞有效作用面积 $A=0.01\text{m}^2$，活塞运动速度 $v=0.025\text{m/s}$，$K_{压}=1.5$，$K_{漏}=1.5$，$\eta_{总}=0.8$。试确定：

（1）溢流阀的调定压力值。

（2）选择液压泵的类型和规格（齿轮泵流量规格为 $2.67\times10^{-4}\text{m}^3/\text{s}$，$3.33\times10^{-4}\text{m}^3/\text{s}$，$4.17\times10^{-4}\text{m}^3/\text{s}$，额定工作压力为 2.5MPa；叶片泵流量规格为 $2\times10^{-4}\text{MPa}$，$2.67\times10^{-4}\text{MPa}$，$4.17\times10^{-4}\text{MPa}$，$5.33\times10^{-4}\text{MPa}$，额定工作压力为 6.3 MPa）。

（3）驱动液压泵的电动机功率。

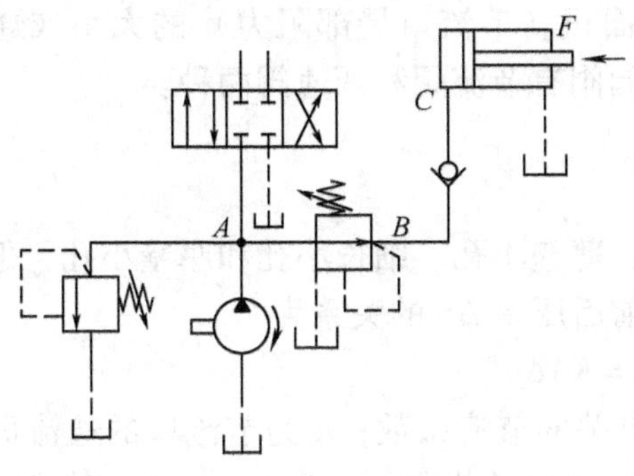

图 5-24　习题 6 图

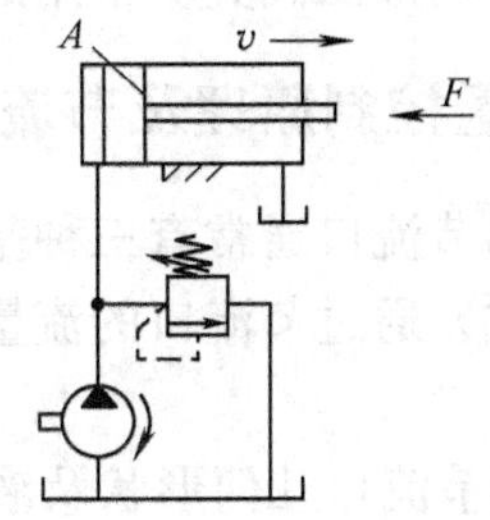

图 5-25　习题 7 图

第六章　速度控制回路

第一节　流量控制阀

流量控制阀就是依靠改变阀口通流截面积（节流口局部阻力）的大小或通流通道的长短来控制流量的液压阀类。常用的流量控制阀有节流阀和调速阀两种。

一、流量控制原理及节流口形式

节流阀的节流口通常有三种基本形式：薄壁小孔、细长小孔和厚壁小孔，但无论节流口采用何种形式，通过节流口的流量 q 及其前后压差 Δp 的关系为

$$q = KA\Delta p^m$$

式中，K 为与节流口几何形状及液体性质有关的节流系数；A 为节流口的通流面积；m 为由节流口形状（即由孔径与孔长的相对尺寸）决定的指数（$0.5 \leqslant m \leqslant 1$），对薄壁孔 $m = 0.5$，对细长孔 $m = 1$，对介于二者之间的小孔 $0.5 < m < 1$。

三种节流口的流量特性曲线如图 6-1 所示，由图可知：

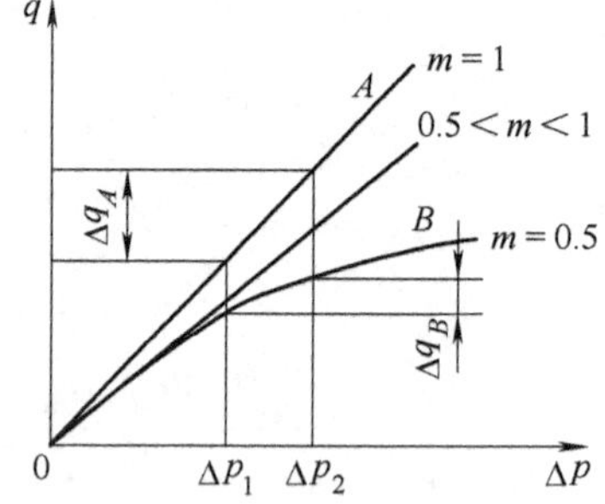

图 6-1　节流阀特性曲线

（1）压差对流量的影响　节流阀两端压差 Δp 变化时，通过它的流量要发生变化，三种结构形式的节流口中，通过薄壁小孔的流量受到压差改变的影响最小。

（2）温度对流量的影响　油温影响到油液粘度，对于细长小孔，油温变化时，流量也会随之改变；对于薄壁小孔，粘度对流量几乎没有影响，故油温变化时，流量基本不变。

（3）节流口的堵塞　节流阀的节流口可能因油液中的杂质或由于油液氧化后析出的胶质、沥青等而局部堵塞，这就改变了原来节流口通流截面面积的大小，使流量发生变化，尤其是当开口较小时，这一影响更为突出，严重时会完全堵塞而出现断流现象。因此节流口的抗堵塞性能也是影响流量稳定性的重要因素，尤其会影响流量阀的最小稳定流量。一般节流口通流截面面积越大，节流通道越短和水力直径越大，越不容易堵塞，当然油液的清洁度也对堵塞产生影响。一般流量控制阀的最小稳定流量为 0.05L/min。

综上所述，为保证流量稳定，节流口的形式以薄壁小孔较为理想。图 6-2 所示为几种常用的节流口形式。图 6-2a 所示为针阀式节流口，它通道长，湿周大，易堵塞，流量受油温影响较大，一般用于对性能要求不高的场合；图 6-2b 所示为偏心槽式节流口，其性能与针阀式节流口相同，但容易制造，其缺点是阀芯上的径向力不平衡，旋转阀芯时较费力，一般用于压力较低、流量较大和流量稳定性要求不高的场合；图 6-2c 所示为轴向三角槽式节流口，其结构简单，水力直径中等，可得到较小的稳定流量，且调节范围较大，但节流通道有一定的长度，油温变化对流量有一定的影响，目前被广泛应用；图 6-2d 所示为周向缝隙式节流口，沿阀芯周向开有一条宽度不等的狭槽，转动阀芯就可改变开口大小。阀口做成薄刃

形，通道短，水力直径大，不易堵塞，油温变化对流量影响小，因此其性能接近于薄壁小孔，适用于低压小流量场合；图 6-2e 所示为轴向缝隙式节流口，在阀孔的衬套上加工出图示薄壁阀口，阀芯作轴向移动即可改变开口大小，其性能与图 6-2d 所示节流口相似。为保证流量稳定，节流口的形式以薄壁小孔较为理想。

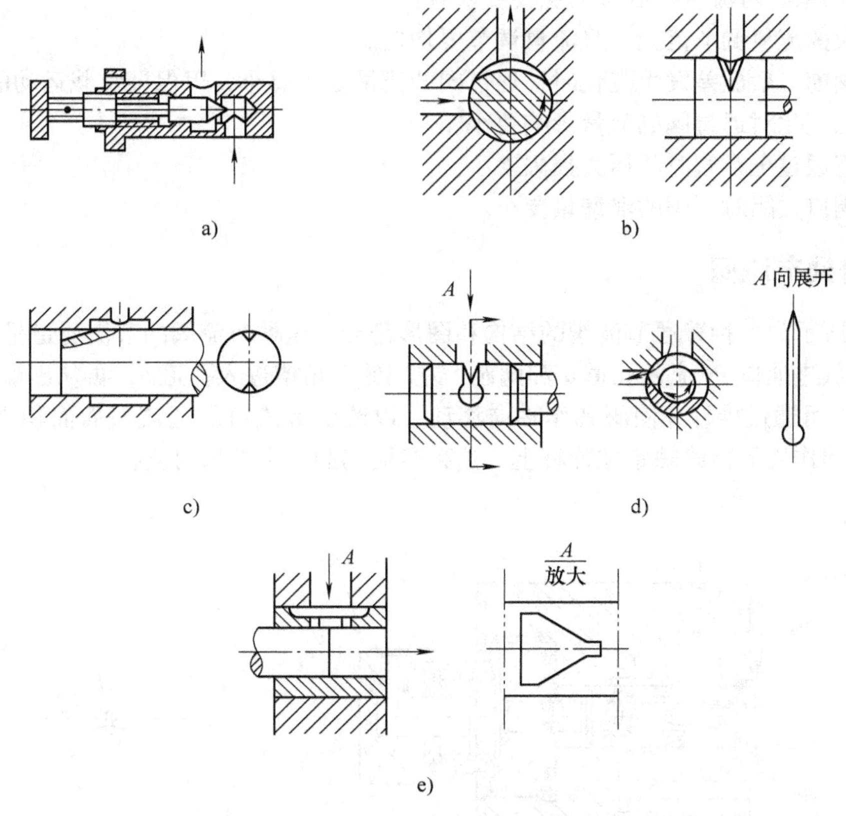

图 6-2　典型节流口的结构形式

a）针阀式节流口　b）偏心槽式节流口　c）轴向三角槽式节流口
d）周向缝隙式节流口　e）轴向缝隙式节流口

在液压传动系统中节流组件与溢流阀并联于液压泵的出口，构成恒压油源，使泵出口的压力恒定。如图 6-3a 所示，此时节流阀和溢流阀相当于两个并联的液阻，液压泵输出流量 q_p 不变，流经节流阀进入液压缸的流量 q_1 和流经溢流阀的流量 Δq 的大小由节流阀和溢流阀液阻的相对大小来决定。若节流阀的液阻大于溢流阀的液阻，则 $q_1 < \Delta q$；反之则 $q_1 > \Delta q$。节流阀是一种可以在较大范围内以改变液阻来调节流量的组件。因此可以通过调节节流阀的液阻，来改变进入液压缸的流量，从而调节液压缸的运动速度；但若在回路中仅有节流阀而没有与之并联的溢流阀，如图 6-3b 所示，则节流阀就起不到调节流量的作用，液压泵输出的液压油全部经节流阀进入液压缸。改变节流

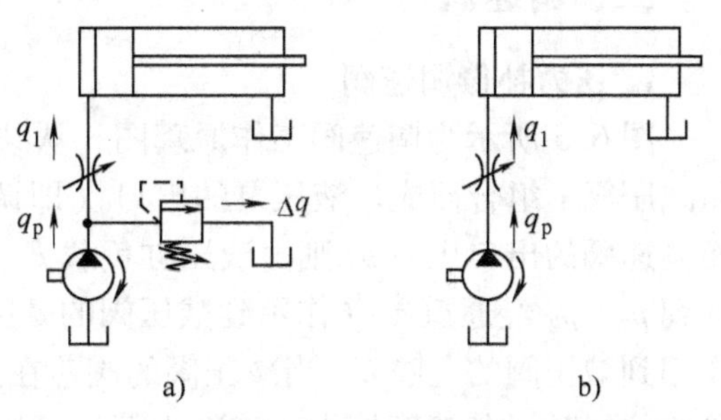

图 6-3　节流组件的作用

阀节流口的大小，只是改变液流流经节流阀的压差。节流口小，流速快，节流口大，流速慢，而总的流量是不变的，因此液压缸的运动速度不变。所以，节流组件用来调节流量是有条件的，即要求有一个接受节流组件压力信号的环节（与之并联的溢流阀或恒压变量泵），通过这一环节来补偿节流组件的流量变化。

液压传动系统对流量控制阀的主要要求有：

1）较大的流量调节范围，且流量调节要均匀。

2）当阀前、后压差发生变化时，通过阀的流量变化要小，以保证负载运动的稳定。

3）油温变化对通过阀的流量影响要小。

4）液流通过全开阀时的压力损失要小。

5）当阀口关闭时，阀的泄漏量要小。

二、普通节流阀

图6-4 所示为一种普通节流阀的结构和图形符号。这种节流阀的节流通道呈轴向三角槽式。压力油从进油口 P_1 流入孔道 a 和阀芯1左端的三角槽进入孔道 b，再从出油口 P_2 流出。调节手柄3，可通过推杆2使阀芯作轴向移动，以改变节流口的通流截面面积来调节流量。阀芯在弹簧的作用下始终贴紧在推杆上，这种节流阀的进出油口可互换。

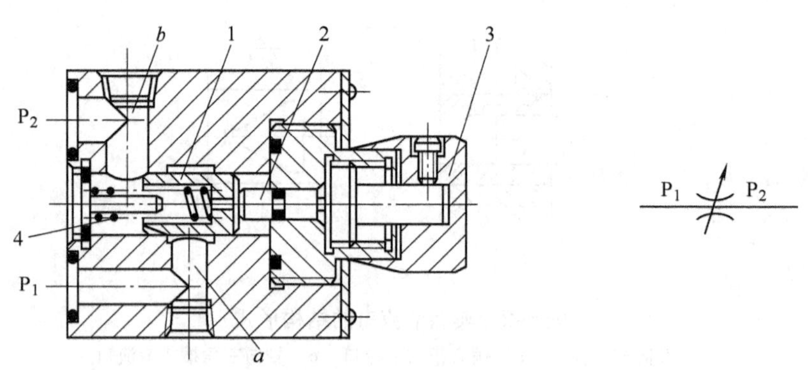

图6-4　普通节流阀

1—阀芯　2—推杆　3—手柄　4—弹簧

三、调速阀

1. 压力补偿调速阀

图6-5 所示为调速阀工作原理图，从结构上来看，调速阀是在节流阀2前面串接一个定差减压阀1组合而成。液压泵的出口（即调速阀的进口）压力 p_1 由溢流阀调整基本不变，而调速阀的出口压力 p_3 则由液压缸负载 F 决定。油液先经减压阀产生一次压力降，将压力降到 p_2，p_2 经通道 e、f 作用到减压阀的 d 腔和 c 腔；节流阀的出口压力 p_3 又经反馈通道 a 作用到减压阀的上腔 b，当减压阀的阀芯在弹簧力 F_x、油液压力 p_2 和 p_3 的作用下处于某一平衡位置时（忽略摩擦力和液动力等），则有

$$p_2A_1 + p_2A_2 = p_3A + F_x \tag{6-1}$$

式中，A、A_1 和 A_2 分别为 b 腔、c 腔和 d 腔内压力油作用于阀芯的有效面积，且 $A = A_1 + A_2$。

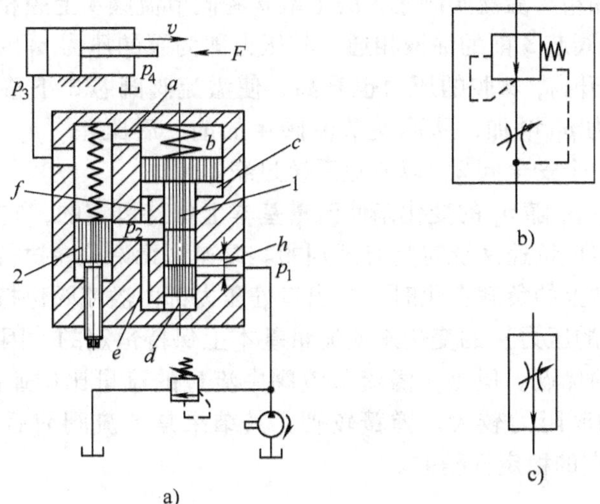

图 6-5 调速阀

a）结构原理图 b）图形符号 c）简化图形符号

1—减压阀 2—节流阀

故

$$p_2 - p_3 = \Delta p = \frac{F_x}{A} \tag{6-2}$$

因为弹簧刚度较低，且工作过程中减压阀阀芯位移很小，可以认为 F_x 基本保持不变。故节流阀两端压差（$p_2 - p_3$）也基本保持不变，这就保证了通过节流阀的流量稳定。

2. 溢流节流阀（旁通型调速阀）

溢流节流阀也是一种压力补偿型节流阀，图 6-6a 所示为其工作原理图及图形符号。

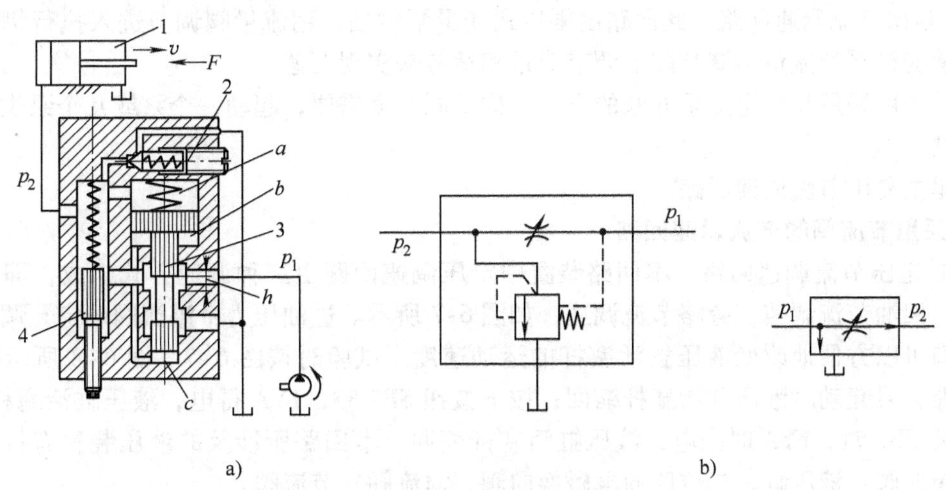

图 6-6 溢流节流阀

a）工作原理图 b）图形符号

1—液压缸 2—安全阀 3—溢流阀阀芯 4—节流阀

从液压泵输出的油液一部分从节流阀 4 进入液压缸左腔推动活塞向右运动，另一部分经溢流阀的溢流口流回油箱，溢流阀阀芯3的上端a腔同节流阀4上腔相通，其压力为p_2；腔b和下端腔c同溢流阀阀芯3前的油液相通，其压力即为泵的压力p_1，当液压缸活塞上的负载F增大时，压力p_2升高，a腔的压力也升高，使溢流阀阀芯3下移，关小溢流口，这样就使液压泵的供油压力p_1增加，从而使节流阀4的前、后压差（p_1-p_2）基本保持不变。这种溢流阀一般附带一个安全阀2，以避免系统过载。

溢流节流阀是通过p_1随p_2的变化来使流量基本上保持恒定的，它与调速阀虽都具有压力补偿的作用，但其组成调速系统时是有区别的。调速阀无论是在执行组件的进油路上还是回油路上，当执行组件上的负载变化时，泵出口处压力都由溢流阀保持不变，而溢流节流阀是通过p_1随p_2（负载的压力）的变化来使流量基本上保持恒定的。因而溢流节流阀具有功率损耗低，发热量小的优点。但是，溢流节流阀中流过的流量比调速阀大（一般是系统的全部流量），阀芯运动时阻力较大，弹簧较硬，其结果是节流阀前后压差Δp加大（需达0.3~0.5MPa），因此它的稳定性稍差。

第二节　速度控制回路

速度控制回路的作用是对液压系统的速度进行调节和变换。常用的速度控制回路有调速回路、快速回路、速度换接回路等。

一、调速回路

调速回路主要有以下三种方式：

1）节流调速回路。此回路由定量泵供油，用流量阀调节进入或流出执行机构的流量来实现调速。

2）容积调速回路。此回路通过调节变量泵或变量马达的排量来调速。

3）容积节流调速回路。此回路由限压式变量泵供油，用流量阀调节进入执行机构的流量，并使变量泵的流量与调节阀的调节流量相适应来实现调速。

此外还可采用几个定量泵并联的方式，按不同速度需要，起动一个泵或几个泵供油实现分级调速。

这里主要讲节流调速回路。

1. 采用节流阀的节流调速回路

（1）定压节流调速回路　本回路装置中定压调速回路由三种调速方式组成，即进油节流调速、回油节流调速、旁路节流调速，如图6-7所示。进油压力由溢流阀确定，调节节流阀的开口可以方便地改变液压缸活塞杆的运动速度。试验时按图6-7、图6-8所示接好油路、电路，泵起动时液压缸活塞杆缩回；按下按钮SB2时，1YA得电，液压缸活塞杆伸出；按下按钮SB1时，1YA时失电，液压缸活塞杆缩回。本回路所涉及的液压装置有：定量液压泵、单向阀、液压缸、二位四通电磁换向阀、溢流阀、节流阀。

采用进油节流调速的回路的平稳性较差，因为液压缸回油直通油箱，无背压，当负载突然减小时，就会出现前冲及爬行现象；采用回油节流调速的回路的运动比较平稳，因为节流阀使液压缸的回油腔产生背压。相比之下，进油节流阀调速回路的节流阀开口较大，不易使油路阻塞。为提高回路的综合性能，采用进油节流阀调速回路并在回油路加背压阀（溢流阀)，使其兼具了两回路的优点。

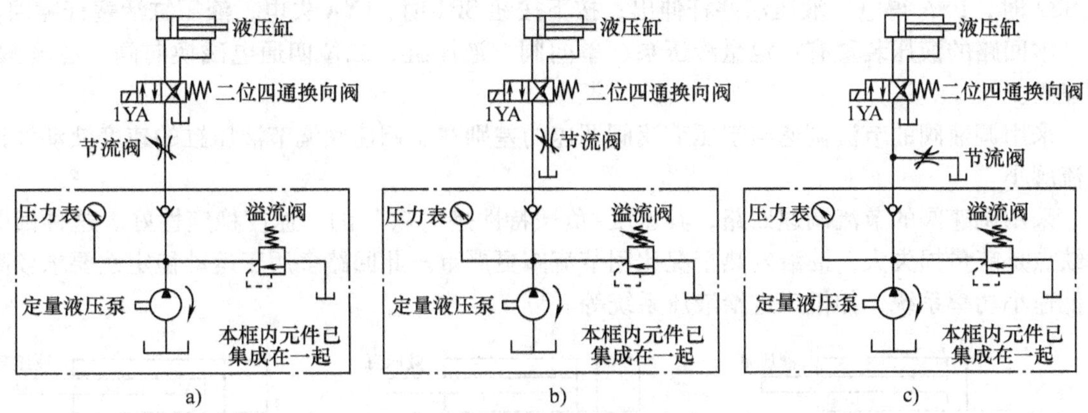

图 6-7 定压节流阀调速回路

a）进油节流阀调速 b）回油节流阀调速 c）旁路节流阀调速

（2）变压节流阀调速回路 本回路装置中溢流阀作安全阀使用，系统无溢流损失。本试验装置中调节节流阀的开口大小可以方便地改变液压缸活塞杆的运动速度。试验时如图 6-9、图 6-10 所示接好油路、电路。泵起动时油缸活塞杆缩回；按下按钮 SB2 时，1YA 得电，油缸活塞杆伸出；按下按钮 SB1 时，1YA 失电，油缸活塞杆缩回。

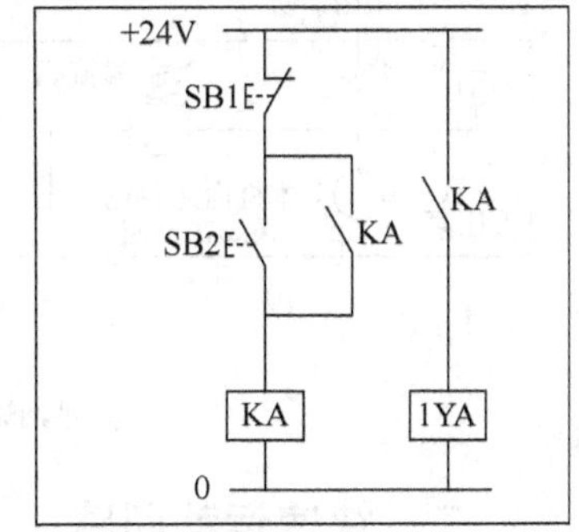

图 6-8 电气控制原理图

本回路所涉及的液压装置有：定量液压泵、单向阀、液压缸、二位四通电磁换向阀、溢流阀、节流阀。

2. 采用调速阀的节流调速回路

采用节流阀的节流调速回路其速度的稳定性均随负载的变化而变化，对于一些负载变化较大、对速度稳定性要求较高的液压系统，可采用调速阀来改善速度-负载特性。

采用调速阀的节流调速回路也可按其调速阀安装位置不同，分为进油节流、回油节流、旁路节流三种基本调速回路。

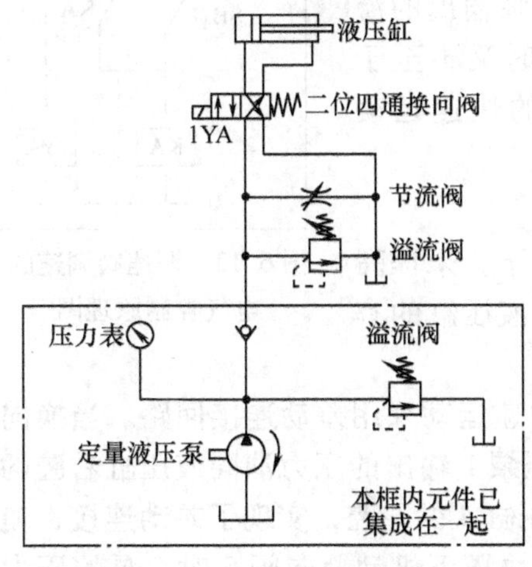

图 6-9 变压节流阀调速回路

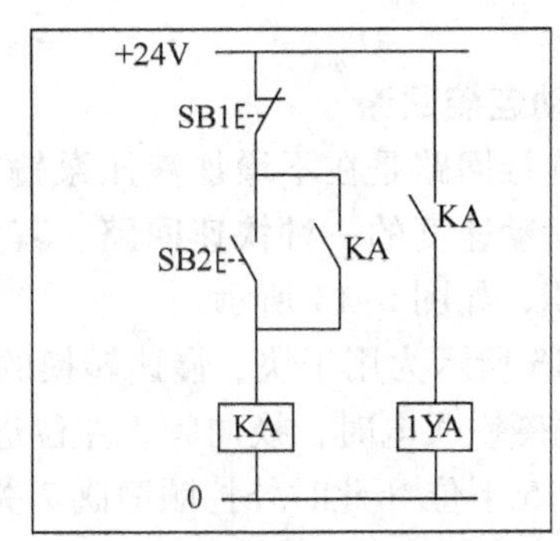

图 6-10 变压节流阀调速的电气控制原理图

试验时如图6-11、图6-12所示接好油路、电路。泵起动时液压缸活塞杆缩回，按下按钮SB2时，1YA得电，液压活塞杆伸出；按下按钮SB1时，1YA失电，液压缸活塞杆缩回。

本回路的液压装置有：定量液压泵、单向阀、液压缸、二位四通电磁换向阀、溢流阀、调速阀。

采用调速阀的节流调速与定压节流阀调速的差别在于调速阀调节液压缸的速度波动性比节流阀小。

采用调速阀的节流调速回路，其速度-负载特性是“软”的，速度稳定性好。这种回路的缺点是能量损失大，油液发热情况比用节流阀更严重。此回路多用于运动稳定性要求较高的低速小功率系统，如机床进给液压系统等。

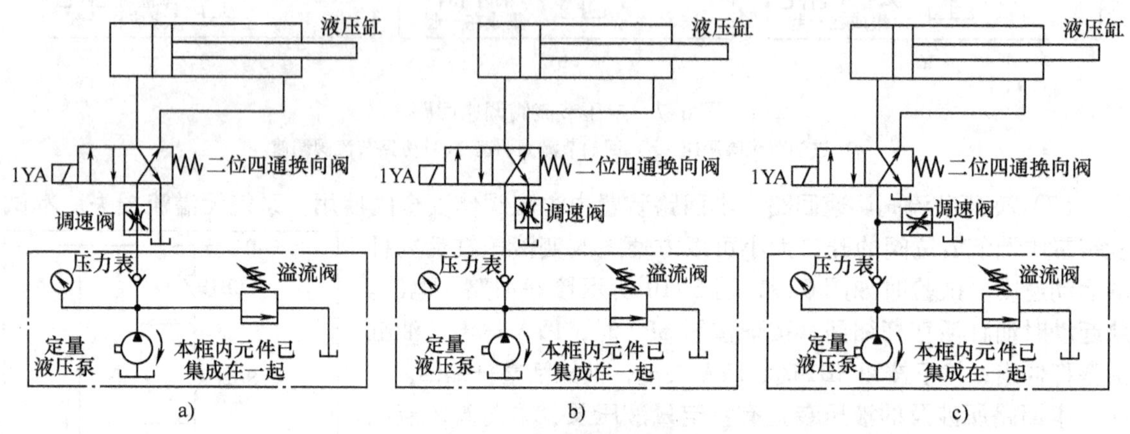

图6-11　定压调速阀调速回路

a）进油调速阀调速　b）回油调速阀调速　c）旁路调速阀调速

二、快速运动回路

为了提高生产率，机床工作部件常常要求实现空行程（或空载）的快速运动。这时要求液压系统流量大而压力低，和工作运动时一般需要流量较小和压力较高的情况正好相反。对快速运动回路的要求主要是在快速运动时，尽量减小需要液压泵输出的流量，或者在加大液压泵的输出流量后，在工作运动时又不至于引起过多的能量消耗。以下介绍几种机床上常用的快速运动回路。

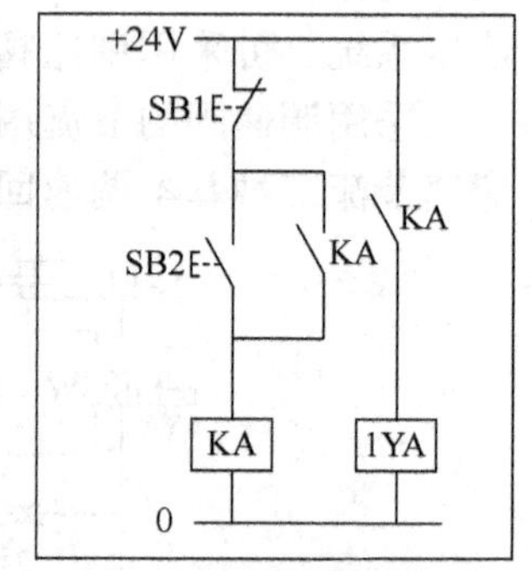

图6-12　调速阀调速的电气控制原理图

1. 差动连接回路

差动连接回路是在不增加液压泵输出流量的情况下，来提高工作部件运动速度的一种快速回路，其实质是改变了液压缸的有效作用面积，如图6-13所示。

图6-13所示为用于快、慢速转换的回路，其中快速运动采用差动连接回路。当换向阀3左端的电磁铁通电时，换向阀3左位进入系统，液压泵1输出的压力油同液压缸右腔的油经3左位、5下位（此时外控顺序阀7关闭）进入液压缸4的左腔，实现了差动连接，使活塞快速向右运动；当快速运动结束，工作部件上的挡块压下机动换向阀5时，泵的压力升

高，顺序阀 7 打开，液压缸 4 右腔的回油只能经换向阀 6 流回油箱，这时是工作进给；当换向阀 3 右端的电磁铁通电时，活塞向左快速退回（非差动连接）。采用差动连接的快速回路方法简单，较经济，但快、慢速度的换接不够平稳。必须注意，差动连接回路的换向阀和油管通道应按差动时的流量选择，不然流动液阻过大，会使液压泵的部分油从溢流阀流回油箱，速度减慢，甚至不起差动作用。

2. 双泵供油的快速运动回路

这种回路是利用低压大流量泵和高压小流量泵并联为系统供油，如图 6-14 所示。

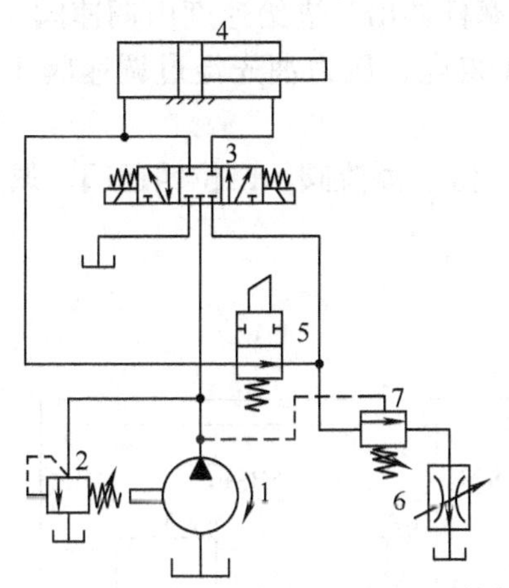

图 6-13　能实现差动连接的工作进给回路
1—液压泵　2—溢流阀　3、5、6—换向阀
4—液压缸　7—顺序阀

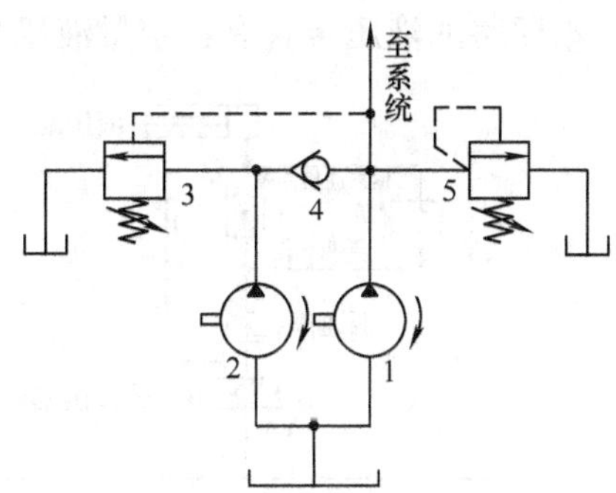

图 6-14　双泵供油回路
1、2—液压泵　3—卸荷阀
4—单向阀　5—溢流阀

图 6-14 中 1 为高压小流量泵，用以实现工作进给运动。液压泵 2 为低压大流量泵，用以实现快速运动。在快速运动时，液压泵 2 输出的油经单向阀 4 和液压泵 1 输出的油共同向系统供油。在工作进给时，系统压力升高，打开液控顺序阀（卸荷阀）3 使液压泵 2 卸荷，此时单向阀 4 关闭，由液压泵 1 单独向系统供油。溢流阀 5 控制液压泵 1 的供油压力是根据系统所需的最大工作压力来调节的，而卸荷阀 3 使液压泵 2 在快速运动时供油，在工作进给时则卸荷，因此它的调定压力应比快速运动时系统所需的压力要高，但比溢流阀 5 的调定压力低。

双泵供油回路的功率利用合理、效率高，并且速度换接较平稳，在快、慢速度相差较大的机床中应用很广泛，缺点是要用一个双联泵，油路系统也稍复杂。

三、速度换接回路

速度换接回路用来实现运动速度的变换，即在原来设计或调节好的几种运动速度中，从一种速度换成另一种速度。对这种回路的要求是速度换接要平稳，即不允许在速度变换的过程中有前冲（速度突然增加）现象。下面介绍几种回路的换接方法及特点。

1. 采用调速阀串联的速度换接回路

图 6-15 所示为两个调速阀串联的速度换接回路。在如图所示的状态下，液压泵输出的压力油经调速阀 1 和二位二通换向阀进入液压缸，这时的流量由调速阀 1 控制。当需要第二

种工作进给速度时，二位二通换向阀中的2YA通电，其左位接入回路，则液压泵输出的压力油先经调速阀1，再经调速阀2进入液压缸，这时的流量应由调速阀2控制，所以两个调速阀串联式回路中的调速阀2的节流口应调得比调速阀1小，否则调速阀2将不起作用。这种回路在工作时调速阀1一直工作，它限制着进入液压缸或调速阀2的流量，因此在速度换接时不会使液压缸产生前冲现象，换接平稳性较好。在调速阀2工作时，油液需经两个调速阀，故能量损失较大，系统发热也较大。

如图6-15、图6-16所示接好油路、电路。起动液压泵，按下按钮SB2时，1YA得电，压力油经调速阀1和二位二通阀进入液压缸左腔，活塞杆伸出，进给速度由调速阀1控制，实现第一次进给调速；按下按钮SB4时，电磁阀2YA得电，压力油先经过调速阀1，再经过调速阀2，实现二次进给调速。

本回路的液压装置有：定量液压泵、单向阀、液压缸、溢流阀、二位四通阀、调速阀。

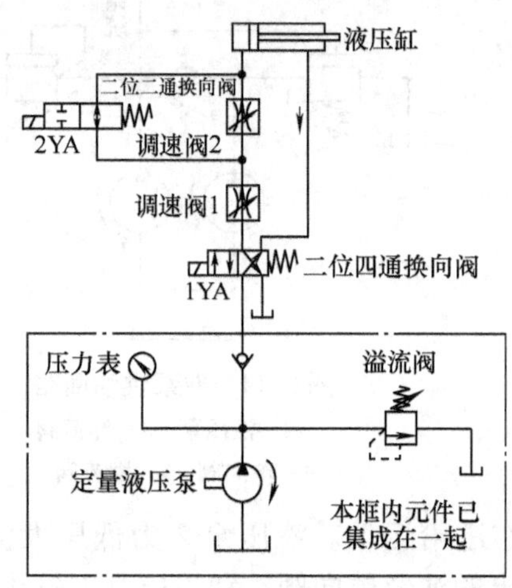

图6-15　采用调速阀串联的调速回路

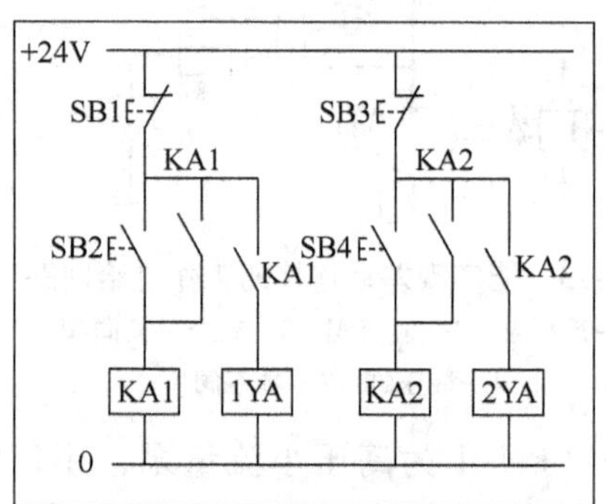

图6-16　采用调速阀串联的调速回路电气控制原理图

2. 采用调速阀并联的速度换接回路

图6-17所示为两个调速阀并联以实现两种工作进给速度换接的回路。在图示状态下，液压泵输出的压力油经调速阀1和二位二通换向阀进入液压缸。当需要第二种工作进给速度时，电磁阀2YA通电，其左位接入回路，液压泵输出的压力油经调速阀2进入液压缸。这种回路中两个调速阀的节流口可以单独调节，互不影响，即第一种工作进给速度和第二种工作进给速度互相间没有什么限制。但一个调速阀工作时，另一个调速阀中没有油液通过，它的减压阀则处于完全打开的状态，在速度换接开始的瞬间不能起减压作用，容易出现部件突然前冲的现象。

如图6-17、图6-18所示接好油路、电路。起动液压泵，按下按钮SB2，1YA得电，压力油经调速阀1、调速阀2和二位二通阀进入液压缸左腔，活塞杆伸出，进给速度由调速阀1和调速阀2控制，实现双调速阀进给调速；按下按钮SB4时，电磁阀1YA、2YA同时得电，压力油只能经过调速阀2流到液压缸缸左腔，实现单调速阀进给调速。两个调速阀可单独调节，两种速度互不限制。

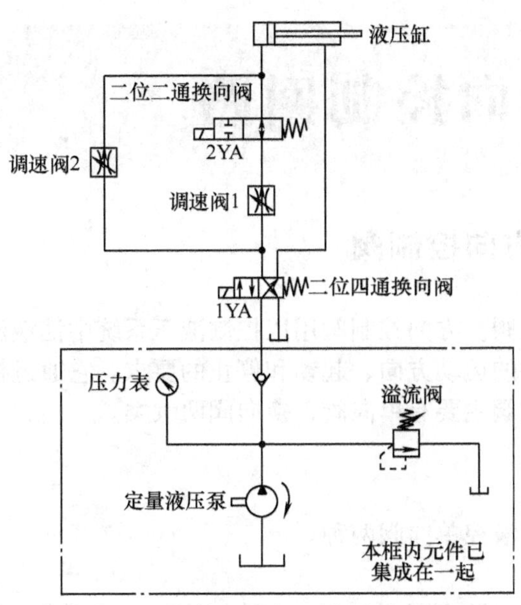

图 6-17　采用调速阀并联的调速回路

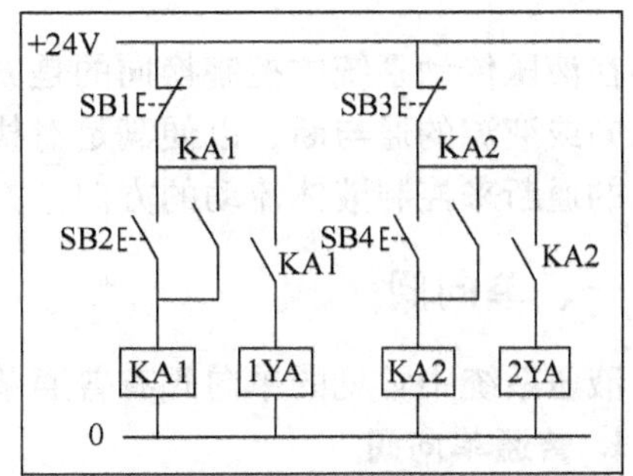

图 6-18　采用调速阀并联的调速回路的电气控制原理图

复习思考题

1. 影响节流阀的流量稳定的因素有哪些？如何使通过节流阀的流量不受负载变化的影响？
2. 当节流阀中的弹簧失效后，对调节输出流量有何影响？
3. 简述调速阀和溢流节流阀的工作原理，二者在结构原理上和使用性能上有何区别？

第七章　方向控制回路

第一节　方向控制阀

在液压传动系统中控制换向的是方向控制阀。方向控制阀用以控制液压系统中油液流动的方向或液流的通与断，以便满足对执行组件的运动方向、起动和停止的要求。它通过控制阀口的通断来控制液体流动的方向。方向控制阀主要有单向阀、换向阀两大类。

一、单向阀

液压系统中常见的单向阀有普通单向阀和液控单向阀两种。

1. 普通单向阀

普通单向阀的作用是使油液只能沿一个方向流动，防止油液反向流动。图 7 - 1a 所示为一种管式普通单向阀的结构。压力油从阀体左端的通口 P_1 流入时，克服弹簧 3 作用在阀芯 2 上的力，使阀芯向右移动，打开阀口，并通过阀芯 2 上的径向孔 a、轴向孔 b 从阀体右端的通口流出。但是压力油从阀体右端的通口 P_2 流入时，它和弹簧力一起使阀芯锥面压紧在阀座上，使阀口关闭，油液无法通过。图 7 - 1b所示为单向阀的图形符号。

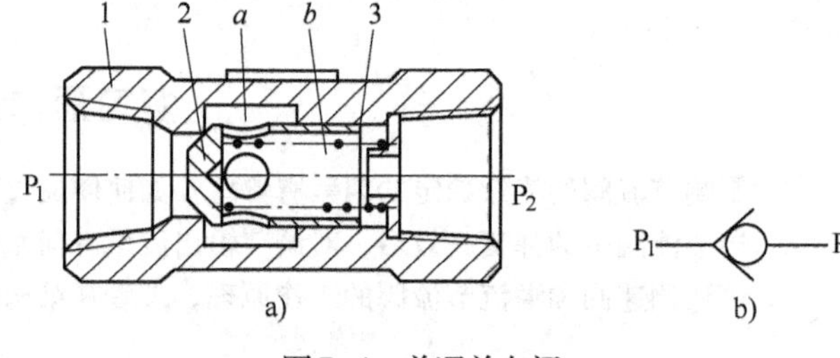

图 7 - 1　普通单向阀

a）结构图　b）图形符号

1—阀体　2—阀芯　3—弹簧

2. 液控单向阀

图 7 - 2a 所示为液控单向阀的结构图。当控制口 K 处无压力油通入时，它的工作机能和普通单向阀一样，压力油只能从通口 P_1 流向通口 P_2，不能反向流动；当控制口 K 有控制压力油时，因控制活塞 1 右侧 a 腔通泄油口，活塞 1 右移，推动顶杆 2 顶开阀芯 3，使通口 P_1 和 P_2 接通，油液就可在两个方向自由流通。图 7 - 2b 所示为液控单向阀的图形符号。

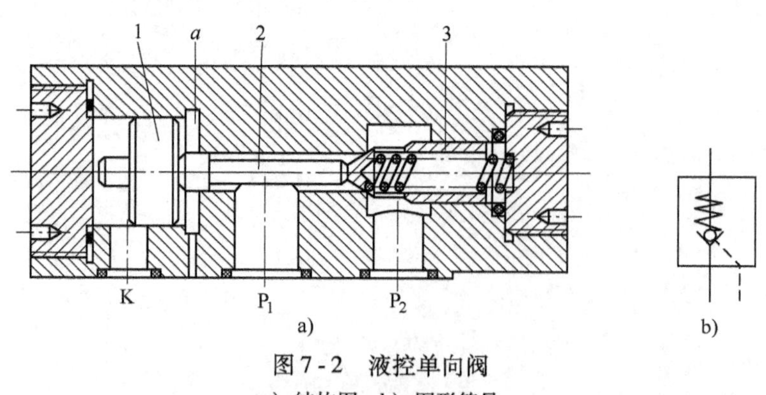

图 7 - 2　液控单向阀

a）结构图　b）图形符号

1—活塞　2—顶杆　3—阀芯

二、换向阀

换向阀利用阀芯对于阀体的相对运动，使油路接通、关断，或变换油液流动的方向，从而使液压执行组件起动、停止或变换运动方向。

1. 对换向阀的主要要求

换向阀应满足：

1）油液流经换向阀时的压力损失要小。

2）互不相通的油口间的泄漏要小。

3）换向要平稳、迅速且可靠。

2. 转阀

图 7-3 所示为转动式换向阀（简称转阀）的工作原理图。

该阀由阀体 1、阀芯 2 和使阀芯转动的操作手柄 3 组成，在图示位置，通口 P 和 A 相通、B 和 T 相通；当操作手柄转换到“止”位置时，通口 P、A、B 和 T 均不相通；当操作手柄转换到另一位置时，则通口 P 和 B 相通，A 和 T 相通。

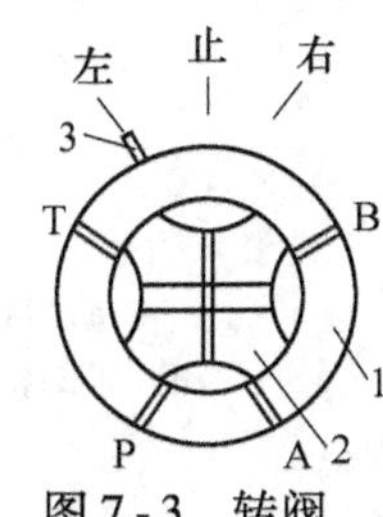

图 7-3 转阀
1—阀体 2—阀芯
3—操作手柄

3. 滑阀式换向阀

换向阀在按阀芯形状分类时，有滑阀式和转阀式两种，滑阀式换向阀在液压系统中远比转阀式换向阀用得广泛。

（1）结构主体

阀体和滑动阀芯是滑阀式换向阀的结构主体。表 7-1 所列是其最常见的结构形式。由表可见，阀体上开有多个通口，阀芯移动后可以停留在不同的工作位置上。

表 7-1 滑阀式换向阀的主体结构形式

名称	结构原理图	职能符号	使用场合		
二位四通阀	A P B T	A B P T	控制执行元件换向	不能使执行元件在任意位置停止运动	执行元件正反向运动的回油方式相同
三位四通阀	A P B T	A B P T		能使执行元件在任意位置停止运动	
二位五通阀	T_1 A P B T_2	A B T_1 P T_2		不能使执行元件在任意位置停止运动	执行元件正反向运动时可以得到不同的回油方式
三位五通阀	T_1 A P B T_2	A B T_1 P T_2		能使执行元件在任意位置停止运动	

(2) 滑阀的操纵方式　常见的滑阀操纵方式如图 7-4 所示。

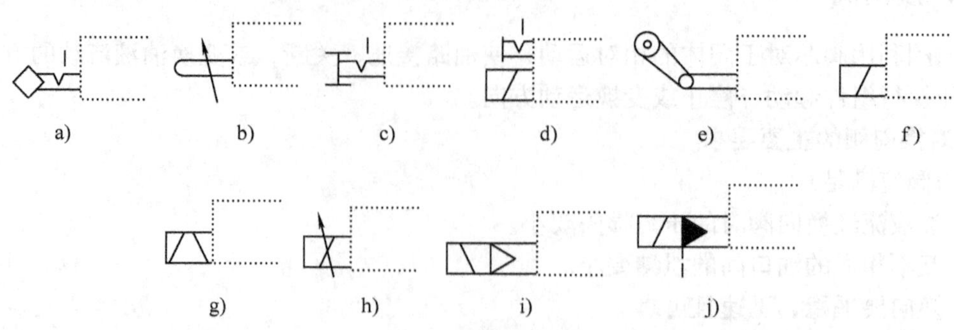

图 7-4　滑阀的操纵方式

a) 带有分离把手和定位销　b) 具有可调行程限制装置的顶杆　c) 带有定位装置的推或拉
d) 手动锁定　e) 滚轮杠杆　f) 单作用电磁铁　g) 双作用电气控制　h) 单作用电磁铁，连续控制
i) 电气控制，气动先导　j) 电气控制，液压先导

4. 换向阀的结构

在液压传动系统中广泛采用的是滑阀式换向阀，在这里主要介绍这种换向阀的几种典型结构。

(1) 手动换向阀　图 7-5b 所示为自动复位式手动换向阀，放开手柄 1，阀芯 2 在弹簧 3 的作用下自动回复中位，该阀适用于动作频繁、工作持续时间短的场合，操作比较简单，常用于工程机械的液压传动系统中。

如果将该阀阀芯右端弹簧 3 的部位改为可自动定位的结构形式，即成为可在三个位置定位的手动换向阀。图 7-5a 所示为图形符号。

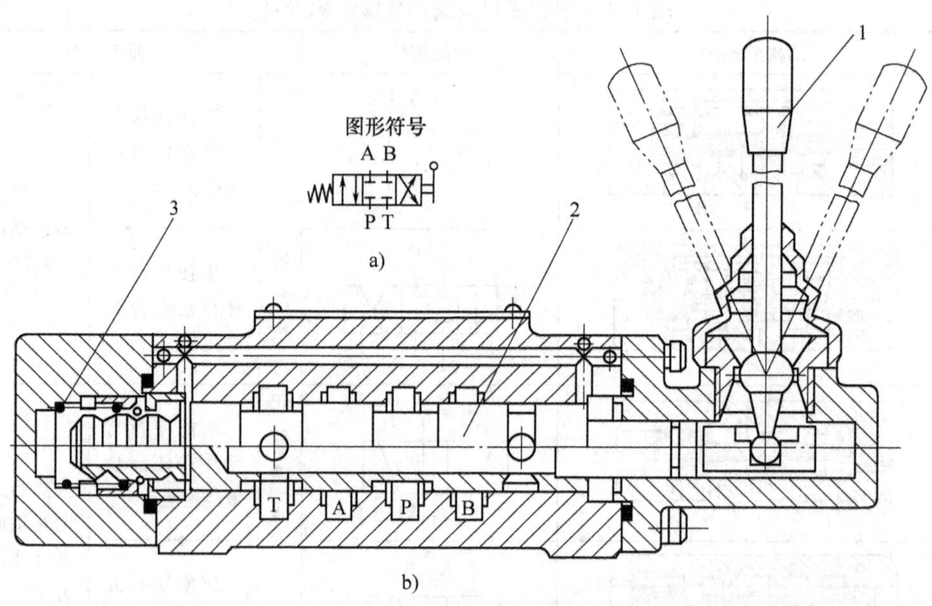

图 7-5　手动换向阀

a) 图形符号　b) 结构图

1—手柄　2—阀芯　3—弹簧

（2）机动换向阀 机动换向阀又称行程阀，它主要用来控制机械运动部件的行程，它借助安装在工作台上的挡块或凸轮来使阀芯移动，从而控制油液的流动方向。机动换向阀通常是二位的，有二通、三通、四通和五通几种，其中二位二通机动阀又分常闭和常开两种。图7-6a所示为滚轮式二位三通常闭式机动换向阀，在图示位置阀芯2被弹簧1压向上端，油腔P和A通，B口关闭；当挡铁或凸轮压住滚轮4，使阀芯2移动到下端时，就使油腔P和A断开，P和B接通，A口关闭。图7-6b所示为其图形符号。

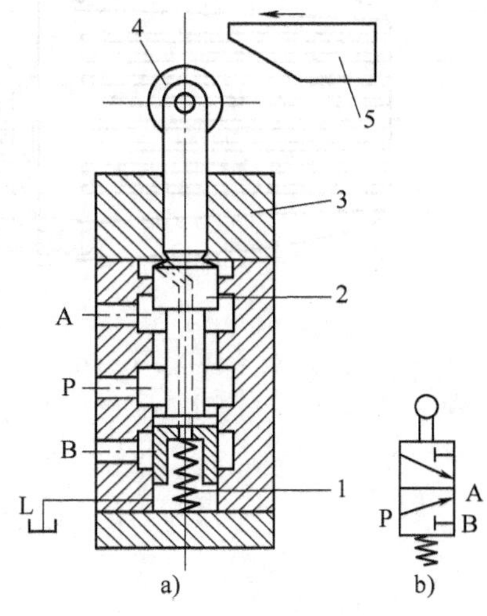

图7-6 机动换向阀
a）结构图 b）图形符号
1—弹簧 2—阀芯 3—阀体 4—滚轮 5—挡铁

（3）电磁换向阀 电磁换向阀是利用电磁铁的通电吸合与断电释放而直接推动阀芯来控制液流方向的，它可以使液压系统方便地实现各种操作及自动顺序动作。它是电气系统与液压系统之间的信号转换组件。

电磁铁按使用电源的不同，可分为交流和直流两种。按衔铁工作腔是否有油液又可分为干式和湿式。交流电磁铁起动力较大，不需要专门的电源，吸合、释放快，动作时间约为0.01～0.03s，其缺点是若电源电压下降15%以上，则电磁铁吸力明显减小，若衔铁不动作，干式电磁铁会在10～15min后烧坏线圈（湿式电磁铁为1～1.5h），且冲击及噪声较大，寿命低，因而在实际使用中交流电磁铁允许的切换频率一般为10次/min，不得超过30次/min。直流电磁铁工作较可靠，吸合、释放动作时间约为0.05～0.08s，允许使用的切换频率较高，一般可达120次/min，最高可达300次/min，且冲击小、体积小、寿命长。但需有专门的直流电源，成本较高。此外，还有一种整体电磁铁，其电磁铁是直流的，但电磁铁本身带有整流器，通入的交流电经整流后再供给直流电磁铁。目前，国外新发明了一种油浸式电磁铁，衔铁、激磁线圈都浸在油液中工作，它具有寿命更长，工作更平稳可靠等特点，但由于造价较高，应用面不广。

图7-7 a所示为二位三通交流电磁换向阀的结构，在图示位置，油口P和A相通，油口B断开；当电磁铁通电吸合时，推杆1将阀芯2推向右端，这时油口P和A断开，而与B相通。而当磁铁断电释放时，弹簧3推动阀芯复位。图7-7b所示为其图形符号。

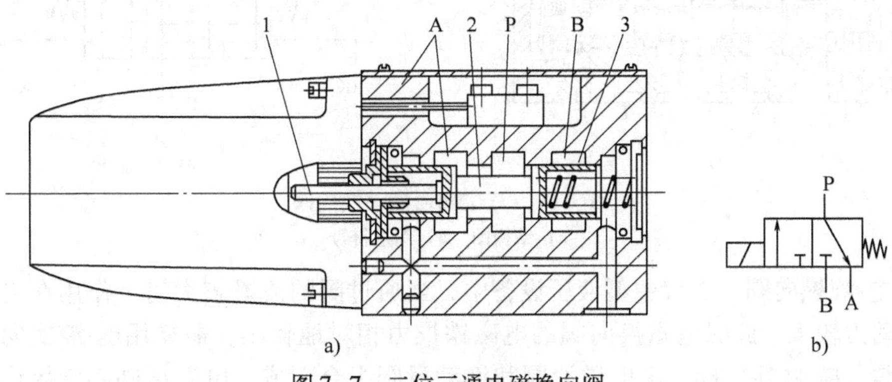

图7-7 二位三通电磁换向阀
a）结构图 b）图形符号
1—推杆 2—阀芯 3—弹簧

如前所述，电磁换向阀就其工作位置来说，有二位和三位等。二位电磁阀有一个电磁铁，阀靠弹簧复位；三位电磁阀有两个电磁铁。图7-8所示为一种三位五通电磁换向阀的结构和图形符号。

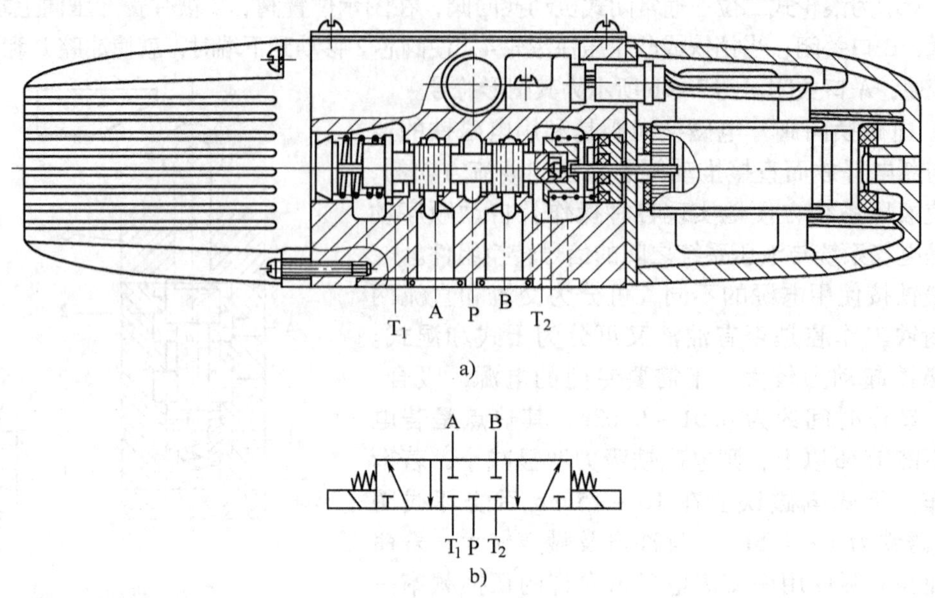

图7-8　三位五通电磁换向阀

a）结构图　b）图形符号

（4）液动换向阀　液动换向阀是利用控制油路的压力油来改变阀芯位置的换向阀，图7-9所示为三位四通液动换向阀的结构和图形符号。阀芯是由其两端密封腔中油液的压差来移动的，当控制油路的压力油从阀右边的控制油口 K_2 进入滑阀右腔时，K_1 接通回油，阀芯向左移动，使压力油口P与B相通，A与T相通；当 K_1 接通压力油，K_2 接通回油时，阀芯向右移动，使得P与A相通，B与T相通；当 K_1、K_2 都通回油时，阀芯在两端弹簧和定位套作用下回到中间位置。

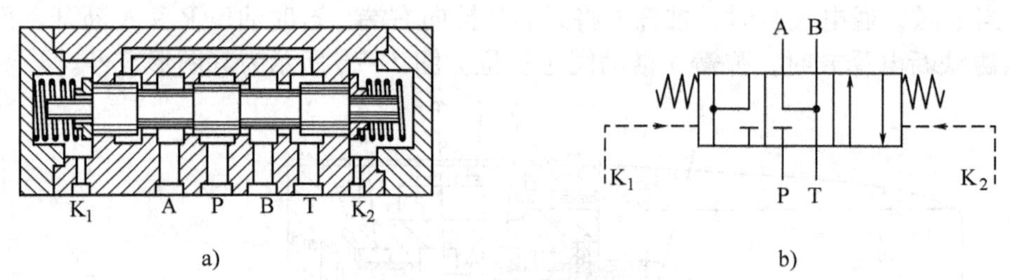

图7-9　三位四通液动换向阀

a）结构图　b）图形符号

（5）电-液换向阀　在大中型液压设备中，当通过阀的流量较大时，作用在滑阀上的摩擦力和液动力较大，此时电磁换向阀的电磁铁推力相对地较小，需要用电-液换向阀来代替电磁换向阀。电-液换向阀是由电磁滑阀和液动滑阀组合而成。电磁滑阀起先导作用，它可以改变控制液流的方向，从而改变液动滑阀阀芯的位置。由于操纵液动滑阀的液压推力可以很大，所以主阀阀芯的尺寸可以做得很大，允许有较大流量的油液通过，这样用较小的电磁铁就能控制较大流量的液流。

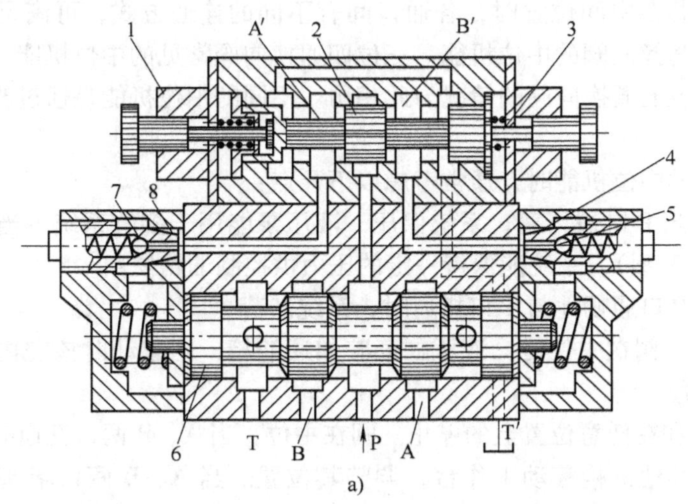

a)

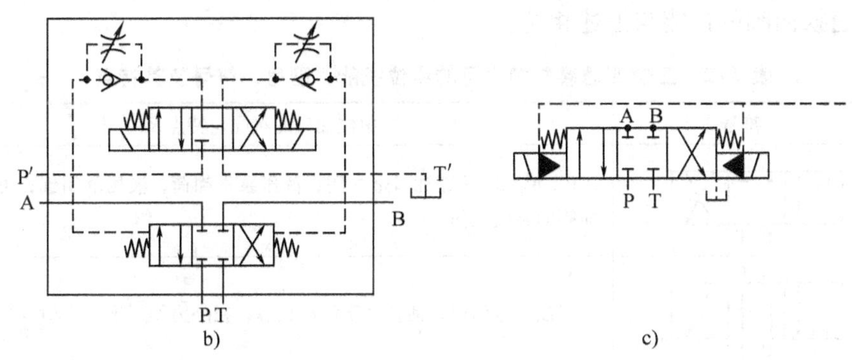

b)　　　　　　　　c)

图 7 - 10　电-液换向阀

a）结构图　b）图形符号　c）简化图形符号

1、3—电磁铁　2—电磁阀阀芯　4、8—节流阀　5、7—单向阀　6—液动阀阀芯

图 7 - 10 所示为弹簧对中型三位四通电-液换向阀的结构和图形符号，当先导电磁阀左边的电磁铁通电后使其阀芯向右边位置移动，来自主阀 P 口或外接油口的控制压力油可经先导电磁阀的 A′口和左单向阀进入主阀左端容腔，并推动主阀阀芯向右移动，这时主阀阀芯右端容腔中的控制油液可通过右边的节流阀经先导电磁阀的 B′口和 T′口，再从主阀的 T 口或外接油口流回油箱（主阀阀芯的移动速度可由右边的节流阀调节），使 P 与 A、B 和 T 的油路相通；反之，当先导电磁阀右边的电磁铁通电时，可使 P 与 B、A 与 T 的油路相通；当先导电磁阀的两个电磁铁均不带电时，先导电磁阀阀芯在其对中弹簧作用下回到中位，此时来自主阀 P 口或外接油口的控制压力油不再进入主阀阀芯的左、右两容腔，主阀阀芯左右两容腔的油液通过先导电磁阀中间位置的 A′、B′两油口与先导电磁阀的 T′口相通（见图 7 - 10b），再从主阀的 T 口或外接油口流回油箱。主阀阀芯在两端对中弹簧的预紧力的推动下，依靠阀体定位，准确地回到中位，此时主阀的 P、A、B 和 T 油口均不通。电-液换向阀除了上述的弹簧对中以外还有液压对中，在液压对中的电-液换向阀中，先导电磁阀在中位时，A′、B′两油口均与油口 P 连通，而 T′则封闭，其他方面与弹簧对中的电-液换向阀基本相似。

5. 换向阀的中位机能分析

三位换向阀的阀芯在中间位置时，各通口间有不同的连通方式，可满足不同的使用要求。这种连通方式称为换向阀的中位机能。三位四通换向阀常见的中位机能、型号、符号及其特点见表 7-2。三位五通换向阀的情况与此相仿。不同的中位机能是通过改变阀芯的形状和尺寸得到的。

在分析和选择阀的中位机能时，通常考虑以下几点：

（1）系统保压　当 P 口被堵塞，系统保压，液压泵能用于多缸系统。当 P 口不太通畅地与 T 口接通时（如 X 型），系统能保持一定的压力供控制油路使用。

（2）系统卸荷　P 口通畅地与 T 口接通时，系统卸荷。

（3）起动平稳性　阀在中位时，液压缸某腔如通油箱，则起动时该腔内因无油液起缓冲作用，起动不太平稳。

（4）液压缸浮动和在任意位置上的停止　阀在中位，当 A、B 两口互通时，卧式液压缸呈浮动状态，可利用其他机构移动工作台，调整其位置。当 A、B 两口堵塞或与 P 口连接（在非差动情况下），则可使液压缸在任意位置处停下来。

三位五通换向阀的机能与上述相仿。

表 7-2　三位四通换向阀常见的中位机能、型号、符号及其特点

滑阀机能	符号	中位油口的状况、特点及应用
O 型	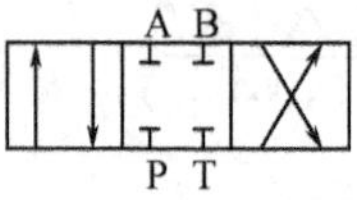 A B / P T	P、A、B、T 四油口全封闭；液压泵不卸荷，液压缸闭锁；可用于多个换向阀的并联工作
H 型	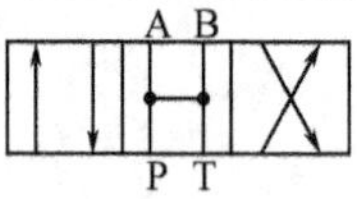 A B / P T	四油口全串通；活塞处于浮动状态，在外力作用下可移动；泵卸荷
Y 型	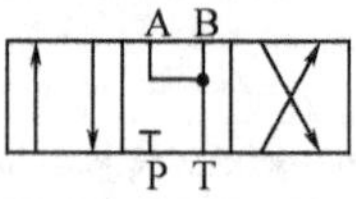 A B / P T	P 口封闭，A、B、T 三油口相通；活塞浮动，在外力作用下可移动；泵不卸荷
K 型	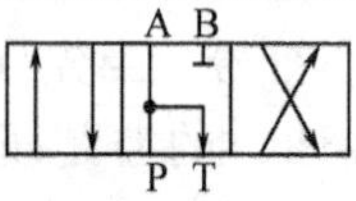 A B / P T	P、A、T 三油口相通，B 口封闭，活塞处于闭锁状态，泵卸荷
M 型	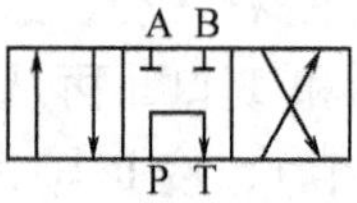 A B / P T	P、T 口相通，A、B 口均封闭；活塞不动；泵卸荷
X 型	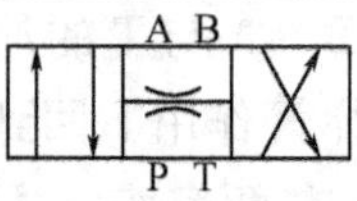 A B / P T	四油口处于半开启状态；泵基本上卸荷，但仍保持一定压力
P 型	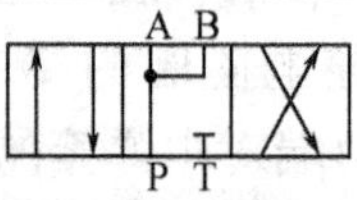 A B / P T	P、A、B 三油口相通，T 口封闭；泵与缸两腔相通，可组成差动回路
J 型	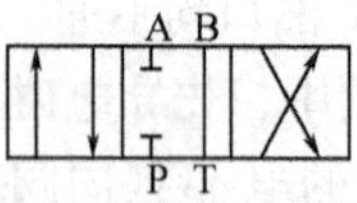 A B / P T	P、A 口封闭，B、T 口相通；活塞停止，外力作用下可向一边移动；泵不卸荷

（续）

滑阀机能	符号	中位油口的状况、特点及应用
C 型	A B P T	P、A 口相通，B、T 口均封闭；活塞处于停止位置
N 型	A B P T	P、B 口均封闭，A 与 T 口相通；与 J 型换向阀机能相似，只是 A、B 口互换了，功能也类似
U 型	A B P T	P、T 口封闭，A、B 口相通；活塞浮动，在外力作用下可移动；泵不卸荷

第二节　方向控制回路

在液压系统中，控制执行组件的起动、停止及换向的回路，称为方向控制回路。通过方向控制回路，可实现系统的卸荷、锁紧和速度换接。

一、采用三位四通（M 型）换向阀的卸荷回路

如图 7-11、图 7-12 所示接好油路、电路。按下按钮 SB2 时，1YA 得电液压缸活塞杆伸出，按下按钮 SB1 使电路起保护作用；按下按钮 SB3 时，2YA 得电液压缸活塞杆缩回；按下按钮 SB1 时 1YA、2YA 都断电，回路卸荷。本试验的液压装置有：定量液压泵、单向阀、液压缸、溢流阀、M 型三位四通电磁换向阀。

当工作部件停止运动时（如装、卸工件等），液压缸不需要进压力油。这时若使液压泵出口油压在极低的压力下流回油箱（电动机不停止转动），泵就处于卸荷状态。液压泵卸荷可以降低功率损耗，减小油液发热，延长使用寿命。

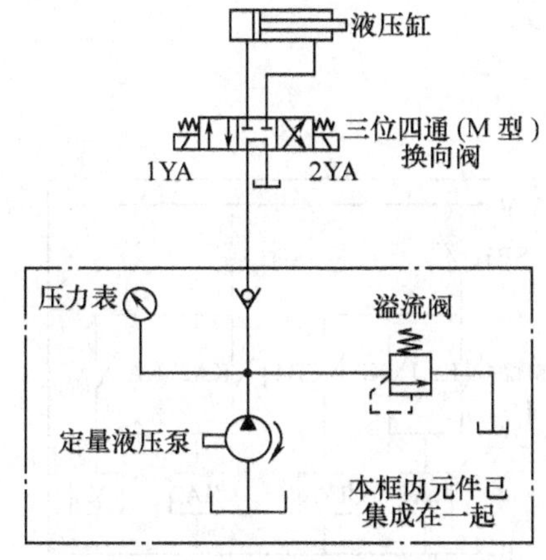

7-11　采用三位四通（M 型）换向阀的卸荷回路

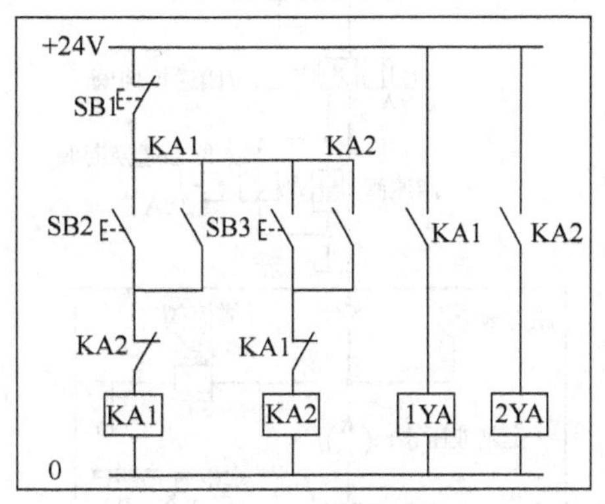

图 7-12　采用三位四通（M 型）换向阀的卸荷回路的电气控制原理图

二、采用三位四通（O 型）换向阀的锁紧回路

如图 7-13、图 7-14 所示接好油路、电路。按下按钮 SB2 时，1YA 得电，活塞杆伸出；按下按钮 SB3 时，2YA 得电，活塞杆缩回；按下按钮 SB1 时，活塞杆停止，液压缸处于锁紧状态。本回路的液压装置有：定量液压泵、单向阀、液压缸、溢流阀、O 型三位四通阀。

采用 O 型换向阀的锁紧回路，由于换向阀存在较大的泄漏，锁紧功能较差，故只适用于锁紧时间短且要求不高的回路中。

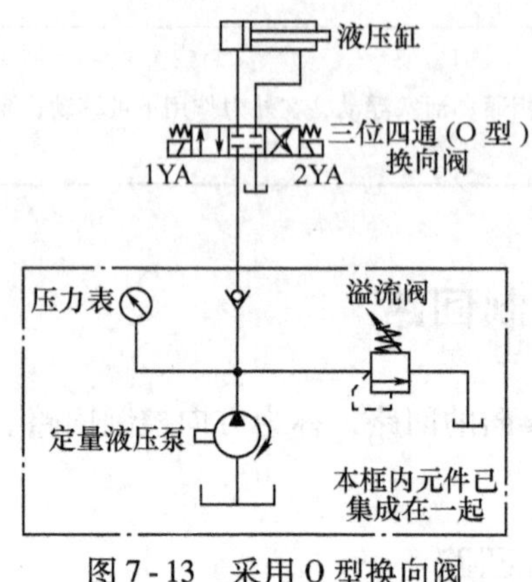

图 7-13　采用 O 型换向阀的锁紧回路

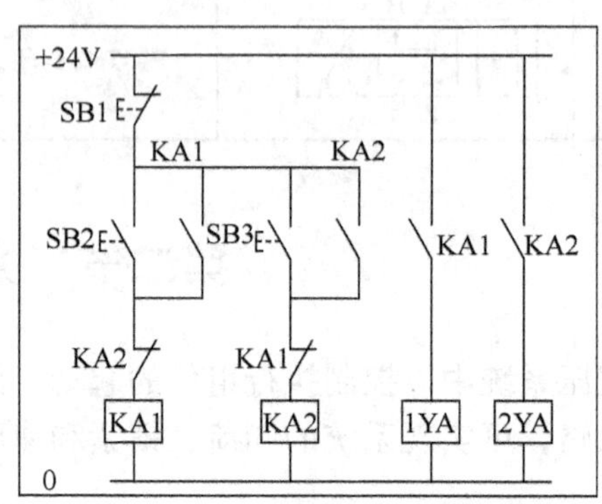

图 7-14　采用 O 型换向阀的锁紧回路的电气控制原理图

三、采用二位二通换向阀短接的速度换接回路

如图 7-15、图 7-16 所示接好油路、电路。起动液压泵液压缸活塞杆缩回；按下按钮 SB2 时液压缸活塞杆伸出；按下按钮 SB4 时 2YA 得电，此时油路被短接，液压缸活塞杆为快速运动。

本回路的液压装置有：定量液压泵、单向阀、液压缸、溢流阀、二位四通换向阀、调速阀、二位二通换向阀。

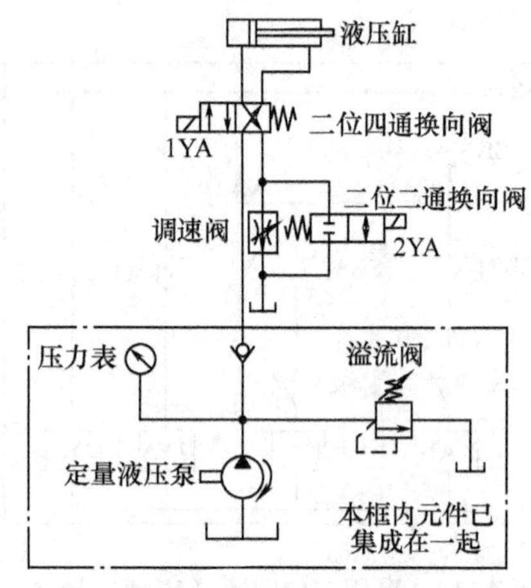

图 7-15　采用调速阀短接的速度换接回路

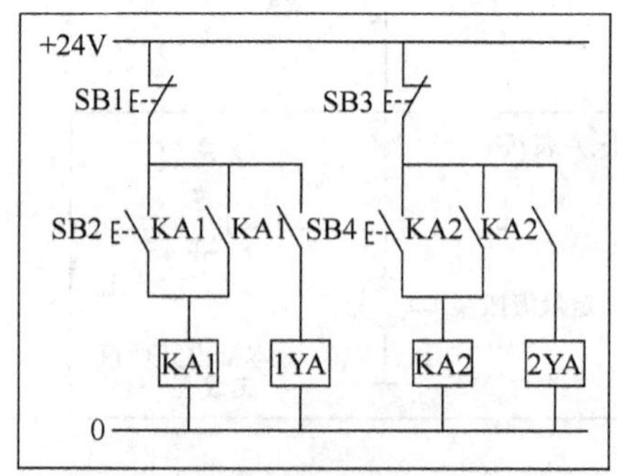

图 7-16　采用调速阀短接的速度换接回路的电气控制原理图

第三节 多执行组件的动作控制回路

一、顺序动作回路

在多缸液压系统中，往往需要按照一定的要求顺序动作，这种回路称为顺序动作回路。例如，自动车床中刀架的纵横向运动、夹紧机构的定位和夹紧等。

顺序动作回路按其控制方式不同，分为压力控制、行程控制和时间控制三类，其中前两类用得较多。

1. 用压力控制的顺序动作回路

压力控制就是利用油路本身的压力变化来控制液压缸的先后动作顺序，它主要利用压力继电器和顺序阀来控制顺序动作。

（1）用压力继电器控制的顺序回路　图 7-17 所示为用压力继电器控制的顺序回路，该回路可用于机床的夹紧、进给系统，其要求的动作顺序是：先实现液压缸 1 的活塞杆伸出，然后实现液压缸 2 的活塞杆伸出。油路中要求先夹紧后进给，工件没有夹紧则不能进给，这一严格的顺序是由压力继电器保证的。压力继电器的调定压力应比减压阀的调定压力低$(3\sim5)\times10^5$Pa。

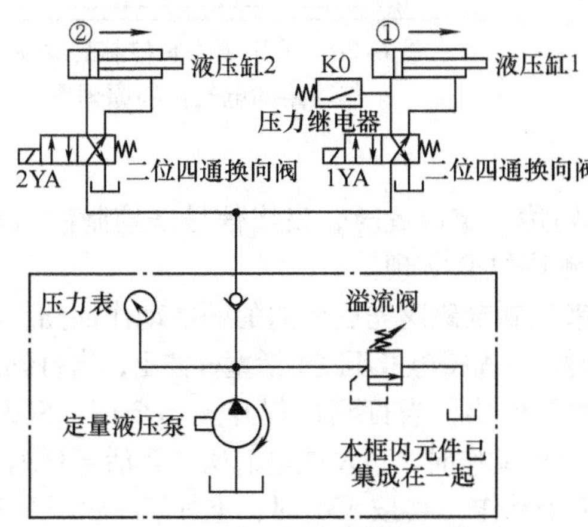

图 7-17　压力继电器控制的顺序回路

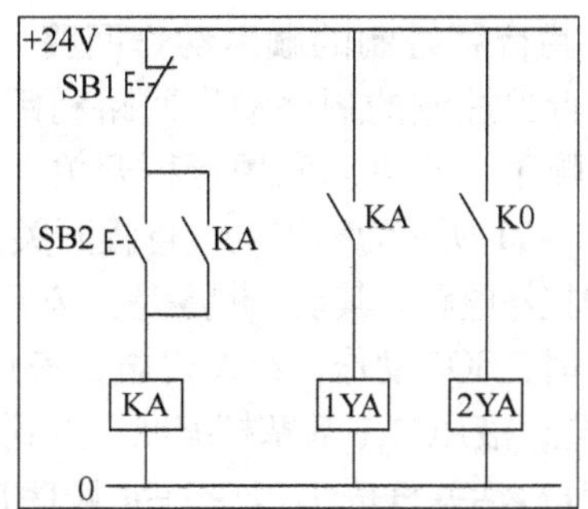

图 7-18　采用压力继电器控制的顺序动作回路的电气控制原理图

如图 7-17、图 7-18 所示接好油路、电路。按下按钮 SB2 时，电磁阀 1YA 得电，液压缸 1 的活塞杆伸出，实现动作①；当压力达到与继电器相对应的压力时，压力继电器的常开触点闭合，电磁阀 DT2 得电，液压缸 2 的活塞杆伸出，完成动作②；按下按钮 SB1 时，结束。

本回路的液压装置有：定量液压泵、单向阀、液压缸、溢流阀、二位四通电磁阀、压力继电器。

（2）用顺序阀控制的顺序动作回路　图 7-19 所示为采用两个单向顺序阀控制的顺序动作回路。这种顺序动作回路的可靠性，在很大程度上取决于顺序阀的性能及其压力调定值。顺序阀的调定压力应比先动作的液压缸的工作压力高$(8\sim10)\times10^5$Pa，以免在系统压力波动时，发生误动作。

如图 7-19 和图 7-20 所示接好油路、电路。按下 SB2 时，1YA 得电，两液压缸活塞杆按

1、2 顺序动作；按下 SB3 时，2YA 得电，两液压缸活塞杆按 3、4 顺序动作。本回路的液压装置有：定量液压泵、单向阀、液压缸、溢流阀、三位四通 O 型阀，单向顺序阀。

其中顺序阀 2 的调定压力值大于液压缸 1 右行的最大工作压力，故压力油先进入液压缸 1 的左腔，实现动作①；缸 1 移动到位后，压力上升，直到打开顺序阀 2 进入液压缸 2，实现动作②。换向阀切换至右位后，过程与上述相同，先后完成动作③和④。顺序阀的调定压力应比前一个动作的工作压力高出 1MPa 左右，否则顺序阀易因系统压力的脉动造成误动作。

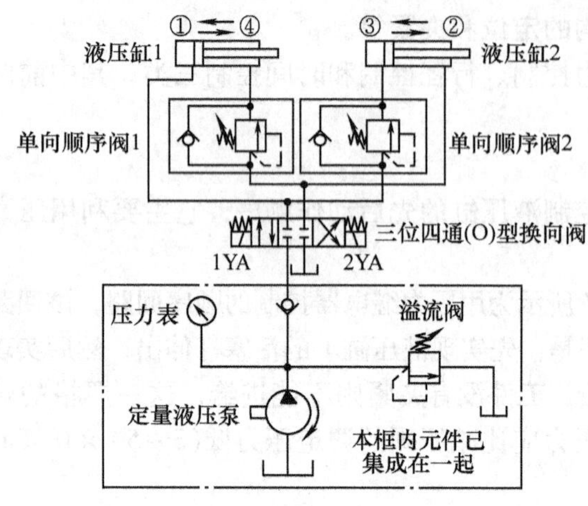

图 7-19　采用顺序阀的顺序动作回路

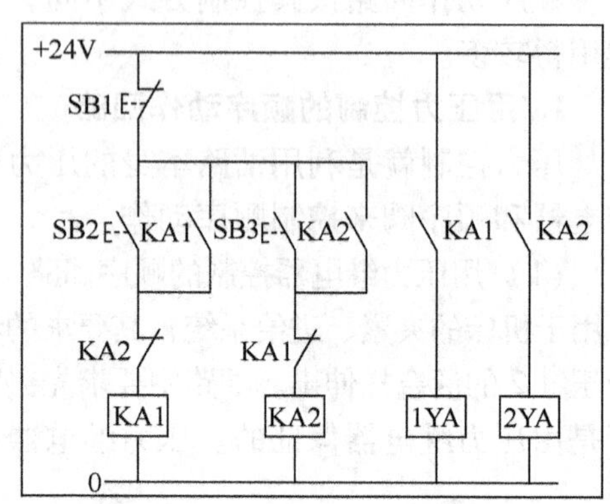

图 7-20　采用顺序阀控制的顺序动作回路的电气控制原理图

2. 用行程控制的顺序动作回路

用行程控制的顺序动作回路利用工作部件到达一定位置时，发出信号来控制液压缸的先后动作顺序，它可以利用行程开关、行程阀或顺序缸来实现。

图 7-21 所示为利用电气行程开关发出信号来控制电磁阀先后换向的顺序动作回路。同时如图 7-22接好电路。其动作顺序是：按下按钮 SB1 时，1YA 得电液压缸 1 活塞杆伸出，当打到行程开关 SQ2 时，SQ2 动作，2YA 得电，液压缸 2 活塞杆伸出，当打到行程开关 SQ3 时，SQ3 动作，DT1 失电，液压缸 1 活塞杆缩回，打到行程开关 SQ1 动作时，2YA 失电液压缸 2 活塞杆缩回，至此两液压缸活塞杆按 1 -2 -3 -4 顺序自动完成 4 个动作 ，再按 SB1 时，重复下一轮顺序动作。

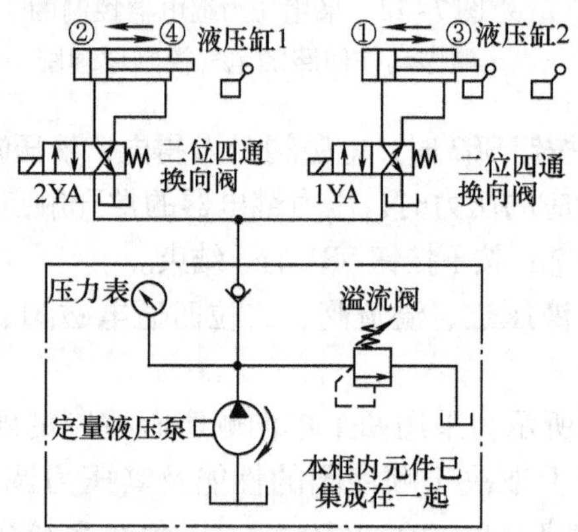

图 7-21　行程开关控制的顺序回路

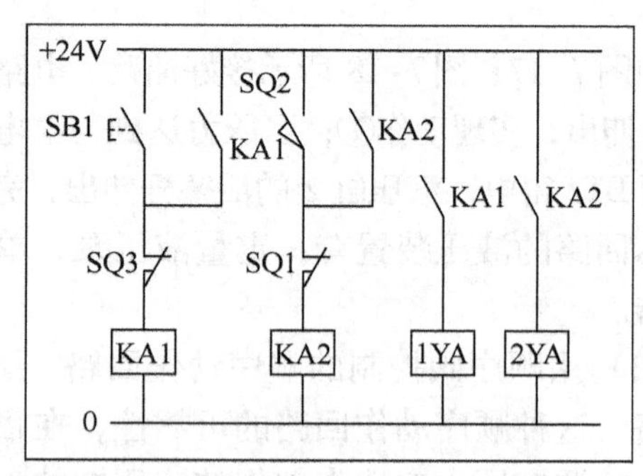

图 7-22　采用行程开关控制的顺序动作回路的电气控制原理图

本试验的液压装置有：定量液压泵、单向阀、液压缸、溢流阀、二位四通电磁换向阀、行程开关。在采用电气行程开关控制的顺序回路中，调整行程大小和改变动作顺序均很方便，且可利用电气互锁使动作顺序可靠。

二、同步控制回路

可实现多个执行组件以相同位移或相等速度运动的回路称为同步回路。

在一泵多缸的系统中，尽管液压缸的有效工作面积相等，但是由于运动中所受负载不均衡，摩擦阻力也不相等，泄漏量的不同以及制造上的误差等，不能使液压缸同步动作。同步回路的作用就是为了克服这些影响，补偿它们在流量上所造成的损失。

1. 串联液压缸的同步回路

图 7-23 所示为串联液压缸的同步回路。图中第一个液压缸回油腔排出的油液，被送入第二个液压缸的进油腔。如果串联油腔的活塞的有效面积相等，便可实现同步运动。这种回路中，两液压缸能承受不同的负载，但泵的供油压力要大于两液压缸工作压力之和。

由于泄漏和制造误差，影响了串联液压缸的同步精度，当活塞往复多次后，会产生严重的失调现象，为此要采取补偿措施。图 7-24 所示为两个单作用液压缸串联，并带有补偿装置的同步回路。为了达到同步运动，液压缸 1 有杆腔 *A* 的有效面积应与液压缸 2 无杆腔 *B* 的有效面积相等。在活塞下行的过程中，如液压缸 1 的活塞先运动到底，触动行程开关 1st 发出信号，使电磁铁 1DT 通电，则此时压力油经过二位三通电磁阀 3、液控单向阀 5，向液压缸 2 的 *B* 腔补油，使液压缸 2 的活塞继续运动到底。如果液压缸 2 的活塞先运动到底，触动行程开关 2st，使电磁铁 2YA 通电，则此时压力油经二位三通电磁阀 4 进入液控单向阀的控制油口，液控单向阀 5 反向导通，使液压缸 1 能通过液控单向阀 5 和二位三通电磁阀 3 回油，液压缸 1 的活塞继续运动到底，对失调现象进行补偿。

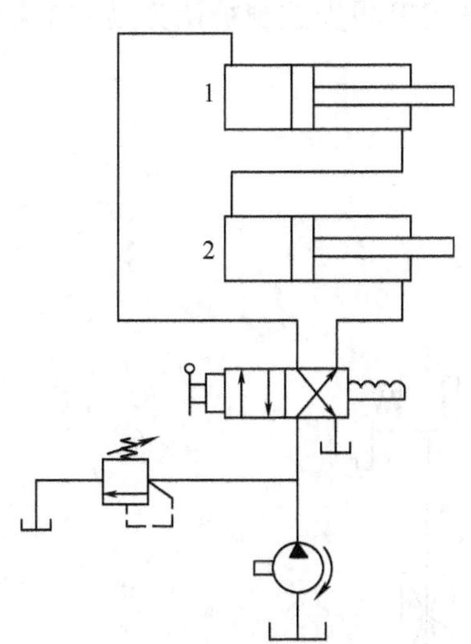

图 7-23　串联液压缸的同步回路

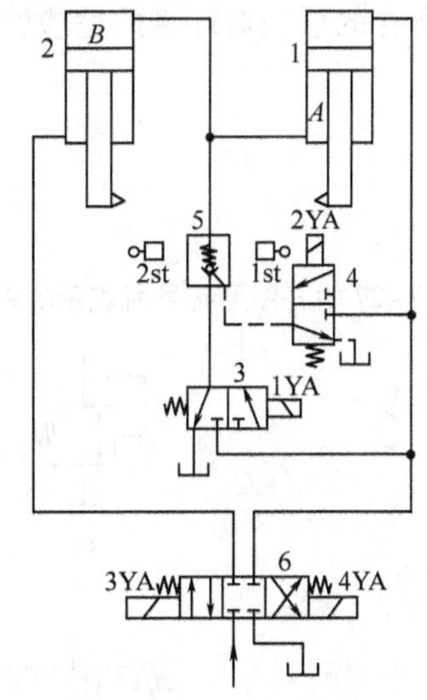

图 7-24　采用补偿措施的串联液压缸同步回路

2. 流量控制式同步回路

（1）用调速阀控制的同步回路　图 7-25 所示是两个并联的液压缸分别用调速阀控制的

同步回路。两个调速阀分别调节两液压缸活塞的运动速度，当两液压缸活塞的有效面积相等时，则流量也调整得相同；若两液压缸活塞的有效面积不等时，则改变调速阀的流量也能达到同步的运动。用调速阀控制的同步回路，结构简单，并且可以调速，但是由于受到油温变化及调速阀性能差异等影响，同步精度较低，一般误差在5% ~7%左右。

如图7-25、图7-26所示接好油路、电路。起动液压泵并调节两个调速阀可使两液压缸活塞的运动速度相同，但精度较差。

本回路的液压装置有：定量液压泵、单向阀、液压缸、溢流阀、二位四通阀、调速阀。

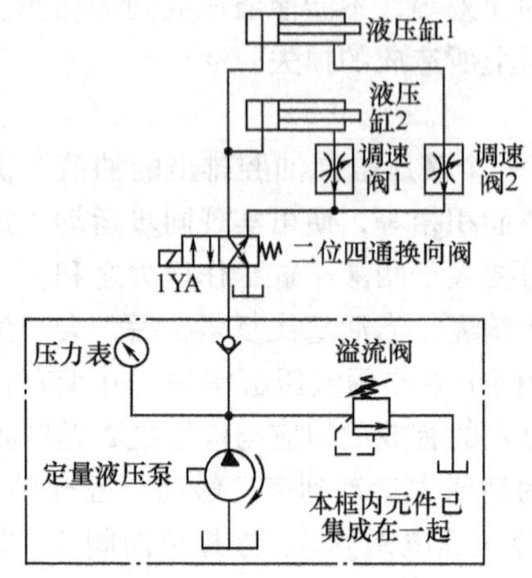

7-25　采用并联调速阀的同步回路

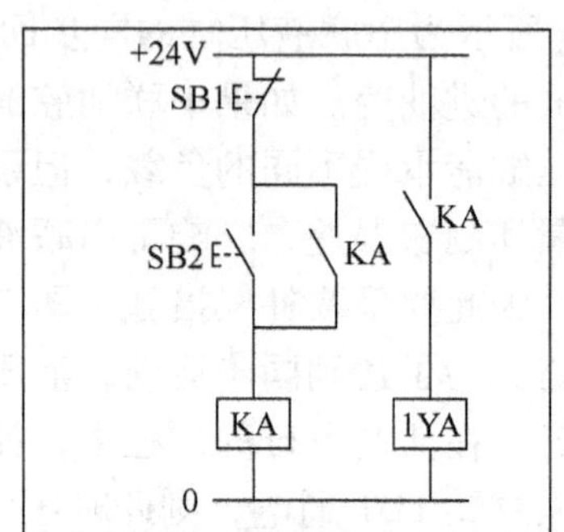

图7-26　采用并联调速阀的同步回路的电气控制原理图

（2）用电-液比例调速阀控制的同步回路　这种回路的同步精度较高，位置精度可达0.5mm，已能满足大多数工作部件所要求的同步精度。比例阀的性能虽然比不上伺服阀，但费用低，其所在的系统对环境的适应性强，因此，用它来实现同步控制被认为是一个新的发展方向。

复习思考题

1. 指出图7-27中各图形符号所表示的控制阀的名称。

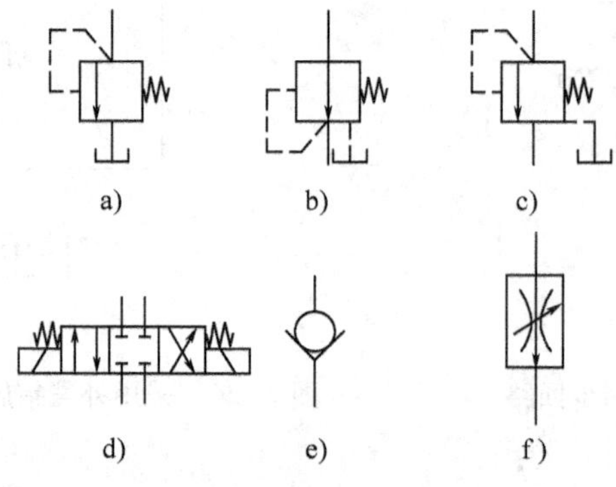

图7-27　习题1图

2. 图 7-28 所示为液压机的液压回路示意图。设重物及活塞的总重力 $G = 3 \times 10^3 \mathrm{N}$，液压缸无杆腔面积 $A_1 = 300\mathrm{mm}^2$，油缸有杆腔面积 $A_2 = 200\mathrm{mm}^2$，阀 5 的调定压力 $p = 30\mathrm{MPa}$。试分析并回答以下问题：

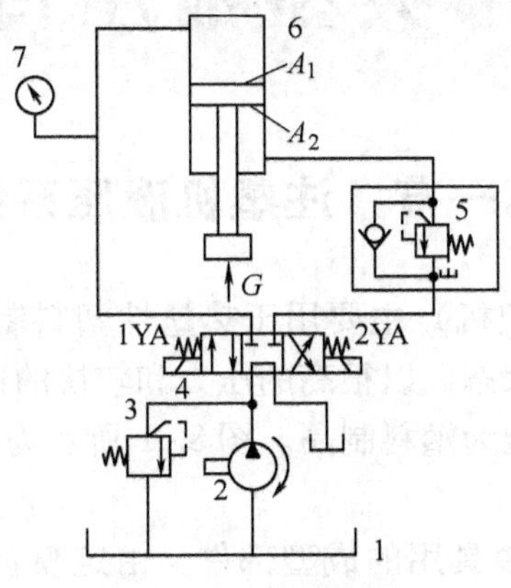

图 7-28　习题 2 图

（1）写出组件 3、4、5 的名称。

（2）系统中的换向阀采用何种滑阀机能，并形成了何种基本回路？

（3）当 1YA、2YA 两电磁铁分别通电动作时，压力表 7 的读数各为多少？

第八章　典型液压传动系统

第一节　注塑机液压系统

塑料注射成型机（简称注塑机）主要用于热塑性塑料制品的成型加工。塑料颗粒在注塑机的料筒内加热熔化至流动状态，以很高的压力和较快的速度注入闭合模具的模腔内，保压一段时间，经冷却凝固而成型为塑料制品。图 8 - 1 所示为注塑机的组成和注塑工作程序。

注塑机由下列几部分组成：

（1）合模部件　它是安装模具用的成型部件，由定模板、动模板、合模机构、合模液压缸和顶出液压缸等组成。

（2）注射部件　它是注塑机的塑化部件，由加料装置（料斗、料筒、螺杆、喷嘴）、预塑装置、注射液压缸和注射座移动液压缸等组成。

（3）床身　它装有液压传动及电气控制系统，是注塑机的动力和控制部件，主要由液压泵、各种控制阀、电动机、电气组件和控制仪表等组成。

塑料注射成型工艺是一个按照预定顺序进行的周期性动作过程，其工艺顺序动作多、成型周期短、需要很大的注射力和合模力、注射和合模速度可在较大范围内调节。注塑机采用液压传动，并在电气控制的配合下，完成闭模、注射、保压和起模等一系列周期性动作，实现了自动化操作，极大地提高了劳动生产率，因而得到了广泛的应用。

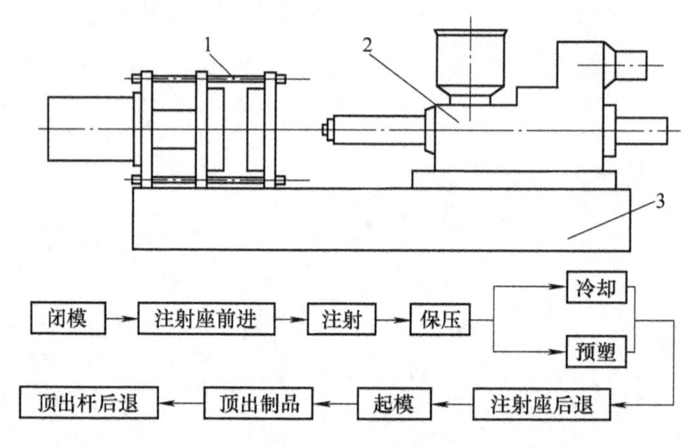

图 8 - 1　注塑机的组成和注塑工作程序

1—合模部件　2—注射部件　3—床身

1. XS-ZY-250A 型注塑机液压系统的组成和液压组件的选用

图 8 - 2 所示为 XS-ZY-250A 型注塑机液压系统图。系统采用了液压-机械组合的三连杆锁模机构，具有增力和自锁作用。

液压系统由三台液压泵供油，液压泵 B1 为高压小流量泵；液压泵 B2 和 B3 为双联泵，是低压大流量泵。利用电-液比例溢流阀的断电，可以使泵处于卸荷状态，从而可以构成三级流量调节。

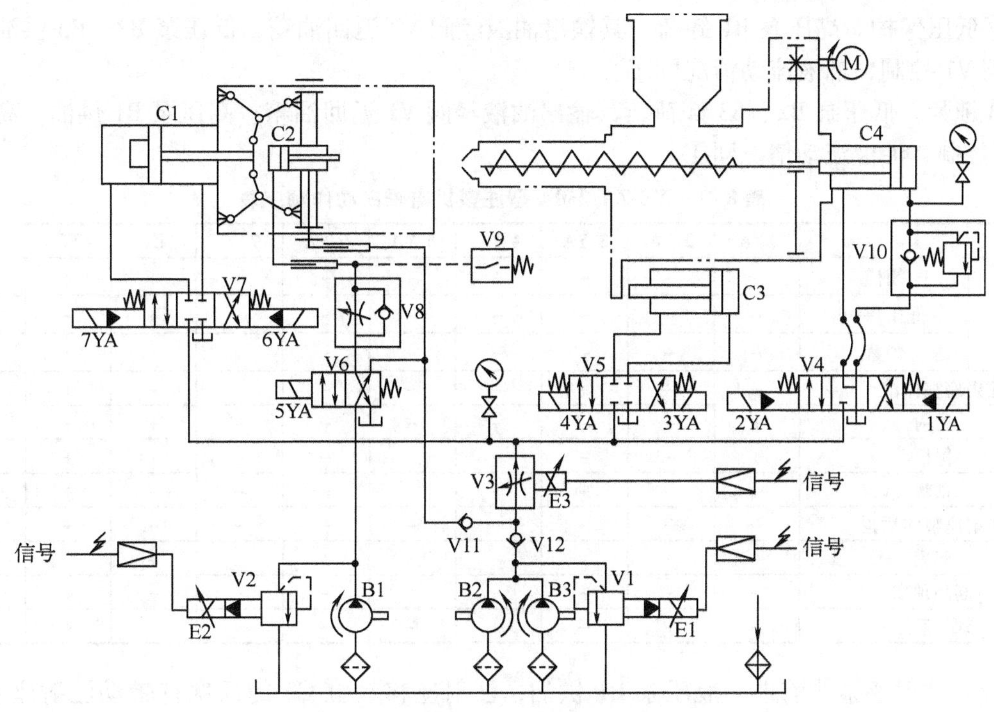

图 8-2　XS-ZY-250A 型注塑机液压系统

B1、B2、B3—液压泵　C1、C2、C3、C4—液压缸　V1、V2—比例溢流阀　V3—比例流量阀　V4、V7—电-液换向阀　V5、V6—电磁换向阀　V8—单向节流阀　V9—压力继电器　V10—单向顺序阀　V11、V12—单向阀

液压缸 C1 为移模缸，带动三连杆机构及动模板运动。液压缸 C2 是顶出缸，液压缸 C3 是注射座整体移动缸，液压缸 C4 是推动螺杆的注射缸。

电动机 M 通过齿轮减速箱驱动螺杆进行预塑。

电-液比例溢流阀 V1 和 V2 分别控制液压泵 2、3 的工作压力，并通过放大器，对起、闭模压力，注塑座整体移动压力，注射压力，保压压力，顶出压力等进行多种工作压力控制。电-液比例流量阀 V3 则通过放大器对起、闭模速度和注射速度实现无级速度调节。

V10 为背压阀。用来控制预塑时塑料熔融和混合程度，防止熔融塑料中混入空气。压力继电器 V9 限定顶出缸的最高工作压力，并作为顶出结束的发信装置。单向节流阀 V8 用于控制顶出缸的速度。根据通过的流量大小，换向阀 V4 和 V7 为电-液控制方式，换向阀 V5 和 V6 为电磁控制方式。

2. XS-ZY-250A 型注塑机液压系统的工作原理

表 8-1 列出了电磁铁的动作顺序。液压系统的动作原理和动作顺序如下：

（1）闭模　此动作可包括以下三步：

①闭模。液压泵 B1、B2、B3 工作，系统压力由阀 V1 或 V2 控制，移模缸 C1 活塞杆通过连杆机构驱动动模板右移，此时顶出缸 C2 活塞杆退回在原位。油液流动情况为

B1→V6→V11↘
　　　　　　　V3→V7（左位）→C1（左腔）；C1（右腔）→V7（左位）→油箱
B2、B3→V12↗

②低压保护。高压泵 B1 卸荷，其输出油液经阀 V2 返回油箱；低压泵 B2、B3 供油，低压由阀 V1 控制，油液流动情况同①。

③锁紧。低压泵 B2、B3 卸荷，其输出油液经阀 V1 返回油箱；高压泵 B1 供油，高压由阀 V2 控制，油液流动情况同①。

表 8-1 XS-ZY-250A 型注塑机电磁铁动作顺序表

		1YA	2 YA	3 YA	4 YA	5 YA	6 YA	7YA	E1	E2	E3
闭模	闭模	−	−	−	−	−	−	+	+	+	+
	低压保护	−	−	−	−	−	−	+	+	−	+
	锁紧	−	−	−	−	−	−	+	−	+	+
注射座整体前进		−	−	+	−	−	−	−	−	+	+
注射		+	−	−	−	−	−	−	+	+	+
保压		+	−	−	−	−	−	−	−	+	+
预塑		−	−	+	−	−	−	−	−	+	+
注射座整体后退		−	−	−	+	+	−	−	−	+	+
起模		−	−	−	−	−	+	−	+	+	+
制品顶出		−	−	−	−	+	−	−	−	+	+
螺杆后退		−	+	−	−	−	−	−	−	+	+

（2）注射座整体前进　液压泵 B1 供油，注射座移动缸 C3 的活塞杆带动注射座左移，并使喷嘴靠在定模板上，系统压力由阀 V2 控制。油液流动情况为

B1 → V6 → V11 → V3 → V5（右位）→ C3（右腔）；C3（左腔）→ V5（右位）→油箱

（3）注射 泵 B1、B2、B3 供油，油液流动情况为

B1、B2、B3 → V3 → V4（右位）→ V10 → C4（右腔）；C4（左腔）→ V4（右位）→油箱

（4）保压　泵 B1 供油，泵 B2、B3 卸荷，其输出油液经阀 V1 返回油箱；泵 B1 供油，保压压力由阀 V2 控制，油液流动情况同（3）。

（5）预塑　电动机起动，经齿轮减速驱动螺杆旋转，料斗中加入的塑料被前推进行预塑，此时注射座不得后退，以保持喷嘴与模具始终接触，并由泵 B1 保压，油液流动情况同（2）。

同时，注射缸 C4 右腔的油液在螺杆反推力的作用下经阀 V10 → V4（中位）→油箱，其背压由阀 V10 控制。

（6）注射座整体后退 油液流动情况为

B1 → V6 → V11 → V3 → V5（左位）→ C3（左腔）；C3（右腔）→ V5（左位）→油箱

B1 → V6 → V11 ↘
V3 → V7（右位）→ C1（右腔）；C1（左腔）→ V7（右位）→ 油箱
B2、B3 → V12 ↗

（7）起模　油液流动情况为

B1 → V6 → V11 ↘
V3 → V7(右位) → C1(右腔)；C1(左腔) → V7(右位) → 油箱
B2、B3 → V12 ↗

（8）制品顶出　油液流动情况为

B1 → V6（左位）→ V8 → C2（左腔）；C2（右腔）→ V6（左位）→油箱

（9）螺杆后退　此动作用于拆卸螺杆和清除螺杆包料。油液流动情况为

B1 → V6 → V11 → V3 → V4（左位）→ C4（左腔）；C4（右腔）→ V10 → V4（左位）→油箱

3. XS-ZY-250A 型注塑机液压系统的特点

1）系统采用了液压-机械组合式三连杆锁模机构，实现了增力和自锁。这样，合模液压缸直径较小，易于实现高速，但锁模机构较复杂，制造精度较高，调整模板距离较麻烦。

2）采用三泵分级容积调速，用三台定量泵的不同组合方式获得三级供油流量，又利用电-液比例流量阀实现各级流量的无级调节，从而满足各工作机构的多种速度要求。

3）利用电-液比例溢流阀实现多级调压，以满足在整个动作循环过程中各工作阶段对压力的不同要求。

4）各工作机构的自动工作循环的控制主要靠行程开关来实现。

总的来讲，此注塑机采用电-液开关控制方式的多缸顺序动作、电-液比例控制阀的多级压力和多级速度调节的液压系统。对各种塑料制品加工的适应性强，自动化程度高。与以往全部采用普通阀的注塑机液压系统相比较，整个系统得到了简化。

第二节　数控车床液压系统

数控车床是装有过程控制系统的车床的简称，利用它进行车削加工，自动化程度高，加工质量高。目前，在数控车床上大多采用了液压传动技术。下面以 MJ—50 型数控车床为例分析其液压系统的工作原理和特点。图 8-3 所示为其液压系统原理图。

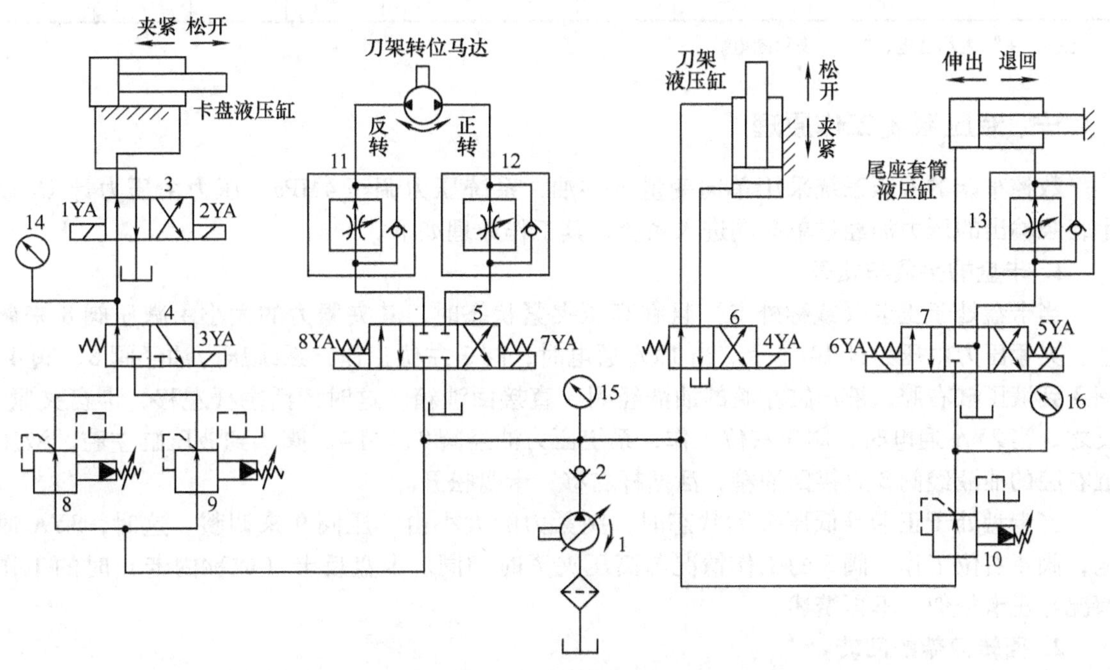

图 8-3　MJ—50 型数控车床液压系统原理图

1—液压泵　2—单向阀　3、4、6—二位换向阀　5、7—三位换向阀　8、9、10—减压阀　11、12、13—单向调速阀　14、15、16—压力表

MJ—50 型数控车床上由液压系统实现的动作有：卡盘的夹紧与松开、刀架的夹紧与松

开、刀架的正转与反转以及尾座套筒的伸出与缩回。液压系统中各电磁阀的控制电磁铁的动作由控制系统的 PC 控制实现，电磁铁动态见表 8-2。

表 8-2 电磁铁动态表

工作循环			电磁铁							
			1YA	2YA	3YA	4YA	5YA	6YA	7YA	8YA
卡盘正卡	高压	夹紧	+	−	−	−	−	−	−	−
		松开	−	+	−	−	−	−	−	−
	低压	夹紧	+	−	+	−	−	−	−	−
		松开	−	+	+	−	−	−	−	−
卡盘反卡	高压	夹紧	−	+	−	−	−	−	−	−
		松开	+	−	−	−	−	−	−	−
	低压	夹紧	−	+	+	−	−	−	−	−
		松开	+	−	+	−	−	−	−	−
刀架		正转	−	−	−	−	−	−	−	+
		反转	−	−	−	−	−	−	+	−
		松开	−	−	−	+	−	−	−	−
		夹紧	−	−	−	−	−	−	−	−
尾座套筒		伸出	−	−	−	−	−	+	−	−
		缩回	−	−	−	−	+	−	−	−

注：“+”表示通电，“−”表示断电。

一、液压系统工作原理

数控车床的液压系统采用单向变量泵供油，系统压力调至 4MPa，压力由压力计 15 显示，泵输出的压力油经过单向阀进入系统，其工作原理如下。

1. 卡盘的夹紧与松开

当卡盘处于正卡（或称外卡）且在高压夹紧状态时，其夹紧力的大小由减压阀 8 来调整，夹紧压力由压力计 14 显示。当 1YA 通电时，阀 3 左位工作，系统压力油经阀 8、阀 4、阀 3 到液压缸右腔，液压缸左腔的油液经阀 3 直接回油箱。这时，活塞杆左移，卡盘夹紧。反之，当 2YA 通电时，阀 3 右位工作，系统压力油经阀 8、阀 4、阀 3 到液压缸左腔，液压缸右腔的油液经阀 3 直接回油箱，活塞杆右移，卡盘松开。

当卡盘处于正卡且低压夹紧状态时，夹紧力的大小由减压阀 9 来调整。这时，3YA 通电，阀 4 右位工作。阀 3 的工作情况与高压夹紧时相同。卡盘反卡（或称内卡）时的工作情况与正卡相似，不再赘述。

2. 回转刀架的回转

回转刀架换刀时，首先是刀架松开，然后刀架转位到指定的位置，最后刀架复位夹紧。当 4YA 通电时，阀 6 右位工作，刀架松开。当 8YA 通电时，液压马达带动刀架正转，转速由单向调速阀 11 控制。当 7YA 通电时，液压马达带动刀架反转，转速由单向调速阀 12 控制。当 4YA 断电时，阀 6 左位工作，液压缸使刀架夹紧。

3. 尾座套筒的伸缩运动

当6YA通电时，阀7左位工作，系统压力油经减压阀10、换向阀7到尾座套筒液压缸的左腔，液压缸右腔油液经单向调速阀13、阀7回油箱，缸筒带动尾座套筒伸出，伸出时的预紧力大小通过压力表16显示。反之，当5YA通电时，阀7右位工作，系统压力油经减压阀10、换向阀7、单向调速阀13到液压缸右腔，液压缸左腔的油液经阀7流回油箱，套筒缩回。

二、液压系统特点

MJ—50型数控车床的液压系统由调压回路、换向回路、减压回路和顺序回路等基本回路组成，该液压系统具有以下特点。

1）单向变量液压泵向系统供油，能量损失小。

2）由阀控制卡盘，实现高压和低压夹紧的转换，并且分别调节高压夹紧或低压夹紧力的大小，这样可根据工作情况来调节夹紧力，操作方便简单。

3）用液压马达实现刀架的转位，可实现无级调速，并能控制刀架正、反转。

4）用换向阀控制尾座套筒液压缸的换向，以实现套筒的伸出或缩回，并能调节尾座套筒伸出工作时的预紧力大小，以适应不同工作的需要。

5）压力表14、15、16可分别显示系统相应处的压力，以便故障诊断和调试。

第三节　液压系统的使用与维护

液压传动系统的安装、使用及维护是一个实践性很强的问题，液压传动系统的故障判断和排除决定于对液压组件和系统的理解和实践经验的积累。

一、液压系统的安装与调试

1. 液压系统的安装

液压设备在安装前，首先要弄清主机对液压系统的要求及液压系统与机、电、气的动作关系，以充分理解其设计意图；然后验收所有零部件（型号、规格、数量和质量），并做好清洗等准备工作。

（1）液压泵和电动机的安装　液压泵与电动机的轴线在安装时应保证同心，一般要求用弹性联轴器连接，不允许使用带连接泵轴，以免泵轴受径向力的作用，破坏轴的密封；安装基础要有足够的刚性；液压泵进、出口不能接反；有外引泄的泵必须将泄漏油单独引出；需要在泵壳内灌油的泵，要灌液压油；可用手调转，单向泵不能反转。

（2）液压缸的安装　首先应校正液压缸外圆的上母线、侧母线与机座导轨导向面的平行；垂直安装的液压缸要防止因重力跌落；长行程缸应一端固定，允许另一端浮动，允许其伸长；液压缸的负载中心与推力中心最好重合，免受颠覆力矩，保护密封件不受偏载；液压缸缓冲机构不得失灵；密封圈的预压缩量不要太大；活塞在缸内移动灵活、无阻滞现象。

（3）液压阀的安装　阀体孔或阀板安装时，要防止紧固螺钉因拧得过紧而产生变形；纸垫不得破损，以免窜腔短路；方向阀各油口的通断情况应与原理图上的图形符号相一致；

要特别注意外形相似的溢流阀、减压阀和顺序阀；调压弹簧要放松，等调试时再逐步旋紧调压；安装伺服阀必须先安装冲洗板，对管路进行冲洗；在油液污染度符合要求后才能正式安装；伺服阀进口需安装精密过滤器。

2. 液压系统的配管

1）根据通过流量、允许流速和工作压力，选配管径、壁厚、材质和连接方式。要对管子进行检验和处理。

2）管路要求越短越好，尽量垂直或平行，少拐弯，避免出现交叉；吸油管要粗、短、直，尽量减少吸油阻力，确保吸油高度不大于0.5m；严防管接头处泄漏。

3）安装橡胶管要防止扭转，应留有一定的松弛量。

4）配管要进行二次安装。第一次试装后取下进行清洗，然后进行正式安装。

3. 液压设备的调试

调试前应全面检查液压管路、电气线路是否正确可靠，油液牌号与说明书上是否一致，油箱内油液高度是否在油面线上；将调节手柄置于零位，选择开关置于“调整”、“手动”位置上；防护装置要完好；确定调试项目、顺序和测量方法，准备检测仪表；先进行设备的外观认识，熟悉手柄、按钮、表牌等。

(1) 空载试车　空载试车的目的是检查各液压组件工作是否正常，工作循环是否符合要求。

先空载起动液压泵，以额定转速、规定转向运转，听是否有异常声响，观察泵是否漏气（油箱液面上是否有气泡），泵的卸荷压力是否在允许范围内。在执行组件处于停位低速运动时调整压力阀，使系统压力升高到规定值。调整润滑系统的压力和流量，注意有两台以上大功率主泵时不能同时起动。若在低温下起动液压泵，则要开开停停，使油温上升后再起动；一般先起动控制用的液压泵，调整控制油路的压力，后起动主泵。

然后操纵手柄使各执行组件逐一空载运行，速度由慢到快，行程也逐渐增加，直至低速全程运行，以排除系统中的空气。检查接头、组件接合处是否泄漏，检查油箱液面是否下降以及过滤器是否露出油面（因为执行组件运动后大量油液要进入油管填充其空腔）。

接着在空载条件下，使各执行组件按预定要求进行自动工作循环或顺序动作。同时调整各调压弹簧的调定值，如溢流阀、顺序阀、减压阀、压力继电器、限压式变量泵等的限定压力；调整压力表的上、下限，变量泵的偏心或倾角，挡块及限位开关的位置，各液压阻尼的开口大小；设置保压或延时时间，电磁铁吸动或释放顺序等；检查各动作的协调性，如连锁、联动，同步和顺序的正确性；检查起动与停止、速度换接的运动平稳性，有无误信号、误动作和爬行、冲击等现象。上述过程要重复多次，使工作循环趋于稳定。

一般空载运行2h后，再检查油温及液压系统要求的精度，如换向、定位、分度及停留时间精度等。

(2) 负载试车　一般设备可进行轻负载、最大工作负载、超负载试车。负载试车的目的是检查液压设备在承受负载后，是否实现预定的工作要求，如速度-负载特性如何、泄漏是否严重、功率损耗及油温是否在设计允许值内（一般机床液压系统油温为30～50℃，压力机油温为40～70℃，工程机械油温为50～80℃）、液压冲击和振动噪声是否在允许范围内

(要求低于80dB) 等。

对金属切削机床液压系统要进行试切削，在规定的切削范围内对试件进行加工，检查是否达到所规定的尺寸精度和表面粗糙度；对高压液压系统要进行试压，试验压力为工作压力的两倍或大于压力剧变时的尖峰值，并由低到高分级试压，检查泄漏和耐压强度是否合格。

调试期间，对流量、压力、速度、油温、电磁铁和电动机的电流值等各种参数的测试应做好现场记录。如发现液压组件不合要求，在必要或允许的条件下，可单独在试验台上对组件的性能和参数进行测试，测试条件可按有关规定；对组件的主要性能和参数的测试也可按部标或厂标的规定进行。

二、液压系统的使用与维护

液压系统的正常工作性能在很大程度上依赖于正确的使用与及时的维护。

1. 建立严格的维护保养制度

严格的维护保养制度是减少故障和使设备处于完好状态的保证。液压设备通常采用日常检查和定期检查的方法，规定出检查的时间、项目和内容，并要求做好检查记录。

2. 液压系统的故障发生规律及应对措施

(1) 故障发生的规律　控制油液的污染以及建立严格的维修制度，虽然可以减少故障的发生，但不能完全杜绝故障。液压系统的故障往往是一种随机现象。液压设备出现故障的频率大致分为三个阶段，如图8-4所示。

图中纵坐标为故障发生的频率，横坐标为机械设备运行的时间。曲线的A段为初始故障期。这期间故障频率高，但持续的时间不长，这类故障往往由设计、制造和检验中的失误所引起。对液压系统来说，投产前清洗不够彻底也是产生这类故障的原因之一。曲线的B段为随机故障期。这期间故障频率低，但持续时间长，是机械设备高效工作的最佳时期。坚持严格的维护与检查制度以及控制油液的污染，可使这期间的故障率维持在相当低的水平，并使这一时期延长。曲线中C段为消耗故障期。此时组件已严重磨损，故障较频繁，应更换组件。掌握这一规律，有助于针对性地做好各时期的使用维护工作。

(2) 液压系统和主要组件的故障应对措施　由于液压组件都是密封的，故发生故障时不易查找原因。一般从现象入手，分析可能的原因并逐个检查、测试。只要找到故障源，故障就不难排除了。而能否迅速地找到故障源，一方面决定于对系统和组件的结构、工作原理的理解，另一方面还有赖于实践经验的积累，有时可通过一些辅助性试验来查找故障。有关液压系统中各种故障的现象、原因及其排除措施，可参考有关手册。

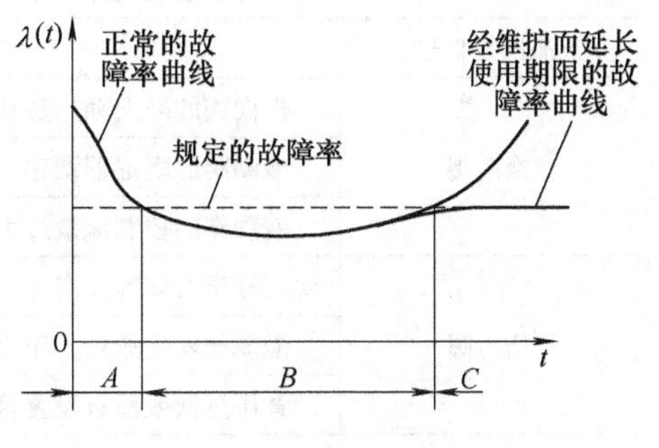

图8-4　液压设备故障曲线

三、液压系统的常见故障及其排除方法

液压系统的常见故障主要有：液压系统无压力或压力低，运动部件换向有冲击或冲击

大，运动部件爬行，液压系统发热、油压升高，泄漏，振动和噪声。液压系统常见故障产生的原因及排除方法见表8-3～表8-8。

表8-3　液压系统无压力或压力低的原因及排除方法

产生原因		排除方法
液压泵	电动机转向错误	改变转向
	零件磨损，间隙过大，泄漏严重	修复或更换零件
	油箱液面太低，液压泵吸空	补加油液
	吸油管路密封不严，造成吸空	检查管路，拧紧接头，加强密封
	压油管路密封不严，造成泄漏	检查管路，拧紧接头，加强密封
溢流阀	弹簧变形或折断	更换弹簧
	滑阀在开口位置卡住	修研滑阀使其移动灵活
	锥阀或钢球与阀座密封不严	更换锥阀或钢球，配研阀座
	阻尼孔堵塞	清洗阻尼孔
	远程控制口接回油箱	切断通油箱的油路
压力表损坏或失灵造成无压力现象		更换压力表
液压阀卸荷		查明卸荷原因，采取相应措施
液压缸高、低压腔相通		修配活塞，更换密封件
系统泄漏		加强密封，防止泄漏
油液粘度太低		提高油液粘度
温升过高，降低了油液粘度		查明发热原因，采取相应措施

表8-4　运动部件换向有冲击或冲击大的原因及排除方法

产生原因		排除方法
液压缸	运动速度过快，没有设置缓冲装置	设置缓冲装置
	缓冲装置中的单向阀失灵	修理缓冲装置中的单向阀
	缓冲柱塞的间隙太小或太大	按要求修理，配置缓冲柱塞
节流阀开口过大		调整节流阀开口
换向阀	换向阀的换向动作过快	控制换向速度
	液动阀的阻尼器调整不当	调整阻尼器的节流口
	液动阀的控制流量过大	减小控制油的流量
压力阀	工作压力调整太高	调整压力阀，适当降低工作压力
	溢流阀发生故障，压力突然升高	排除溢流阀故障
	背压过低或没有设置背压阀	设置背压阀，适当提高背压力
垂直运动的液压缸没有采取平衡措施		设置平衡阀
混入空气	系统密封不严，吸入空气	加强吸油管路密封
	停机时油液流空	防止组件油液流空
	液压泵吸空	补足油液，减小吸油阻力

表 8-5 运动部件爬行的原因及排除方法

产生原因		排除方法
系统负载刚度太低		改进回路设计
节流阀或调速阀流量不稳		选用流量稳定性好的流量阀
液压缸产生爬行	混入空气	排除空气
	运动密封件装配过紧	调整密封圈，使之松紧适当
	活塞杆与活塞不同轴	校正、修整或更换
	导向套与缸筒不同轴	修正调整
	活塞杆弯曲	校直活塞杆
	液压缸安装不良，中心线与导轨不平行	重新安装
	缸筒内孔圆柱度超差	镗磨修复，重配活塞或增加密封件
	缸筒内孔锈蚀、有毛刺	除去锈蚀产物、毛刺或重新镗磨
	活塞杆两端螺母拧得过紧，使其同轴度误差增大	略松螺母，使活塞处于自然状态
	活塞杆刚性差	加大活塞杆直径
	液压缸运动件之间的间隙过大	减小配合间隙
	导轨润滑不良	保持良好的润滑
混入空气	油箱液面过低，吸油不畅	补加液压油
	过滤器堵塞	清洗过滤器
	吸、回油管相距太近	将吸、回油管远离
	回油管未插入油面以下	将回油管插入油面之下
	吸油管路密封不严，造成吸空	加强密封
	机械停止运动时，系统油液流空	设背压阀或单向阀，防止油液流空
油液污染	油污卡住液动机，增加摩擦阻力	清洗液动机，更换油液，加强过滤
	油污堵塞节流孔，引起流量变化	清洗液压阀，更换油液，加强过滤
油液粘度不适当		用指定粘度的液压油
导轨	托板楔铁或压板调整过紧	重新调整
	导轨精度不高，接触不良	按规定刮研，保持良好的接触
	润滑油不足或选用不当	改善润滑条件

表 8-6 液压系统发热、油温升高的原因及排除方法

产生原因	排除方法
液压系统设计不合理，压力损失过大，效率低	改进回路设计，采用变量泵或卸荷措施
工作压力过大	降低工作压力
泄漏严重，容积效率低	加强密封
管路太细而且弯曲，压力损失大	加大管径，缩短管路，使液流通畅
相对运动零件间的摩擦力过大	提高零件的加工装配精度，减小运动摩擦力
油液粘度过大	选用粘度适当的液压油
油箱容积小，散热条件差	增大油箱容积，改善散热条件，设置冷却器
由外界热源引起升温	隔绝热源

表 8-7　液压系统产生泄漏的原因及排除方法

产生原因	排除方法
密封件损坏或装反	更换密封件，改正安装方向
管接头松动	拧紧管接头
单向阀阀芯磨损，阀座损坏	更换阀芯，配研阀座
相对运动的零件磨损，间隙过大	更换磨损的零件，减小配合间隙
某些铸件有气孔、砂眼等缺陷	更换铸件或维修缺陷
压力调整过高	降低工作压力
油液粘度太低	选用适当粘度的液压油
工作温度太高	降低工作温度或采取冷却措施

表 8-8　液压系统产生振动和噪声的原因及排除方法

产生原因	排除方法
液压泵本身或进油管路密封不良或密封圈损坏、漏气	拧紧泵的联接螺栓及管路各管接头螺母或更换密封组件
泵内零件卡死或损坏	修复或更换
泵与电动机联轴器不同心或松动	重新安装紧固
电动机振动，轴承磨损严重	更换轴承
油箱油量不足或泵吸油管过滤器堵塞，使泵吸空引起噪声	将油量加至油标处或清洗过滤器
溢流阀阻尼孔堵塞，阀座损坏或调压弹簧永久变形、损坏	可清洗、疏通阻尼孔，修复阀座或更换弹簧
电-液换向阀动作失灵	修复该阀
液压缸缓冲装置失灵造成液压冲击	进行检修和调整

复习思考题

1. 图 8-2 所示为注塑机液压系统，假设液压泵 B1 的输出流量为 25L/min，B2 的输出流量为 75L/min，B3 的输出流量为 100L/min。怎样实现多级流量输出？各级流量的数值是多少？并说明单向阀 V11 和 V12 的作用。

2. 分析 MJ—50 型数控车床液压系统原理。

3. 为什么液压系统要进行两次安装？

4. 为什么液压系统安装后要进行清洗？新更换的液压油为什么必须经过过滤后才能注入油箱？

第九章　气压传动系统基础知识

气压传动是以压缩空气为工作介质进行能量传递或信号传递的一门技术。它以空气压缩机为动力源，通过各种气动元件驱动和控制机构的动作，实现生产过程的机械化和自动化。气压传动由风动技术及液压技术演变和发展而来，成为20世纪以来应用最广泛、发展最快的技术之一。在机械、电子、车辆、钢铁、纺织、轻工、化工、烟草、包装等工业领域已得到了广泛的应用。

第一节　气压传动的工作介质

要了解和正确设计气压传动系统，首先必须了解空气的性质，掌握气压传动的基本概念及计算。

一、空气的性质

1. 空气的组成

自然界的空气其主要成分是氮气（N_2）和氧气（O_2），其他气体占的比例极小。此外，空气中常含有一定量的水蒸气，含有水蒸气的空气称为湿空气，不含有水蒸气的空气称为干空气。

2. 空气的密度和粘度

（1）密度　空气的密度是表示单位体积 V 内的空气的质量 m，用 ρ（kg/m^3）表示，

$$\rho = \frac{m}{V} \tag{9-1}$$

式中，m 为气体质量（kg）；V 为气体体积（m^3）。

对干空气

$$\rho = \rho_0 \frac{273}{273+t} \cdot \frac{p}{0.1013} \tag{9-2}$$

式中，p 为绝对压力（MPa）；ρ_0 为温度在0℃、压力在0.1013MPa时干空气的密度，$\rho_0 = 1.293$（kg/m^3，$N \cdot s^2/m^4$）；$273+t=T$，为绝对温度（K）。

对湿空气

$$\rho' = \rho_0 \frac{273}{273+t} \cdot \frac{p - 3.78\phi \times p_b}{0.1013} \tag{9-3}$$

式中，p 为湿空气的全压力（MPa）；p_b 为温度在 t 时饱和空气中水蒸气的分压力（MPa）；ϕ 为空气的相对湿度（%）。

（2）粘度　空气粘度受压力变化的影响极小，通常可忽略。空气粘度随温度变化而变化，温度升高，粘度增加；反之亦然。空气运动粘度随温度的变化见表9-1。

表 9-1　空气的运动粘度与温度的关系（一个标准大气压时）

t/℃	0	5	10	20	30	40	60	80	100
v (m²/s)	0.133×10^{-4}	0.142×10^{-4}	0.147×10^{-4}	0.157×10^{-4}	0.166×10^{-4}	0.176×10^{-4}	0.196×10^{-4}	0.21×10^{-4}	0.238×10^{-4}

3. 气体的易变特性

气体的体积受压力和温度变化的影响极大，与液体和固体相比较，气体的体积是易变的，此特性称为气体的易变特性。例如，液压油在一定温度下，工作压力为 0.2MPa，当压力增加 0.1MPa 时，体积将减小 1/20000；而当空气压力增加 0.1MPa 时，体积减小 1/2，空气和液压油体积变化相差 10000 倍。又如，当水的温度每升高 1℃时，体积只增大1/20000；而当气体温度每升高 1℃时，体积增大 1/273，两者的体积变化相差 20000/273 倍。气体与液体体积变化相差悬殊，主要原因在于气体分子间的距离大而内聚力小，分子运动的平均自由路径大。

气体体积随温度和压力的变化规律遵循气体状态方程。

二、湿度和含湿量

用湿度和含湿量两个物理量来表示湿空气中所含水蒸气的量，以确定空气的干湿程度。

1. 湿度

湿度的表示方法有两种：绝对湿度和相对湿度。

（1）绝对湿度　单位体积的湿空气中所含水蒸气的质量，称为湿空气的绝对湿度，用 χ(kg/m³) 表示，即

$$\chi = m_s/V \tag{9-4}$$

或由气体状态方程导出

$$\chi = p_s/(R_sT) = \rho_s \tag{9-5}$$

式中，m_s 为湿空气中水蒸气的质量（kg）；V 为湿空气的体积（m³）；p_s 为水蒸气的分压力（Pa）；T 为绝对温度（K）；ρ_s 为水蒸气的密度（kg/m³）；R_s 为水蒸气的气体常数，R_s = 462.05 [J/(kg·K)]。

（2）饱和绝对湿度　湿空气中水蒸气的分压力达到该温度下水蒸气的饱和压力，则此时的绝对湿度称为饱和绝对湿度，用 χ_b（kg/m³）表示，即

$$\chi_b = p_b/(R_sT) = \rho_b \tag{9-6}$$

式中，p_b 为饱和湿空气中水蒸气的分压力（Pa）；ρ_b 为饱和湿空气中水蒸气的密度（kg/m³）。

（3）相对湿度　在一定温度和压力下，绝对湿度和饱和绝对湿度之比称为该温度下的相对湿度，用 ϕ 表示，即

$$\phi = \frac{\chi}{\chi_b}\times100\% = \frac{p_s}{p_b}\times100\% \tag{9-7}$$

式中，χ 为绝对湿度（kg/m³）；χ_b 为饱和绝对湿度（kg/m³）；p_s 为水蒸气的分压力（Pa）。

空气绝对干燥时，$p_s=0$，$\phi=0$。

空气达到饱和时，$p_s=p_b$，$\phi=100\%$。

湿空气的 ϕ 值在 0～100% 之间变化，通常空气的 ϕ 值在 60%～70% 范围内人体感到舒适。气动技术规定各种阀的相对湿度不得超过 90%～95%。

2. 含湿量

含湿量分为质量含湿量和容积含湿量两种。

（1）质量含湿量 单位质量的干空气中所混合的水蒸气的质量，称为质量含湿量，用 d 表示，即

$$d = m_s/m_g \tag{9-8}$$

式中，m_s 为水蒸气质量（kg）；m_g 为干空气质量（kg）。

（2）容积含湿量 单位体积的干空气中所混合的水蒸气的质量，称为容积含湿量，用 d'表示，即

$$d' = \frac{m_s}{V_g} = \frac{dm_g}{V_g} = d\rho \tag{9-9}$$

式中，ρ 为干空气的密度（kg/m^3）。

空气中水蒸气的含量是随温度而变的。当气温下降时，水蒸气的含量下降；当气温升高时，其含量增加。若要减少进入气动设备中空气的水分，必须降低空气的温度。

第二节 气源装置

一、气源装置的作用和工作原理

气源装置为气动系统提供合乎质量要求的压缩空气，是气动系统的动力源。气压传动系统中的气源装置为气动系统提供满足一定质量要求的压缩空气，它是气压传动系统的重要组成部分。由空气压缩机产生的压缩空气，必须经过降温、净化、减压、稳压等一系列处理后，才能供给控制组件和执行组件使用。而用过的压缩空气排向大气时，会产生噪声，应采取措施，降低噪声，改善劳动条件和环境质量。

1. 对压缩空气的要求

（1）要求压缩空气具有一定的压力和足够的流量 因为压缩空气是气动装置的动力源，没有一定的压力不但不能保证执行机构产生足够的推力，甚至连控制机构都难以正确地动作；没有足够的流量，就不能满足对执行机构运动速度和程序的要求等。总之，压缩空气没有一定的压力和流量，气动装置的一切功能均无法实现。

（2）要求压缩空气达到一定的清洁度和干燥度 清洁度与气源中含油量、含灰尘杂质的质量及颗粒大小都有关。干燥度是指压缩空气中含水量的多少，气动装置要求压缩空气的含水量越低越好。由空气压缩机排出的压缩空气，虽然能满足一定的压力和流量的要求，但不能直接为气动装置所使用。因为一般气动设备所使用的空气压缩机都是属于工作压力较低（小于1MPa）、用油润滑的活塞式空气压缩机。它从大气中吸入含有水分和灰尘的空气，经压缩后，空气温度提高到140～180℃，这时空气压缩机气缸中的润滑油也部分成为气态，这样油分、水分以及灰尘便形成混合的胶体微尘与杂质混在压缩空气中一同排出。如果将此压缩空气直接输送给气动装置使用，将会产生下列影响：

1）混在压缩空气中的油蒸气可能聚集在气罐、管道、气动系统的容器中形成易燃物，有引起爆炸的危险；另一方面，润滑油被汽化后，会形成一种有机酸，对金属设备、气动装置有腐蚀作用，影响设备的寿命。

2）混在压缩空气中的杂质能沉积在管道和气动组件的通道内，减小了通道面积，增大了管道阻力。特别是对内径只有0.2～0.5mm的某些气动组件会造成阻塞，使压力信号不能正确传递，整个气动系统不能稳定工作甚至失灵。

3）压缩空气中含有的饱和水分，在一定的条件下会凝结成水，并聚集在个别管道中。在寒冷的冬季，凝结的水会使管道及附件结冰而损坏，影响气动装置的正常工作。

4）压缩空气中的灰尘等杂质，对气动系统中作往复运动或转动的气动组件（如气缸、气马达、气动换向阀等）的运动副会产生研磨作用，使这些组件因漏气而降低效率，影响它的使用寿命。

因此气源装置必须设置一些除油、除水、除尘，并使压缩空气干燥，提高压缩空气质量，进行气源净化处理的辅助设备。

2. 压缩空气站的组成及布置

压缩空气站的设备一般包括产生压缩空气的空气压缩机和使气源净化的辅助设备。图9-1所示为压缩空气站设备组成及布置示意图。

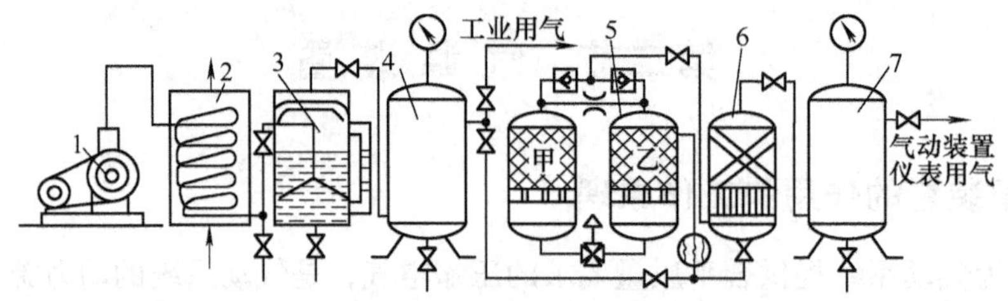

图9-1 压缩空气站设备组成及布置示意图

1—空气压缩机 2—后冷却器 3—油水分离器

4、7—气罐 5—干燥器 6—过滤器

在图9-1中，1为空气压缩机，用以产生压缩空气，一般由电动机带动。其吸气口装有空气过滤器以减少进入空气压缩机的杂质量。2为后冷却器，用以降温冷却压缩空气，使净化的水凝结出来。3为油水分离器，用以分离并排出降温冷却的水滴、油滴、杂质等。4为气罐，用以贮存压缩空气，稳定压缩空气的压力并除去部分油分和水分。5为干燥器，用以进一步吸收或排除压缩空气中的水分和油分，使之成为干燥空气。6为过滤器，用以进一步过滤压缩空气中的灰尘、杂质颗粒。4和7为气罐。气罐4输出的压缩空气可用于一般要求的气压传动系统，气罐7输出的压缩空气可用于要求较高的气动系统（如气动仪表及射流组件组成的控制回路等）。气源处理装置的组成及布置由用气设备确定，图中未画出。

（1）空气压缩机的分类及选用原则

1）分类。空气压缩机是一种气压发生装置，它是将机械能转化成气体压力能的能量转换装置，其种类很多，分类形式也有数种。如按其工作原理则可分为容积型压缩机（见图9-2）和速度型（叶片式）压缩机（见图9-3），容积型压缩机的工作原理是压缩气体的体积，使单位体积内气体分子的密度增大以提高压缩空气的压力。速度型压缩机的工作原理是提高气体分子的运动速度，然后使气体的动能转化为压力能以提高压缩空气的压力。容积式压缩机按结构不同又可分为活塞式、膜片式和螺杆式等，速度式按结构不同可分为离心式和轴流式等。目前，使用最广泛的是活塞式压缩机。

2）空气压缩机的选用原则。选用空气压缩机的根据是气压传动系统所需要的工作压力和流量两个参数。一般空气压缩机为中压空气压缩机，额定排气压力为1MPa。另外还有低压空气压缩机，排气压力0.2MPa；高压空气压缩机，排气压力为10MPa；超高压空气压缩机，排气压力为100MPa。

整个气动系统对压缩空气流量的需求再加一定的备用量为选择空气压缩机的流量依据。空气压缩机铭牌上的流量是自由空气流量。

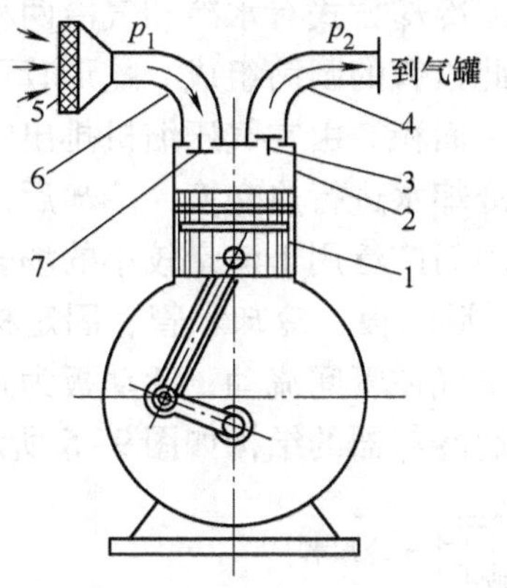

图9-2　容积式空气压缩机

—活塞　2—气缸　3、7—单向阀

—排气管　5—过滤器　6—吸气管

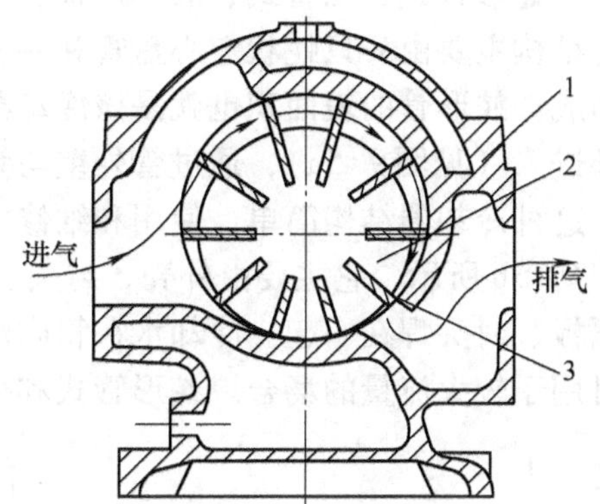

图9-3　叶片式空气压缩机

1—定子　2—转子　3—叶片

(2) 空气压缩机的工作原理　气压传动系统中最常用的空气压缩机是往复活塞式，其工作原理如图9-4所示。当活塞3向右运动时，气缸2内活塞左腔的压力低于大气压力，吸气阀9被打开，空气在大气压力作用下进入气缸2内，这个过程称为吸气过程；当活塞向左移动时，吸气阀9在缸内压缩气体的作用下而关闭，缸内气体被压缩，这个过程称为压缩过程；当气缸内空气压力增高到略高于输气管内压力后，排气阀1被打开，压缩空气进入输气管道，这个过程称为排气过程。活塞3的往复运动是由电动机带动曲柄转动，通过连杆、滑块、活塞杆转化为直线往复运动而产生的。图中只表示了一个活塞与一个气缸的空气压缩机，大多数空气压缩机是多气缸多活塞的组合。

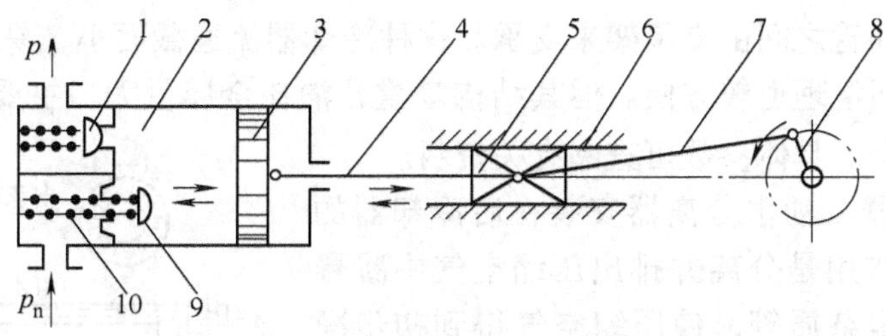

图9-4　往复活塞式空气压缩机工作原理图

1—排气阀　2—气缸　3—活塞　4—活塞杆　5、6—十字头与滑道

7—连杆　8—曲柄　9—吸气阀　10—弹簧

二、气动辅助组件的工作原理及选用

气动辅助组件分为气源净化装置和其他辅助组件两大类。

1. 气源净化装置

压缩空气净化装置一般包括：后冷却器、油水分离器、气罐、干燥器、过滤器等。

（1）后冷却器　后冷却器安装在空气压缩机出口处的管道上。它的作用是将空气压缩机排出的压缩空气温度由140～170℃降至40～50℃。这样就可使压缩空气中的油雾和水汽迅速达到饱和，使其大部分析出并凝结成油滴和水滴，以便经油水分离器排出。后冷却器的结构形式有：蛇形管式、列管式、散热片式、管套式。冷却方式有水冷和气冷两种。蛇形管式冷却器的结构主要由一只蛇状空心盘管和一只盛装此盘管的圆筒组成。蛇形管可用铜管或钢管弯制而成，蛇形管的表面积也就是该冷却器的散热面积。由空气压缩机排出的热空气由蛇形管上部进入（见图9-5a），通过管外壁与管外的冷却水进行热交换，冷却后，由蛇形管下部输出。这种冷却器结构简单，使用和维修方便，因而广泛用于流量较小的场合。列管式冷却器如图9-5b所示，它主要由外壳、封头、隔板、活动板、冷却水管、固定板组成。冷却水管与隔板、封头焊在一起。冷却水在管内流动，空气在管间流动，活动板为月牙形。这种冷却器可用于较大流量的场合。蛇形管式和列管式后冷却器的结构如图9-5所示。

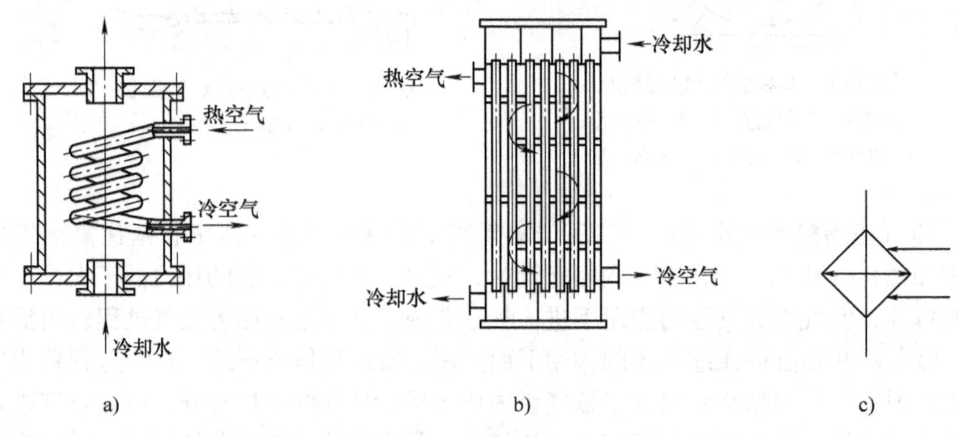

图9-5　后冷却器

a）蛇形管式　b）列管式　c）图形符号

另外一种常用的后冷却器是套管式冷却器，其结构如图9-6所示。压缩空气在外管与内管之间流动，内、外管之间由支承架来支承。这种冷却器流通截面小，易达到高速流动，有利于散热冷却。管间清理也较方便。但其结构笨重，消耗金属量大，主要用在流量不太大、散热面积较小的场合。具体参数可查阅有关资料。

（2）油水分离器　油水分离器安装在后冷却器的出口管道上，它的作用是分离并排出压缩空气中凝聚的油分、水分和灰尘杂质等，使压缩空气得到初步净化。油水分离器的结构形式有环形回转式、撞击折回式、离心旋转式、水浴式以及以上形式的组合使用等。图9-7所示为撞击折回并回转式油水分离器的结构形式，它的工作原理是：当压缩空气由入口进入分离器壳体后，气流先受到隔板阻挡而被撞击折回向下（见图中箭头所示流向）；之后又上升产生环形回转，这样

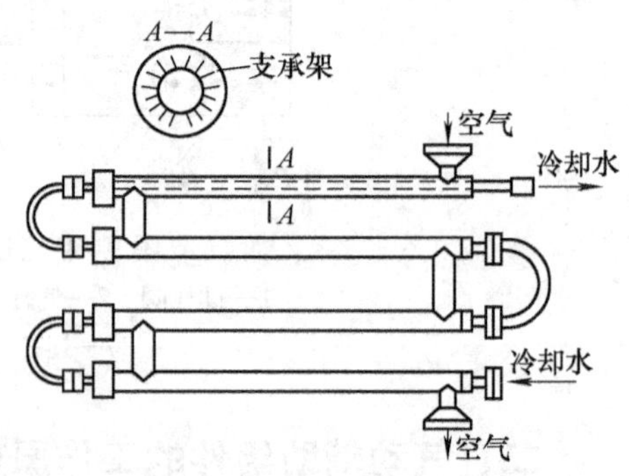

图9-6　套管式冷却器

凝聚在压缩空气中的油滴、水滴等杂质受惯性力作用而分离析出，沉降于壳体底部，由放水阀定期排出。为提高油水分离效果，应控制气流在回转后上升的速度不超过0.3～0.5m/s。

（3）气罐　气罐的作用是消除压力波动，保证输出气流的连续性；贮存一定数量的压缩空气，调节用气量或发生故障和临时需要时应急使用；进一步分离压缩空气中的水分和油分。气罐一般采用圆筒状焊接结构，有立式和卧式两种，一般以立式居多。立式气罐（见图9-8）的高度为其直径 D 的 2～3 倍，同时应使进气管在下，出气管在上，并尽可能加大两管之间的距离，以利于进一步分离空气中的油水。同时，每个气罐应有以下附件：

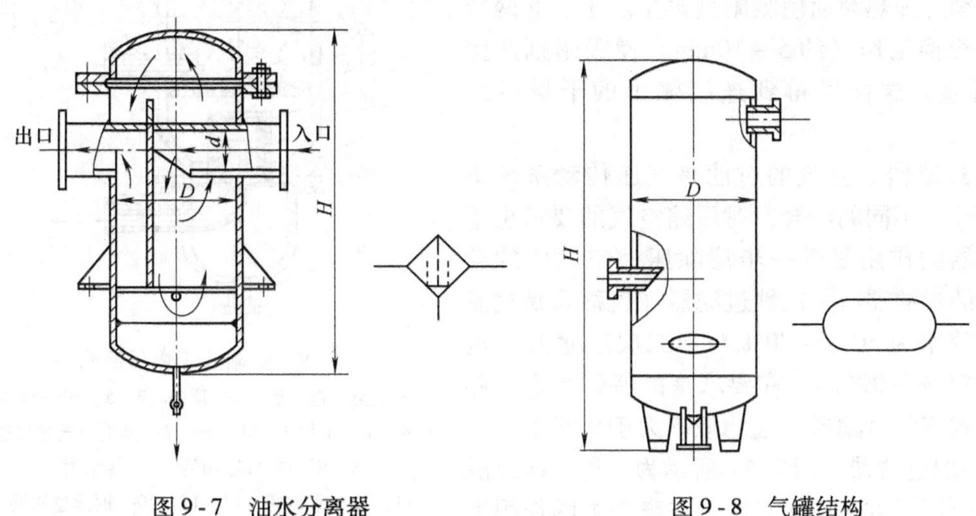

图9-7　油水分离器　　图9-8　气罐结构

1）调整极限压力的安全阀，其调定压力通常比正常工作压力高10%。

2）清理、检查用的孔口。

3）指示气罐内空气压力的压力表。

4）气罐的底部应有排放油水的接管。

在选择气罐的容积 V_c 时，一般都是以空气压缩机每分钟的排气量 q 为依据的。即

当 $q<6.0\text{m}^3/\text{min}$ 时，取 $V_c=1.2\text{m}^3$；

当 $q=6.0\sim30\text{m}^3/\text{min}$ 时，取 $V_c=1.2\sim4.5\text{m}^3$；

当 $q>30\text{m}^3/\text{min}$ 时，取 $V_c=4.5\text{m}^3$。

（4）干燥器　经过后冷却器、油水分离器和气罐后得到初步净化的压缩空气，已能够满足一般气压传动的需要。但压缩空气中仍含一定量的油、水以及少量的粉尘。如果用于精密的气动装置、气动仪表等，上述压缩空气还必须进行干燥处理。

压缩空气的干燥主要采用吸附法和冷却法。

吸附法是利用具有吸附性能的吸附剂（如硅胶、铝胶或分子筛等）来吸附压缩空气中含有的水分，而使其干燥；冷却法是利用制冷设备使空气冷却到一定的露点温度，析出空气中超过饱和水蒸气部分的多余水分，从而达到所需的干燥度。吸附法是干燥处理方法中应用最为普遍的一种方法。吸附式干燥器的结构如图9-9所示。它的外壳呈筒形，其中分层设置栅板、吸附剂、滤网等。湿空气从管1进入干燥器，通过上部吸附剂层21、钢丝过滤网20、上栅板19和下部吸附剂层16后，因其中的水分被吸附剂吸收而变得很干燥。然后，再

经过钢丝过滤网15、下栅板14和钢丝过滤网12，干燥、洁净的压缩空气便从输出管8排出。

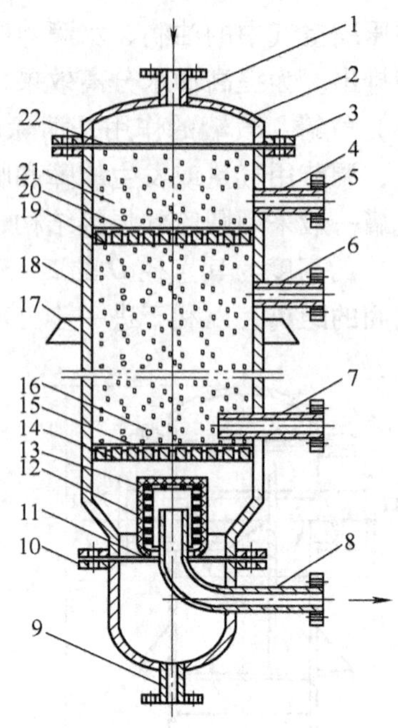

图9-9　吸附式干燥器结构图

1—湿空气进气管　2—顶盖　3、5、10—法兰　4、6—再生空气排气管　7—再生空气进气管　8—干燥空气输出管　9—排水管　11、22—密封座　12、15、20—钢丝过滤网　13—毛毡　14—下栅板　16、21—吸附剂层　17—支承板　18—筒体　19—上栅板

图9-10所示为一种不加热再生式干燥器，它有两个填满干燥剂的相同容器，空气从一个容器的下部流到上部，水分被干燥剂吸收而得到干燥，一部分干燥后的空气又从另一个容器的上部流到下部，从饱和的干燥剂中把水分带走并放入大气，即实现了不须外加热源而使吸附剂再生。Ⅰ、Ⅱ两容器定期的交换工作（约5～10min）使吸附剂产生吸附和再生，这样可得到连续输出的干燥压缩空气。

(5) 过滤器　空气的过滤是气压传动系统中的重要环节。不同的场合，对压缩空气的要求也不同。过滤器的作用是进一步滤除压缩空气中的杂质。常用的过滤器有一次性过滤器（也称简易过滤器，过滤效率为50%～70%）和二次过滤器（过滤效率为70%～99%）。在要求高的特殊场合，还可使用高效率的过滤器（过滤效率大于99%）。

1）一次过滤器。图9-11所示为一种一次过滤器，气流由切线方向进入筒内，在离心力的作用下分离出液滴，然后气体由下而上通过多片钢板、毛毡、硅胶、焦炭、滤网等过滤吸附材料，干燥清洁的空气从筒顶输出。

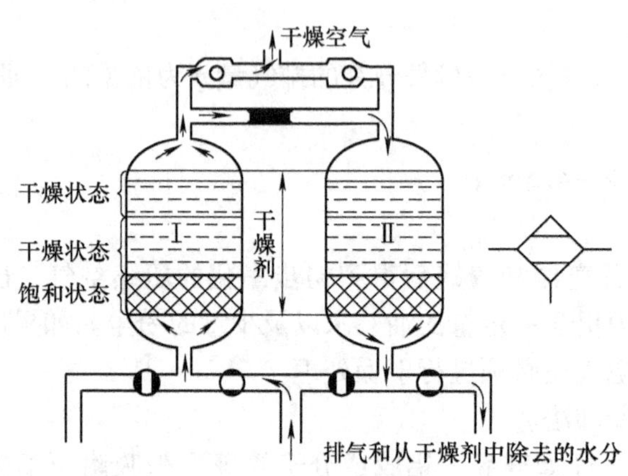

图9-10　不加热再生式干燥器

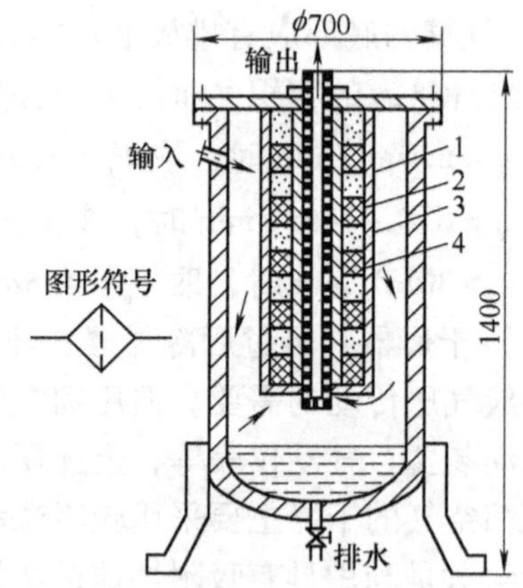

图9-11　一次过滤器结构图

1—ϕ10密孔网　2—280目细钢丝网　3—焦炭　4—硅胶等

2）分水滤气器。分水滤气器过滤能力较强，属于二次过滤器。它和减压阀、油雾器一起被称为气源处理装置，是气动系统不可缺少的辅助组件。气源处理装置的安装次序一般

为：分水滤气器→减压阀→油雾器。普通分水滤气器的结构如图 9-12 所示。其工作原理如下：压缩空气从输入口进入后，被引入旋风叶子1，旋风叶子上有很多小缺口，使空气沿切线反向产生剧烈的旋转，这样夹杂在气体中的较大水滴、油滴、灰尘（主要是水滴）便获得较大的离心力，并以高速与存水杯 3 内壁发生碰撞，而从气体中分离出来，沉淀于存水杯 3 中，然后气体通过中间的滤芯 2，部分灰尘、雾状水被滤芯 2 拦截而滤去，洁净的空气便从输出口输出。挡水板 4 的作用是防止气体漩涡将杯中积存的污水卷起而破坏过滤作用。为保证分水滤气器正常工作，必须及时将存水杯中的污水通过手动排水阀5 放掉。在某些人工排水不方便的场合，可采用自动排水式分水滤气器。因此分水滤气器必须垂直安装，并将排水阀朝下。存水杯由透明材料制成，便于观察工作情况、污水情况和滤芯污染情况。滤芯目前采用铜粒烧结而成，发现油污过多，可采用酒精清洗，干燥后再装上，可继续使用。但是这种过滤器只能滤除固体和液体杂质，因此，使用时应尽可能装在能使空气中的水分变成液态的部位或防止液体进入的部位，如气动设备的气源入口处。

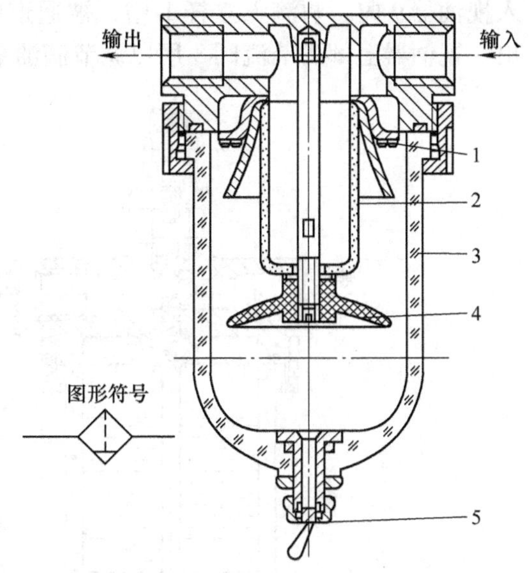

图 9-12　普通分水滤气器结构图
1—旋风叶子　2—滤芯　3—存水杯
4—挡水板　5—手动排水阀

2. 其他辅助组件

（1）油雾器　油雾器是以压缩空气为动力，将润滑油喷射成雾状并混合于压缩空气中，使该压缩空气具有润滑气动组件的能力。目前，气动控制阀、气缸和气马达主要是靠这种带有油雾的压缩空气来实现润滑的，其优点是方便、干净、润滑质量高。

1）油雾器的工作原理。油雾器的工作原理如图 9-13 所示。假设气流通过文氏管后压力降为 p_2，当输入压力 p_1 和输出压力 p_2 的压差 Δp 大于把油吸引到排出口所需压力 ρgh 时，油被吸上，在排出口形成油雾并随压缩空气输送出去。若已知输入压力为 p_1，通过文氏管后压降为 p_2，而 $\Delta p = p_1 - p_2$，但因油的粘性阻力是阻止油液向上运动的力，因此实际需要的压差要大于 ρgh。粘度较高的油吸上时所需的压差就较大；相反，粘度较低的油吸上时所需的压差就小一些。但是粘度较低的油即使雾化也容易沉积在管道上，很难到达所期望的润滑地点。因此在气动装置中要正确选择润滑油的牌号，一般选用 HU20 ~ HU30 汽轮机（透平）油。

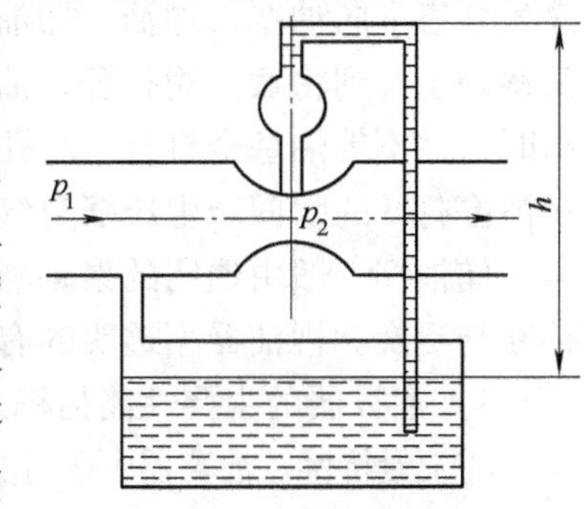

图 9-13　油雾器工作原理

2）普通型油雾器结构简介。图 9-14 所示为普通型油雾器的结构图。压缩空气从输入口进入后，通过立杆 1 上的小孔进入截止阀座 4 的腔内，在截止阀阀芯 2 的上下表面形成压差，此压差被弹簧 3 的部分弹簧力所平衡，而使阀芯处于中间位置，因而压缩空气就进入储油杯 5 的上腔 c，油面受压，压力油经吸油管 6 将单向阀 7 的阀芯托起，阀芯上部管道有一个边长小于阀芯（钢球）直径的四方孔，使阀芯不能将上部管道封死，压力油能不断地流入视油器9内，再滴入立杆1中，被通道中的气流从小孔中引射出来，雾化后从输出口输出。视油器上部的节流阀8用以调节滴油量，可在0~200滴/min范围内调节。

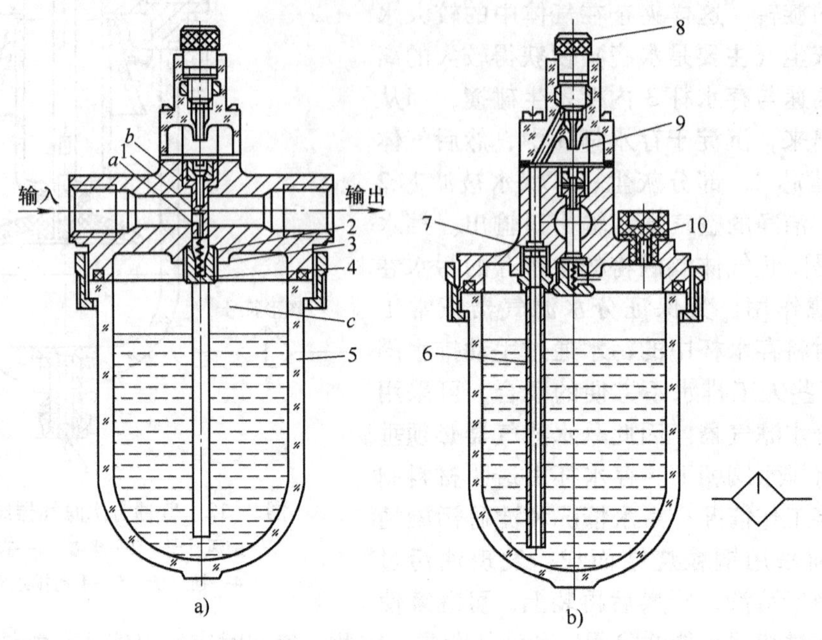

图9-14　普通型油雾器

1—立杆　2—阀芯　3—弹簧　4—截止阀座　5—储油杯
6—吸油管　7—单向阀　8—节流阀　9—视油器　10—油塞

普通型油雾器能在进气状态下加油，这时只要拧松油塞10后，储油杯上腔便通大气，同时输入进来的压缩空气将阀芯2压在截止阀座4上，切断压缩空气进入c腔的通道。又由于吸油管6中单向阀7的作用，压缩空气也不会从吸油管倒灌到储油杯中，所以就可以在不停气状态下向油塞口加油。加油完毕，拧上油塞。由于截止阀稍有泄漏，储油杯上腔的压力又逐渐上升到将截止阀打开，油雾器又重新开始工作。油塞上开有半截小孔，当油塞向外拧出时，并不等油塞全打开，小孔就已经与外界相通，油杯中的压缩空气逐渐向外排空，以免在油塞打开的瞬间产生压缩空气突然排放的现象。

储油杯一般由透明的聚碳酸酯制成，能清楚地看到杯中的储油量和清洁程度，以便及时补充与更换。视油器用透明的有机玻璃制成，能清楚地看到油雾器的滴油情况。

3）油雾器的主要性能指标。

①流量特性。油雾器中通过其额定流量时，输入压力与输出压力之差一般不超过0.15MPa。

②起雾空气流量。当油位处于最高位置，节流阀8全开（见图5-14），气流压力为0.5MPa时，最小起雾空气流量规定为额定空气流量的40%。

③油雾粒径。在规定的试验压力（0.5MPa）下，输油量为30滴/min，其粒径不大于50μm。

④加油后恢复滴油的时间。加油完毕后，油雾器不能马上滴油，要经过一定的时间，在额定工作状态下，一般为20~30s。

油雾器在使用中一定要垂直安装，它可以单独使用，也可以以空气过滤器、减压阀和油雾器三件联合使用，组成气源处理装置，使之具有过滤、减压和油雾的功能。联合使用时，其顺序应为空气过滤器→减压阀→油雾器，不能颠倒，安装中气源调节装置应尽量靠近气动设备，距离不应大于5m。

（2）消声器　气压传动装置的噪声一般都比较大，尤其当压缩气体直接从气缸或阀中排向大气时，较高的压差使气体体积急剧膨胀，产生涡流，引起气体的振动，发出强烈的噪声，为消除这种噪声应安装消声器。消声器是指能阻止声音传播而允许气流通过的一种气动组件，气动装置中的消声器主要有阻性消声器、抗性消声器及阻抗复合消声器三大类。

1）阻性消声器。阻性消声器主要利用吸声材料（玻璃纤维、毛毡、泡沫塑料、烧结金属、烧结陶瓷以及烧结塑料等）来降低噪声。在气体流动的管道内固定吸声材料，或按一定方式在管道中排列，这就构成了阻性消声器。当气流流入时，一部分声音能被吸收材料吸收，起到消声作用。这种消声器能在较宽的中高频范围内消声，特别对刺耳的高频声波消声效果更为显著。图9-15所示为其结构示意图。

2）抗性消声器。抗性消声器又称声学滤波器，是根据声学滤波原理制造的，它具有良好的低频消声性能，但消声频带窄，对高频消声效果差。抗性消声器最简单的结构是一段管件，如将一段粗而长的塑料管接在组件的排气口，气流在管道里膨胀、扩散、反射、相互干涉而消声。

3）阻抗复合消声器。阻抗复合消声器是综合上述两种消声器的特点而构成的，这种消声器既有阻性吸声材料，又有抗性消声器的干涉等作用，能在很宽的频率范围内起消声作用。

（3）转换器　在气动控制系统中，也与其他自动控制装置一样，有发信、控制和执行部分，其控制部分工作介质为气体，而信号传感部分和执行部分不一定全用气体，可能用电或液体传输，这就要通过转换器来转换。常用的转换器有：气-电、电-气、气-液转换器等。

1）气-电转换器及电-气转换器。气-电转换器是将压缩空气的气信号转变成电信号的装置，即用气信号（气体压力）接通或断开电路的装置，也称之为压力继电器。

压力继电器按信号压力的大小可分为低压型（0～0.1MPa）、中压型（0.1～0.6MPa）和高压型（>1.0MPa）三种。图9-16所示为高中压型压力继电器的原理图，气压为p的压

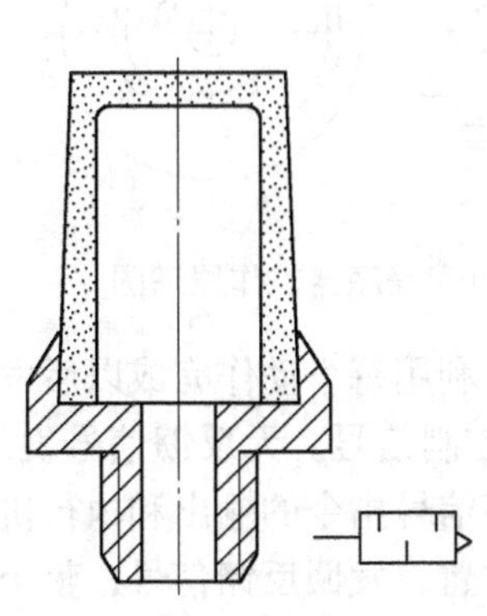

图9-15　阻性消声器结构

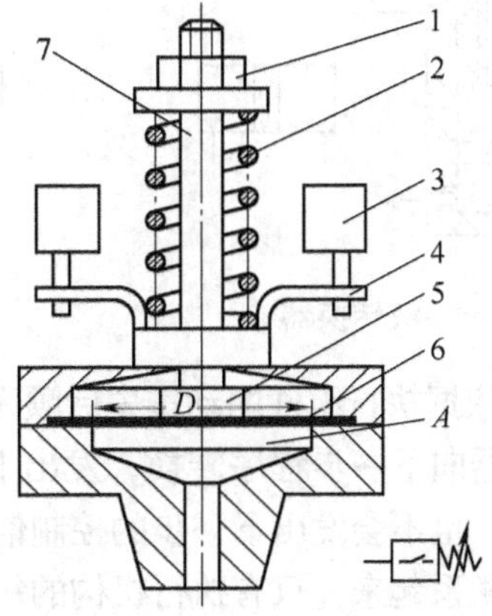

图9-16　高中压型压力继电器

1—螺母　2—弹簧　3—微动开关　4—爪枢　5—圆盘　6—膜片　7—顶杆

缩空气进入 A 室后，膜片 6 受压产生推力，该力推动圆盘 5 和顶杆 7 克服弹簧 2 的弹簧力向上移动，同时带动爪枢4，使两个微动开关 3 发出电信号。旋转定压螺母 1，可以调节控制压力范围。调压范围分别是 0.025 ~ 0.5MPa、0.065 ~ 1.2MPa 和 0.6 ~ 3.0MPa 三种。这种压力继电器结构简单，调压方便。在安装气-电转换器时应避免安装在振动较大的地方，且不应倾斜和倒置，以免使控制失灵，产生误动作，造成事故。

电-气转换器的作用正好与气-电转换器相反，它是将电信号转换成气信号的装置。实际上各种电磁换向阀都可作为电-气转换器。

2）气-液转换器。气动系统中常用到气-液阻尼缸或液压缸作执行组件，以求获得较平稳的速度，因而就需要一种把气信号转换成液压信号的装置，这就是气-液转换器。其种类主要有两种：一种是直接作用式，即在筒式容器内，压缩空气直接作用在液面上，或通过活塞、隔膜等作用在液面上，推压液体以同样的压力向外输出。图 9 - 17 所示为气-液直接接触式转换器，当压缩空气由上部输入管输入后，经过管道末端的缓冲装置使压缩空气作用在液压油面上，因而液压油即以压缩空气相同的压力由转换器主体下部的排油孔输出到液压缸，使其动作。气-液转换器的储油量应不小于液压缸最大有效容积的 1.5 倍。另一种气-液转换器是换向阀式，它是一个气控液压换向阀。采用气控液压换向阀，需要另外备有液压源。

（4）程序器　程序器是一种控制装置，其作用是储存各种预定的工作程序，按预先制定的特定顺序发出信号，使其他控制装置或执行机构以需要的次序自动动作。程序器一般有时间程序器和行程程序器两种。

时间程序器是依据动作时间的先后安排工作程序或按预定的时间间隔顺序发出信号的程序器。其结构形式有码盘式、凸轮式、棘轮式、穿孔带式、穿孔卡式等。常见的是码盘式和凸轮式。图 9 - 18 所示为一码盘式程序器的工作原理图。把一个开有槽或孔的圆盘固定在一根旋转轴上，盘轴随同减速机构或同步电动机按一定的速度转动，在圆盘两侧面装有发信管和接收管。由发信管发出的气信号在圆盘无孔、槽的地方被挡住，接收管无信号输出；在圆盘上有孔或槽的地方，发信管的信号由接收管接收，并送入相应的控制线路，完成相应的过程控制，此带孔或槽的圆盘一般称为码盘。

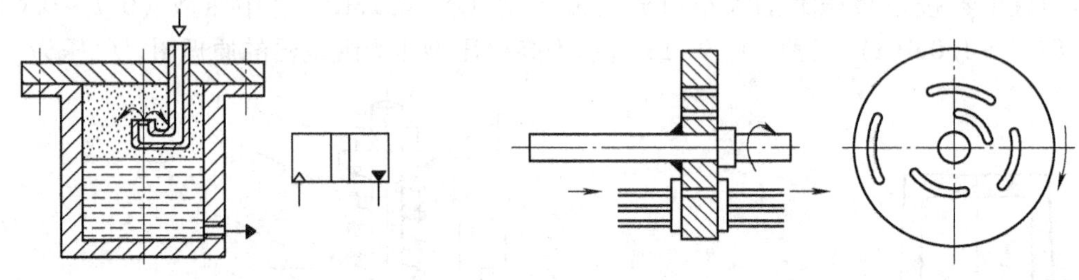

图 9 - 17　气-液转换器　　图 9 - 18　码盘式时间程序器工作原理图

行程程序器是依据执行组件的动作先后顺序安排工作程序，并利用每个动作完成以后发回的反馈信号控制程序器向下一步程序转换，发出下一步程序相应的控制信号。无反馈信号发回时，程序器就不能转换，也不会发出下一步的控制信号。这样就使程序信号指令的输出和执行机构的每一步动作有机地联系起来，只有执行机构的每一步都到达预定位置，发回反馈信号，整个系统才能一步一步地按预先选定的程序工作。行程程序器也有多种结构形式，此处不作详细介绍。

（5）延时器　气动延时器的工作原理如图 9 - 19 所示，当输入气体分两路进入延时器时，由于节流口1的作用，膜片2下腔的气压首先升高，使膜片2堵住喷嘴3，切断气室4的排气通路；同时，输入气体经节流口1向气室缓慢充气。当气室4的压力逐渐上升到一定压力时，膜片5堵住上喷嘴6，切断低压气源的排气通路，于是输出口S便有信号输出，这个输出信号S发出的时间在输入信号A以后延迟了一段时间，延迟时间的大小取决于节流口的大小、气室的大小及膜片5的刚度。当输入信号消失后，膜片2复位，气室内的气体经下喷嘴排空；膜片5复位，气源经上喷嘴排空。当输出端无输出、节流口1可调时，该延时器称为可调式延时器，反之称为固定式延时器。

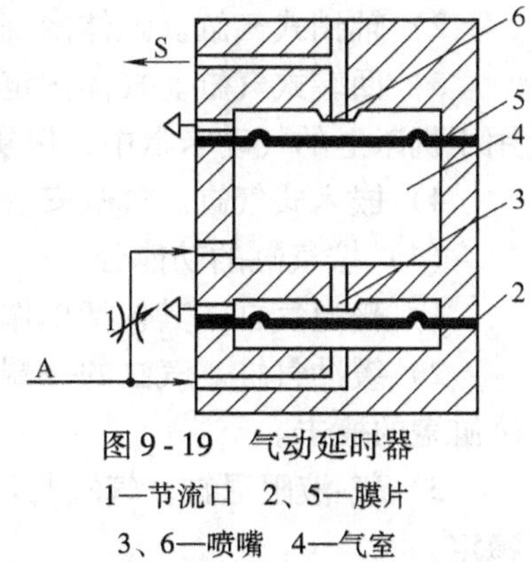

图9-19 气动延时器
1—节流口 2、5—膜片
3、6—喷嘴 4—气室

(6) 管道连接件 管道连接件包括管子和各种管接头。有了管子和各种管接头，才能把气动控制组件、气动执行组件以及辅助组件等连接成一个完整的气动控制系统，因此，实际应用中，管道连接件是不可缺少的。

管子可分为硬管和软管两种。如总气管和支气管等一些固定不动的、不需要经常装拆的地方，使用硬管。连接运动部件和临时使用、希望装拆方便的管路应使用软管。硬管有铁管、铜管、黄铜管、纯铜管和硬塑料管等；软管有塑料管、尼龙管、橡胶管、金属编织塑料管以及挠性金属管等。常用的是纯铜管和尼龙管。

气动系统中使用的管接头的结构及工作原理与液压管接头基本相似，分为卡套式、扩口螺纹式、卡箍式、插入快换式等。

第三节 气动执行元件

气动执行元件是将压缩空气的压力能转化为机械能的元件。它驱动机构作直线往复、摆动或回转运动，其输出为力或转矩。气动执行元件可以分为气缸和气马达。

一、气缸

1. 气缸的分类

气缸是气动系统中使用最多的一种执行元件，根据使用条件不同，其结构、形状也有多种形式。常用的分类方法有以下几种：

(1) 按压缩空气对活塞端面作用力的方向分

1) 单作用气缸。气缸只有一个方向的运动是气压传动，活塞的复位靠弹簧力或自重和其他外力。

2) 双作用气缸。双作用气缸的往返运动全靠压缩空气来完成。

(2) 按气缸的结构特征分

1) 活塞式气缸。

2) 薄膜式气缸。

3) 伸缩式气缸。

(3) 按气缸的安装形式分

1) 固定式气缸。气缸安装在机体上固定不动，有耳座式、凸缘式和法兰式。

2）轴销式气缸。缸体围绕一固定轴可作一定角度的摆动。

3）回转式气缸。缸体固定在机床主轴上，可随机床主轴作高速旋转运动。这种气缸常用于机床上的气动卡盘中，以实现工件的自动装卡。

4）嵌入式气缸。气缸安装在夹具本体内。

（4）按气缸的功能分

1）普通气缸。其包括单作用式和双作用式气缸。常用于无特殊要求的场合。

2）缓冲气缸。气缸的一端或两端带有缓冲装置，以防止和减轻活塞运动到端点时对气缸缸盖的撞击。

3）气-液阻尼缸。气缸与液压缸串联，可控制气缸活塞的运动速度，并使其速度相对稳定。

4）摆动气缸。其用于要求气缸叶片轴在一定角度内绕轴线回转的场合，如夹具转位、阀门的启闭等。

5）冲击气缸。其是一种以活塞杆高速运动形成冲击力的高能缸，可用于冲压、切断等。

6）步进气缸。其是一种根据不同的控制信号使活塞杆伸出至不同的相应位置的气缸。

2. 气缸的工作特性

气缸的工作特性是指气缸的输出力、气缸内压力的变化以及气缸的运动速度等静态和动态特性。由于它们的影响因素很多，有很多问题尚在研究之中，因而在此仅作一些简单的介绍。

（1）气缸的输出力　单作用式气缸（见图9-20a）的输出推力为

$$F_0 = \frac{\pi}{4}D^2p - F_f \tag{9-10}$$

式中，F_0 为理论输出推力（N）；D 为缸径（mm）；p 为使用压力（MPa）（表压）；F_f 为摩擦阻力（包括活塞与气缸内壁以及活塞杆和气缸密封圈的摩擦阻力等）。

双作用式气缸（见图9-20b）输出的推力为

$$F_0 = \frac{\pi}{4}D^2p \tag{9-11}$$

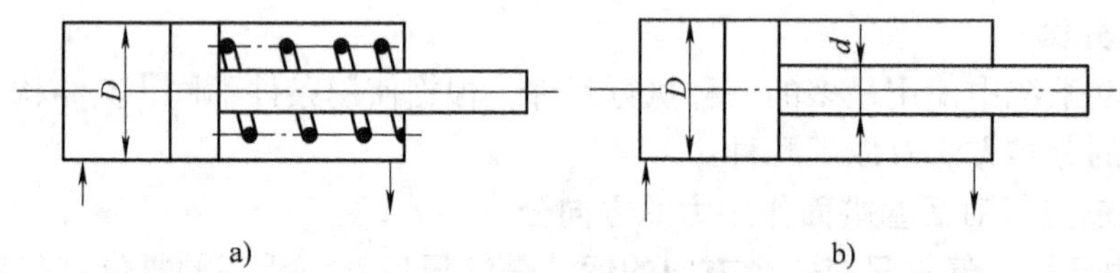

图9-20　气缸工作的原理简图

（2）气缸的压力特性　气缸的压力特性是指气缸内压力变化的特性。

气缸通常被活塞分为进气腔和排气腔，当向进气腔输入压缩空气时，排气腔处于排气状态。当两腔的压差所形成的力刚好克服各种阻力负载时，活塞就开始运动。当无负载时，这个开始运动所需要的压力仅需0.02～0.05MPa。在气缸运动过程中，进气腔压力逐步升高至气源压力，排气腔则逐渐降低压力。进排气腔中的气体压力是随时间变化的，其变化曲线通常称为气缸的压力特性曲线。

由于气缸的压力特性曲线变化过程比较复杂，现只能作定性说明。在换向阀切换以前，进气腔中的气体压力为大气压。当方向阀切换后，进气腔与气源接通，因进气腔容积小，气体将很快充满并升至气源压力。排气腔则不同，起动前其腔中压力为气源压力，因为排气腔的容积大，腔中气体压力的下降速度要比进气腔中压力上升的速度缓慢得多。当两腔的压差超过起动压差后，就开始起动。也就是说，从方向阀换向到气缸起动，是需要一定时间的。

起动以后，活塞所受的摩擦阻力从静摩擦力转为动摩擦力而变小，使活塞加速运动。由于活塞的运动，进气腔容积相对增大，只要补充气源充足，活塞就继续运动。另一方面，排气腔容积在不断减小，而且其容积的相对减少量越来越大，因此在不断的排气过程中腔中压力继续下降，并总是小于进气腔压力。活塞在两腔压差作用下继续前进。

当气缸行程较长，且活塞杆上有负载时，会产生进排气速度与活塞速度相平衡的情况，这时压力特性曲线将趋于水平，活塞在两腔不变压差的推动下匀速前进。

当活塞运动到末端时，排气腔压力急剧下降，直至大气压力；进气腔压力再次急剧上升，直至气源压力。这种较大的压差很容易形成气缸的冲击，因而在气缸的设计中要考虑设置缓冲装置。

（3）气缸的速度　由于活塞两侧压力的变化比较复杂，因而推动活塞的力的变化也比较复杂。再加上气体的可压缩性，要使气缸保持准确的运动速度是比较困难的。通常，气缸的平均运动速度可按进气量的大小求出，即

$$v = \frac{q}{A} \tag{9-12}$$

式中，q 为压缩空气的流量；A 为活塞的有效面积。

气缸在一般工作条件下，其平均速度约为 0.5m/s。

（4）气缸的耗气量　耗气量可分为最大耗气量和平均耗气量。最大耗气量是气缸以最大速度运动时所需的理论空气流量，平均耗气量是气缸在系统的一个工作循环周期内所消耗的理论空气流量。最大耗气量用来选定空气处理元件、控制阀及配管尺寸，平均耗气量用于选定空压机、计算运转成本。两者共同用于选定气罐的容积。

3. 气缸的结构

目前最常用的是标准气缸，其结构和参数都已系列化、标准化、通用化。其他几种较为典型的特殊气缸有气-液阻尼缸、薄膜式气缸和冲击式气缸等。

（1）标准气缸　标准气缸有用“QG”表示的原机械部设计的气缸，分别用符号“A、B、C、D、H”表示普通、标准杆缓冲、粗杆缓冲、气-液阻尼和回转气缸。为防止气缸在行程末端时，活塞以很大的速度（一般为 1m/s 左右）撞击端盖，引起气缸振动和损坏，常采用带有缓冲装置的缓冲气缸。

缓冲气缸的缓冲装置结构如图 9-21 所示，通常由缓冲柱塞 1、柱塞孔 2、节流阀 3 和单向阀 4 构成。当活塞运动到行程终点，接近缓冲柱塞孔时，主排气道即被堵死，活塞进入到缓冲行程，这时活塞至端盖的距离称为缓冲长度 z 。在缓冲行程中，环形空间的空气被活塞绝热压缩使压力升高形成气垫，以吸收活塞运动部件的能量，使活塞等运动部件达到减速的目的，即把运动部件的动能变成气体的压力能。为此，缓冲装置的设计，就是要保证运动部件的动能被缓冲腔内的压缩空气所吸收，所以缓冲柱塞要有足够的行程长度 z 和直径 d。

（2）几种常用的特殊气缸

1）气-液阻尼缸。普通气缸工作时，由于气体的压缩性，当外部载荷变化较大时，会产

生爬行或自走现象，使气缸的工作不稳定。为了使气缸运动平稳，普遍采用气-液阻尼缸。

气-液阻尼缸是由气缸和液压缸组合而成，它的工作原理如图9-22所示。它是以压缩空气为能源，并利用油液的不可压缩性和控制油液排量来获得活塞的平稳运动和调节活塞的运动速度。它将液压缸和气缸串联成一个整体，两个活塞固定在一根活塞杆上。当气缸右端供气时，气缸活塞克服外负载并带动液压缸活塞同时向左运动，此时液压缸左腔排油、单向阀关闭，油液只能经节流阀缓慢流入液压缸右腔，对整个活塞的运动起阻尼作用。调节节流阀的阀口大小就能达到调节活塞运动速度的目的。当压缩空气经换向阀从气缸左腔进入时，液压缸右腔排油，此时因单向阀开启，活塞能快速返回原来位置。

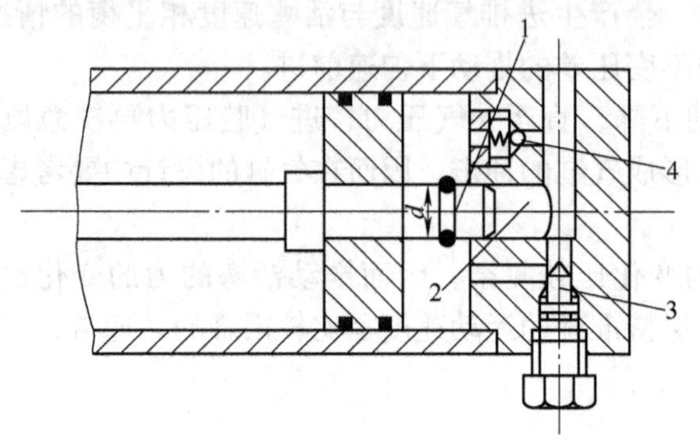

图9-21　缓冲气缸的缓冲装置

1—缓冲柱塞　2—柱塞孔　3—节流阀　4—单向阀

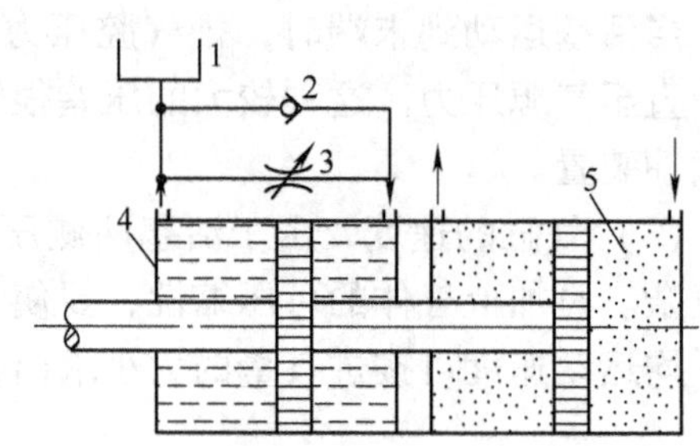

图9-22　气-液阻尼缸的工作原理图

1—油箱　2—单向阀　3—节流阀　4—液压缸　5—气缸

这种气-液阻尼缸的结构一般是将双活塞杆缸作为液压缸。因为这样可使液压缸两腔的排油量相等，此时油箱内的油液只用来补充因液压缸泄漏而减少的油量，一般用油杯就行了。

2）薄膜式气缸。薄膜式气缸是一种利用压缩空气通过膜片推动活塞杆作往复直线运动的气缸。它由缸体、膜片、膜盘和活塞杆等主要零件组成。其功能类似于活塞式气缸，它分单作用式和双作用式两种，如图9-23所示。

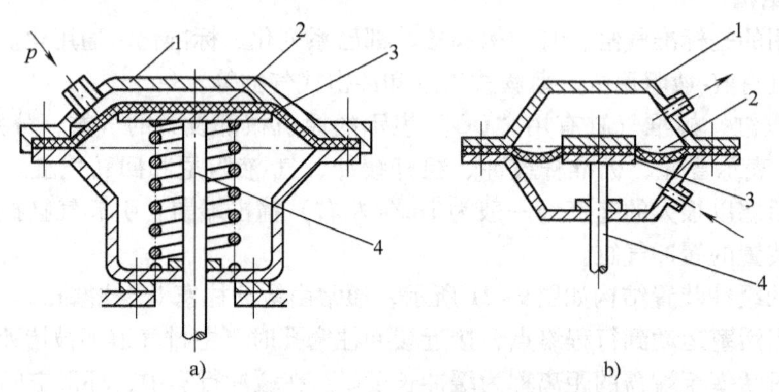

图9-23　薄膜式气缸的结构简图

a）单作用式　b）双作用式

1—缸体　2—膜片　3—膜盘　4—活塞杆

薄膜式气缸的膜片可以做成盘形膜片和平膜片两种形式。膜片材料为夹织物橡胶、钢片或磷青铜片，常用的是夹织物橡胶，橡胶的厚度为5～6mm，有时也可为1～3mm。金属式膜片只用于行程较小的薄膜式气缸中。

薄膜式气缸和活塞式气缸相比较，具有结构简单、紧凑、制造容易、成本低、维修方便、寿命长、泄漏小、效率高等优点。但是膜片的变形量有限，故其行程短，一般不超过40~50mm，且气缸活塞杆上的输出力随着行程的加大而减小。

3）冲击气缸。冲击气缸是一种体积小、结构简单、易于制造、耗气功率小但能产生相当大的冲击力的一种特殊气缸。与普通气缸相比，冲击气缸的结构特点是增加了一个具有一定容积的蓄能腔和喷嘴。它的工作原理如图9-24所示。

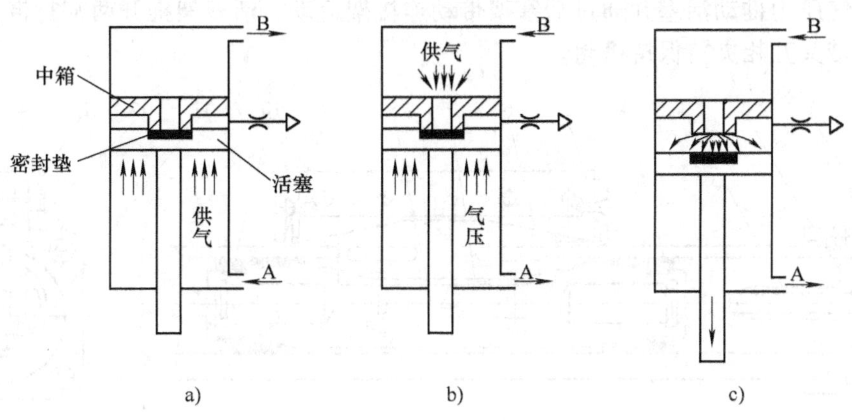

图9-24　冲击气缸的工作原理图

冲击气缸的整个工作过程可简单地分为三个阶段。第一个阶段如图9-24a所示，压缩空气由孔A输入冲击缸的下腔，蓄气腔经孔B排气，活塞上升并用密封垫封住喷嘴，中盖和活塞间的环形空间经排气孔与大气相通。第二阶段如图9-24b所示，压缩空气改由孔B进气，输入蓄气缸中，冲击缸下腔经孔A排气。由于活塞上端气压作用在面积较小的喷嘴上，而活塞下端受力面积较大，一般设计成喷嘴面积的9倍，缸下腔的压力虽因排气而下降，但此时活塞下端向上的作用力仍然大于活塞上端向下的作用力。第三阶段如图9-24c所示，蓄气缸的压力继续增大，冲击缸下腔的压力继续降低，当蓄气缸内的压力高于活塞下腔压力9倍时，活塞开始向下移动，活塞一旦离开喷嘴，蓄气缸内的高压气体便迅速充入到活塞与中间盖间的空间，使活塞上端受力面积突然增加9倍，于是活塞将以极大的加速度向下运动，气体的压力能转换成活塞的动能。在冲程达到一定时，获得最大冲击速度和能量，利用这个能量对工件进行冲击做功，可产生很大的冲击力。

4）摆动气马达。摆动气马达是将压缩空气的压力能转变成气马达输出轴的有限回转的机械能，多用于安装位置受到限制，或转动角度小于360°的回转工作部件，例如夹具的回转、阀门的开启、转塔车床转塔的转位以及自动线上物料的转位等场合。

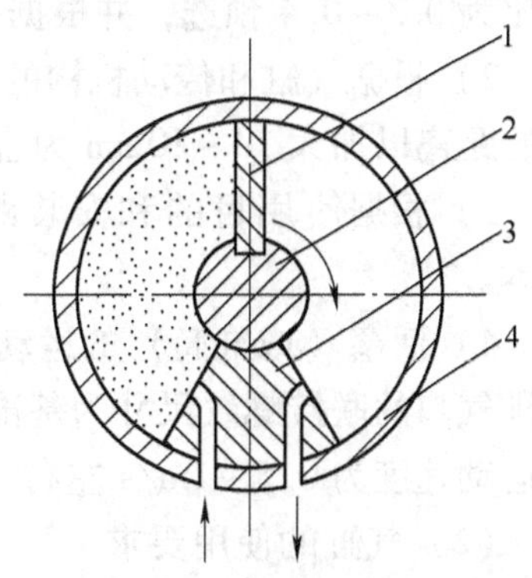

图9-25　摆动气马达

1—叶片　2—转子　3—定子　4—缸体

图9-25所示为单叶片式摆动气马达的工作原理图，定子3与缸体4固定在一起 t，叶片1和转子2（输出轴）连接在一起，当左腔进气时，转子顺时针转动；反之，转

子则逆时针转动。转子可做成图示的单叶片式，也可做成双叶片式。这种气马达的耗气量一般都较大。这种气马达的输出转矩和角速度与摆动式液压马达相同，故不再重复。

5）无杆气缸。图9-26所示为机械接触式无杆气缸，它在不等壁厚的铝质缸筒较薄处沿长度方向开槽，槽上设有内、外密封带。内密封带在气压力作用下压向缸筒起密封作用，外密封带作防尘用。有一马鞍形活塞架由槽缝突出于外侧并将活塞运动直接传于连接架上。活塞架又将内外密封带分开，内密封带从活塞架中穿过，外密封带则在活塞架顶部与连接架之间。未被活塞架分开处的内外密封带相互夹持在缸筒槽上起密封作用，它们的两端都固定在缸盖上。气压力推动活塞并通过活塞架带动连接架运动，活塞架推开两密封带，等活塞通过后两密封带又互相夹持保持密封。

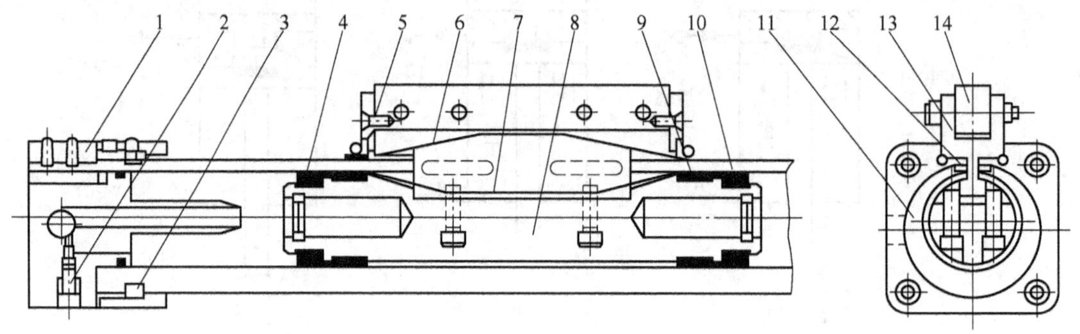

图9-26　无杆气缸

1—缸盖　2—缓冲阀　3—卡环　4—缓冲密封圈　5—除尘器　6—外密封带
7—内密封带　8—活塞　9—耐磨环　10—活塞密封圈　11—缸筒
12—滑动支撑片　13—活塞架　14—连接架

4. 气缸的选择和使用要求

使用气缸时应尽可能选择标准气缸，向专业厂家订购，如有特殊要求并无法订购时才设法自行设计制造。

（1）气缸的选择要点

1）根据气缸的负载及其运动状态确定负载力和负载率；再根据使用压力应小于气源压力的85%的原则确定使用压力；对单作用气缸按杆径与缸径比为0.5，双作用气缸杆径与缸径比为0.3~0.4预选，并根据一定公式求出缸径D，将所求得D值标准化即可。

2）根据气缸和传动机构的实际运行距离来预定气缸的行程，为便于安装调试，对计算出的距离以加大10~20mm为宜，但不能太长，以免增大耗气量。

3）根据使用目的和安装距离确定气缸的种类和安装形式。可参考相关手册或产品样本。

4）活塞（或缸筒）的运动速度主要取决于气缸进、排气口及导管内径，选取时以气缸进排气口的联接螺纹尺寸为基准。为获得缓慢而平稳的运动可采用气-液阻尼缸。普通气缸的运动速度为0.5~1m/s左右，对高速运动的气缸应选用缓冲缸或在回路中加缓冲装置。

（2）气缸的使用要求

1）气缸的一般工作条件是：周围环境及介质温度为5~70℃，工作压力为0.4~0.6MPa（表压），超出此范围时，应考虑使用特殊密封材料及十分干燥的空气。

2）安装前应在1.5倍的工作压力下试压，不允许有泄漏，安装时要注意受力方向，活塞不允许承受径向载荷。

3）在整个工作行程中负载变化较大时，应使用有足够出力余量的气缸并附加缓冲装置。

4）不使用满行程工作，特别在活塞杆伸出时，以避免撞击损坏零件。

5）注意合理润滑，除无油润滑气缸外应正确设置和调整油雾器，否则将严重影响气缸的运动性能甚至使之不能工作。

二、气马达

气马达也是气动执行组件的一种。它的作用相当于电动机或液压马达，即输出力矩，拖动机构作旋转运动。

1. 气马达的分类及特点

气马达按结构形式可分为：叶片式气马达、活塞式气马达和齿轮式气马达等。最为常见的是活塞式气马达和叶片式气马达。叶片式气马达制造简单，结构紧凑，但低速运动转矩小，低速性能不好，适用于中、低功率的机械，目前在矿山机械及风动工具中应用普遍。活塞式气马达在低速情况下有较大的输出功率，它的低速性能好，适宜于载荷较大和要求低速大转矩的机械，如起重机、绞车、绞盘、拉管机等。

与液压马达相比，气马达具有以下特点：

1）工作安全。可以在易燃易爆场所工作，同时不受高温和振动的影响。

2）可以长时间满载工作而温升较小。

3）可以无级调速。控制进气流量，就能调节马达的转速和功率。额定转速可达每分钟几十转到几十万转。

4）具有较高的起动力矩。可以直接带负载运动。

5）结构简单，操纵方便，维护容易，成本低。

6）输出功率相对较小，最大只有20kW左右。

7）耗气量大，效率低，噪声大。

2. 气马达的工作原理

图9-27a所示为叶片式气马达的工作原理图。它的主要结构和工作原理与液压叶片式马达相似，主要包括一个径向装有3~10个叶片的转子，其偏心安装在定子内，转子两侧有前后盖板（图中未画出），叶片在转子的槽内可径向滑动，叶片底部通有压缩空气，转子转动是靠离心力和叶片底部气压将叶片紧压在定子内表面上。定子内有半圆形的切沟，提供压缩空气及排出废气。

当压缩空气从A口进入定子内，会使叶片带动转子作逆时针方向旋转并产生转矩。废气从排气口C排出；而定子腔内残留气体则从B口排出。如需改变气马达的旋转方向，只需改变进、排气口即可。

图9-27b所示为径向活塞式马达的原理图。压缩空气经进气口进入分配阀（又称配气阀）后再进入气缸，推动活塞及连杆组件运动，使曲柄旋转。曲柄旋转的同时，带动固定在曲轴上的分配阀同步转动，使压缩空气随着分配阀角度位置的改变而进入不同的缸内，依次推动各个活塞运动，由各活塞及连杆带动曲轴连续运转。与此同时，与进气缸相对应的气

缸则处于排气状态。

图 9 - 27c 所示为薄膜式气马达的工作原理图。它实际上是一个薄膜式气缸，当它作往复运动时，通过推杆端部的棘爪使棘轮转动。

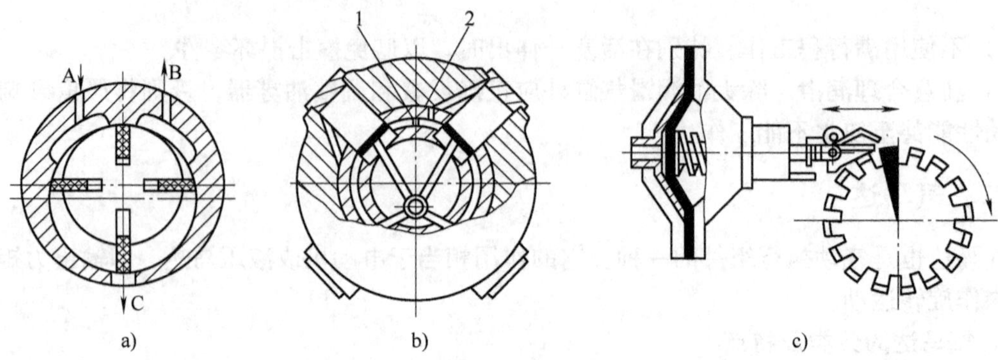

图 9 - 27　气马达的工作原理图

a）叶片式　b）径向活塞式　c）薄膜式

3. 气马达的选择和使用要求

（1）气马达的选择　选择气马达主要从负载状态出发。在变负载场合使用时，主要考虑速度变化范围及满足工作机构所需要的力矩；在均衡负载下使用时，主要考虑工作速度。

（2）气马达的使用　气马达工作适应性很强，在要求无级调速，起动频繁，经常换向，高温潮湿，易燃易爆，带载起动及不便人工操作甚至于有过载可能的场合均可使用。气马达在矿山机械、专机制造、油田、化工、造纸、冶金、船舶、航空、医疗、工程机械等行业和风动工具中已得到广泛应用。

复习思考题

1. 压力 $p=0.4\text{MPa}$（表压），温度 $t=30℃$ 的空气，当相对湿度分别为 90% 和 50% 时，试计算其密度为多少，并说明为什么相对湿度大时密度较小。

2. 空压机吸入标准状态下的空气流量为 $1\text{m}^3/\text{min}$，将大气压力状态下的空气（$p_a=0.1\text{MPa}$，$T_a=283\text{K}$）吸入并压缩后充至 3m^3 的气罐中，问：

1）空压机工作多长时间后，气罐内压力为 0.95MPa，温度为 60℃？

2）当气罐内压缩空气降至环境温度 10℃时，气罐内压力为多少？

3）若气动系统耗气量为 $1\text{m}^3/\text{min}$（ANR），最低工作压力为 0.3MPa，求该系统的工作时间为多少？

3. 简述分水滤气器的工作原理。

4. 说明油雾器的工作过程及特殊单向阀的作用。

5. 叙述气源装置的组成及各元件的主要作用。

6. 为什么气压系统中要设置后冷却器？

7. 叙述设置干燥器的理由。

8. 两种形式的气-液阻尼缸各有什么优缺点？

9. 某单作用气缸的内径 $D=0.1\text{m}$，工作压力 $p=0.5\text{MPa}$（表压），气缸负载率 $\eta=0.5$，复位弹簧刚度 $K_x=2000\text{N/m}$，弹簧预压缩量 $x_0=50\text{mm}$，活塞行程 $L=150\text{mm}$，求其有效推力为多少？

第十章　气压传动控制元件及基本回路

控制元件是指在气动系统中，控制和调节气流流动状态的各种元件。如控制气流的压力、流量和流动方向的三大类阀和有内部可动部件的各种逻辑元件及无相对运动部件的射流元件等，它们都能实现对气流的控制和信号的传递等功能。

第一节　气压传动控制元件的工作原理及选用

一、压力控制阀

压力控制阀的共同工作原理为：利用阀芯或膜片上的气压力与调节控制力（包括弹簧力、电磁力、先导气压力等）相平衡来进行工作。从阀的作用来分可分为三类：第一类是当输入压力变化时，能保证输出压力不变，如减压阀；第二类是用来保持一定的输入压力，如溢流阀；第三类是根据不同压力进行某种控制的，如顺序阀、平衡阀。

气动系统不同于液压系统。一般每个液压系统都自带液压源（液压泵），而在气动系统中，一般由空气压缩机先将空气压缩，储存在气罐内，然后经管路输送给各个气动装置使用。而气罐的空气压力往往比各台设备实际所需要的压力高些，同时其压力波动值也较大。因此需要用减压阀（调压阀）将其压力减小到每台装置所需的压力，并使减压后的压力稳定在所需压力值上。

有些气动回路需要依靠回路中压力的变化来实现控制两个执行组件的顺序动作，所用的这种阀就是顺序阀。顺序阀与单向阀的组合称为单向顺序阀。

所有的气动回路或气罐为了安全起见，当压力超过允许压力值时，需要实现自动向外排气，这种压力控制阀称为安全阀（溢流阀）。

1. 减压阀（调压阀）

一般气源空气压力都高于每台设备所需的压力，且多台设备共用一个气源，故需用减压阀将较高的入口压力调节并降低到符合使用要求的出口压力，并保持调节后出口压力的稳定。气动减压阀也称为调压阀，同液压减压阀一样也是以出口压力为控制信号，使用时应安装在分水滤气器之后，油雾器之前。

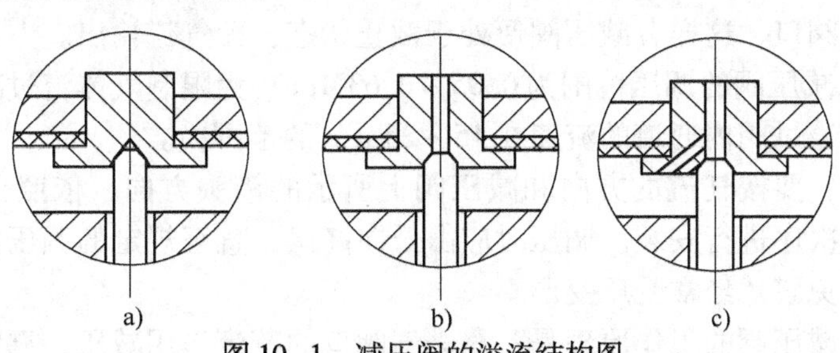

图 10-1　减压阀的溢流结构图

a）非溢流式　b）溢流式　c）恒量排气式

减压阀按压力调节方式可分为直动式和先导式。按溢流结构可分为溢流式、非溢流式和恒量排气式三种，如图 10-1 所示。溢流式减压阀在输出压力超过设定值时，气流从溢流孔中排出，维持输出压力不变；非溢流式没有溢流孔，使用时要另设放气阀（见图 10-2），且需要调整减压阀和放气阀，十分麻烦，故除有毒有害气体外均不采用；恒量排气式始终有微量气体从溢流阀座上的小孔排出，保证了主阀芯的微小开度，避免了咬死现象，提高了稳压精度，但存在泄漏。

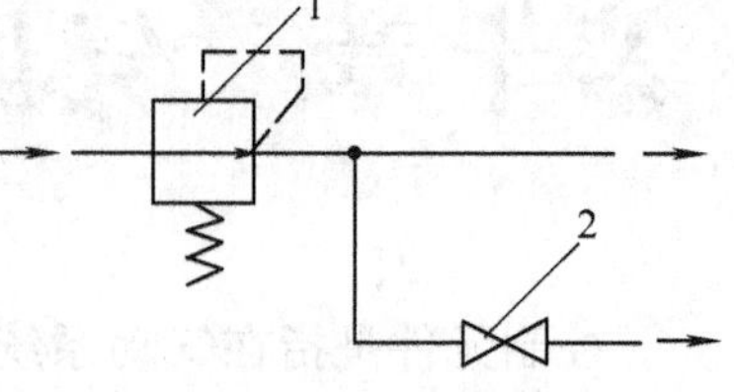

图 10-2　非溢流式减压阀的应用

1—减压阀　2—放气阀

图 10-3 所示为 QTY 型直动式减压阀结构图及其图形符号。其工作原理是：当阀处于工作状态时，调节手柄 1、压缩弹簧 2、3 及膜片 5 通过阀杆 6 使阀芯 8 下移，进气阀口被打开，压缩气体从左端输入，经阀口节流减压后从右端输出。输出气体的一部分由阻尼孔 7 进入膜片气室，在膜片 5 的下方产生一个向上的推力，这个推力总是企图把阀口开度关小，使其输出压力下降。当作用于膜片上的推力与弹簧力相平衡时，减压阀的输出压力便保持一定。

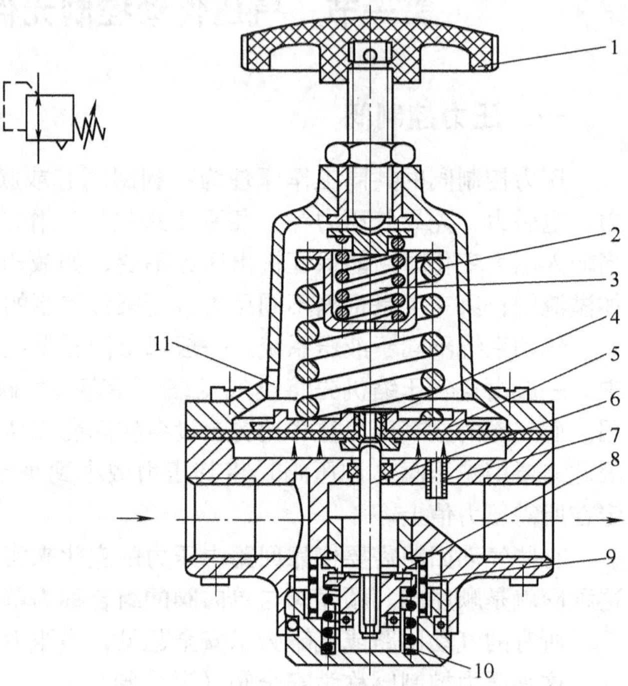

图 10-3　QTY 型直动式减压阀的结构图及其图形符号

1—手柄　2、3—调压弹簧　4—溢流口　5—膜片　6—阀杆　7—阻尼孔　8—阀芯　9—阀座　10—复位弹簧　11—排气孔

当输入压力发生波动时，如输入压力瞬时升高，则输出压力也随之升高，作用于膜片 5 上的气体推力也随之增大，破坏了原来的力的平衡，使膜片 5 向上移动，有少量气体经溢流口 4、排气孔 11 排出。在膜片上移的同时，因复位弹簧 10 的作用，使输出压力下降，直到出现新的平衡为止。重新平衡后的输出压力又基本上恢复至原值。反之，则输出压力瞬时下降，膜片下移，进气口开度增大，节流作用减小，输出压力又基本上回升至原值。

调节手柄 1 使调压弹簧 2、3 恢复自由状态，输出压力降至零，阀芯 8 在复位弹簧 10 的作用下，关闭进气阀口，这样，减压阀便处于截止状态，无气流输出。

QTY 型直动式减压阀的调压范围为 0.05～0.63MPa。为限制气体流过减压阀所造成的压力损失，规定气体通过阀内通道的流速在 15～25m/s 的范围内。

安装减压阀时，要按气流的方向和减压阀上所示的箭头方向，依照分水滤气器—减压阀—油雾器的安装次序进行安装。调压时应由低向高调，直至规定的调压值为止。阀不用时应把手柄放松，以免膜片经常受压变形。

总之，溢流式减压阀的工作原理是：靠进气阀口的节流作用减压，靠膜片上的力的平衡作用和溢流孔的溢流作用稳压，靠调节手轮通过改变弹簧力来获得可调范围内的任意输出压力。

当减压阀的输出压力较高或通径较大时，用调压弹簧直接调压，则弹簧刚度必然过大，流量变化时，输出压力波动也较大，阀的结构尺寸也会很大。为克服上述缺点可采用先导式减压阀。

先导式减压阀的基本工作原理与直动式减压阀相同，只是用小型直动式减压阀调整好的压缩空气的作用力来代替调压弹簧力进行调压。若将这个小型直动式减压阀与主阀合为一体，则称为内部先导式减压阀。若将其与主阀分离，则称为外部先导式减压阀，这种阀便于远距离控制。图 10-4 所示便是一种内部先导式减压阀的结构原理图。

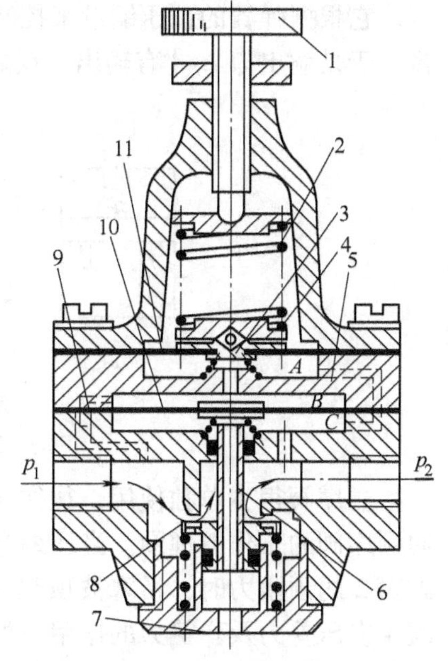

图 10-4　内部先导式减压阀结构原理图
1—旋钮　2—调压弹簧　3—挡板
4—喷嘴　5—孔道　6—阀芯
7—排气阀口　8—进气阀口
9—固定节流口　10、11—膜片
A—上气室　B—中气室　C—下气室

内部先导式减压阀在主阀与先导阀之间增加了由喷嘴 4、膜片 11 上的挡板 3 和固定节流孔 9 及气室 *B* 组成的喷嘴挡板阀（以下简称喷挡阀）。当喷嘴 4 与挡板 3 间的距离发生微小变化时，就会使 *B* 室（相当于直动式减压阀的调压弹簧腔）中的压力发生明显变化（一般此距离在0 ~0.2mm 之间变化时，*B* 室压力可由气源压力变至当地大气压），从而使膜片 10 发生较大位移，并控制阀芯 6，使之上下移动而关小或开大进气阀口 8，起到节流减压作用。喷挡阀的使用提高了对阀芯控制的灵敏度和稳压精度。

内部先导式减压阀的工作过程如下：调压手柄放松即未调压时气流因进气阀口 8 关闭，p_2 无输出。有一股先导气流由 p_1 经固定节流口 9 至 *B* 室，通过喷嘴 4 到 *A* 室，再由孔道 5 到 *C* 室经阀芯 6 的中心孔至排气口 7 排入大气。这股由喷嘴排空的微量气体是维持喷挡阀工作所必需的，但又是一股无功损耗气流，不能为零，但越小越好。当顺时针转动手柄调压后，调压弹簧 2 被压缩，使得膜片 11 下降，挡板 3 与喷嘴 4 之间距离变小，喷挡阀进入工作状态。*B* 室压力升高使膜片 10 下降，堵死阀芯 6 的中心排气孔后，使阀芯 6 下降从而将进气阀口 8 打开形成节流口，p_1 进气经节流减压至 p_2 输出。

工作过程中，输出压力 p_2 经反馈孔至 *C* 室形成 p_C，p_C 与 *B* 室压力 p_B 相平衡；同时 p_2 又经孔道反馈至 *A* 室形成 p_A 与调节弹簧相平衡，这两个平衡共同来保持调定的 p_2 值。

若因某种原因使 p_2 升高（例如 p_1 升高或负载流量下降），则 p_C 必然升高，同时 p_A 也升高。p_A 升高使膜片 11 上的力的平衡被破坏，引起膜片 11 升高，挡板 3 和喷嘴 4 间距变大，引起 p_B 下降。这时膜片 10 上面的压力 p_B 下降，下面的压力 p_C 升高故其会迅速升高。在复位弹簧作用下，主阀芯 6 升起，进气阀口 8 关小，节流作用加强而使得 p_2 减小至新的平衡。这样 p_2 便会稳定在手柄调定的数值，反之亦然。

另有一种称为定值器的高精度内部先导式减压阀，其输出压力波动不大于最大输出压力的 1%，但最大输出压力只有 0.1MPa 和 0.25MPa 两种。这种减压阀实质就是在前述内部先导式减压阀的基础上，在固定节流口 9 前或后增加了一个称为稳压阀的等差减压阀。由此保证了固定节流口（即喷挡阀）的流量为一常数，从而大大提高了灵敏度而得到了高精度的 p_2 值。但因其结构复杂，输出压力又低，故仅用于需要精确气源和信号压力的场合。

2. 顺序阀

顺序阀是依靠回路中压力的作用控制执行组件按顺序动作的压力控制阀，如图 10-5 所示，它根据弹簧的预压缩量来控制其开启压力。当输入压力达到或超过开启压力时，顶开弹簧，于是输出口 A 才有输出；反之 A 无输出。

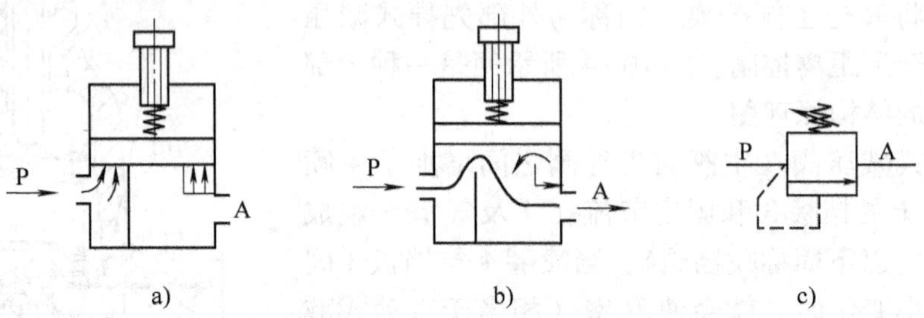

图 10-5　顺序阀的工作原理图

a）关闭状态　b）开启状态　c）图形符号

顺序阀很少单独使用，往往与单向阀配合在一起，构成单向顺序阀。图 10-6 所示为单向顺序阀的工作原理图。当压缩空气由左端进入阀腔后，作用于活塞 3 上的气压力超过压缩弹簧 2 的预紧力时，活塞被顶起，压缩空气从输出口 A 输出，如图 10-6a 所示，此时单向阀 4 在压差力及弹簧力的作用下处于关闭状态。反向流动时，输入侧变成排气口，输出侧压力将顶开单向阀 4 由 O 口排气，如图 10-6b 所示。

调节旋钮就可改变单向顺序阀的开启压力，以便在不同的开启压力下，控制执行组件的顺序动作。

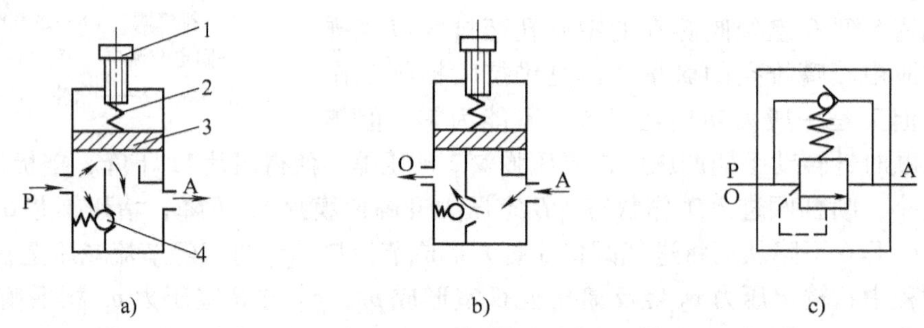

图 10-6　单向顺序阀的工作原理图

a）关闭状态　b）开启状态　c）图形符号

1—旋钮　2—弹簧　3—活塞　4—单向阀

3. 安全阀

当气罐或回路中压力超过某调定值时，要用安全阀向外放气，安全阀在系统中起过载保护作用。

图 10-7 所示为安全阀的工作原理图。当系统中气体压力小于调定压力时，作用在活塞 3 上的压力小于弹簧 2 的预紧力，活塞处于关闭状态（见图 10-7a）。当系统压力升高，作用在活塞 3 上的压力大于弹簧 2 的预紧力时，活塞 3 向上移动，阀门开启排气（见

图 10-7b)。直到系统压力降到调定范围以下，活塞又重新关闭。开启压力的大小与弹簧的预压缩量有关。

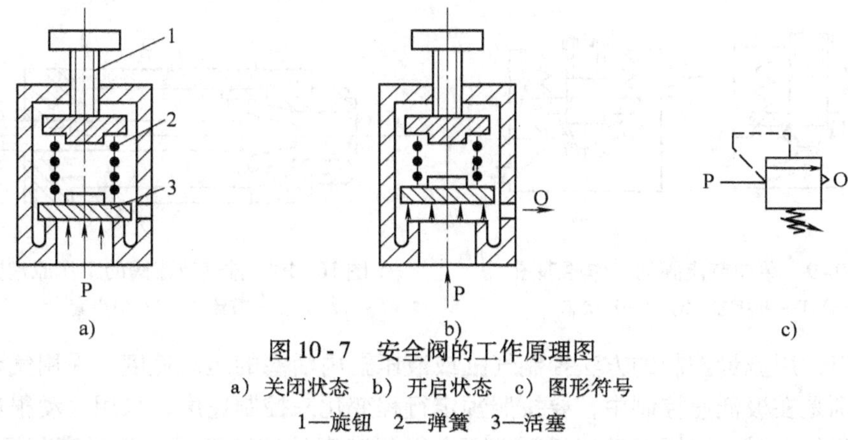

图 10-7 安全阀的工作原理图

a）关闭状态 b）开启状态 c）图形符号

1—旋钮 2—弹簧 3—活塞

二、流量控制阀

在气压传动系统中，有时需要控制气缸的运动速度，有时需要控制换向阀的切换时间和气动信号的传递速度，这些都需要通过调节压缩空气的流量来实现。流量控制阀就是通过改变阀的通流截面面积来实现流量控制的组件。流量控制阀包括节流阀、单向节流阀、排气节流阀和快速排气阀等。

1. 节流阀

按节流口形状分有针阀型、三角沟槽型和圆柱斜切型三种。气压传动系统要求节流阀的调节范围大，阀芯位移量与通过的流量呈线性关系。由于节流口形状对调节特性影响较大，不同形式的节流口各有特点，使用中应区别对待。一般来说，针阀型小开度时调节较灵敏，线性度较好，但大开度时灵敏度差；三角沟槽型的通流截面面积与阀芯位移量的线性关系好，但小开度时调节较困难；圆柱斜切型的通流截面面积与阀芯位移量呈指数关系，能实现小流量精密调节，但全程线性度差。

图 10-8 所示为圆柱斜切型节流阀的工作原理图。压缩空气由 P 口进入，经过节流后，由 A 口流出。旋转阀芯螺杆，就可改变节流口的开度，这样就调节了压缩空气的流量。由于这种节流阀的结构简单、体积小，故应用范围较广。

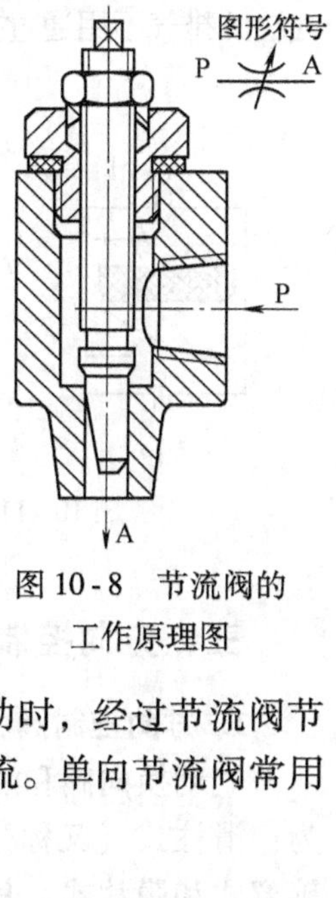

图形符号

图 10-8 节流阀的工作原理图

2. 单向节流阀

单向节流阀是由单向阀和节流阀并联而成的组合式流量控制阀，如图 10-9 所示。当气流沿着一个方向，例如 P→A（见图 10-9a）流动时，经过节流阀节流；反方向（见图 10-9b）流动，即由 A→P 流动时单向阀打开，不节流。单向节流阀常用于气缸的调速和延时回路。

3. 排气节流阀

排气节流阀是装在执行组件的排气口处，调节进入大气中气体流量的一种控制阀。它不仅能调节执行组件的运动速度，还常带有消声器件，所以也能起降低排气噪声的作用。

图 10 - 10 所示为排气节流阀的工作原理图。其工作原理和节流阀类似，靠调节节流口 1 处的通流截面面积来调节排气流量，由消声套 2 来减小排气噪声。

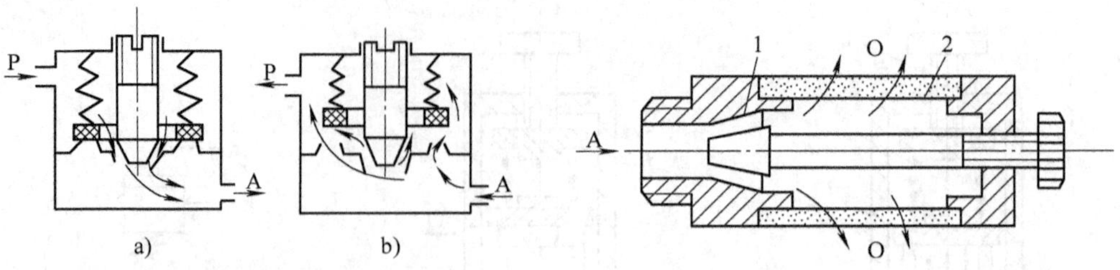

图 10 - 9　单向节流阀的工作原理图

a）P—A 状态　b）A—P 状态

图 10 - 10　排气节流阀的工作原理图

1—节流口　2—消声套

应当指出，用流量控制的方法控制气缸或液压缸内活塞的运动速度，采用气动比采用液压困难。特别是在极低速控制中，要按照预定行程变化来控制速度，只用气动很难实现。在外部负载变化很大时，仅用气动流量阀也不会得到满意的调速效果。为提高其运动平稳性，建议采用气-液联动。

4. 快速排气阀

图 10 - 11 所示为快速排气阀的工作原理图。

进气口进入压缩空气，并将密封活塞迅速上推，开启阀口 2，同时关闭排气口 O，使进气口和工作口 A 相通（见图 10 - 11a）。图 10 - 11b 所示是进气口没有压缩空气进入时，在 A 口和 O 口的压差作用下，密封活塞迅速下降，关闭进气口，使 A 口通过 O 口快速排气。

快速排气阀常安装在换向阀和气缸之间。图 10 - 12 所示为快速排气阀在回路中的应用。它使气缸的排气不用通过换向阀而快速排出，从而加速了气缸往复的运动速度，缩短了工作周期。

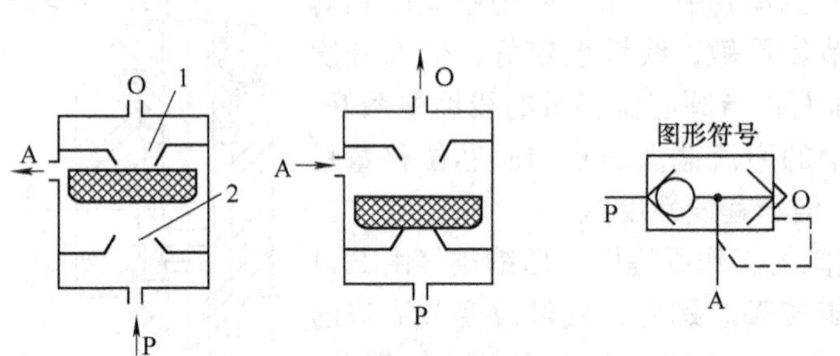

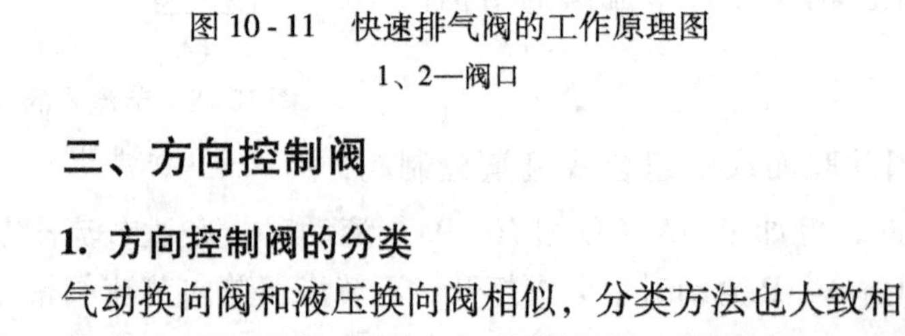

图 10 - 11　快速排气阀的工作原理图

1、2—阀口

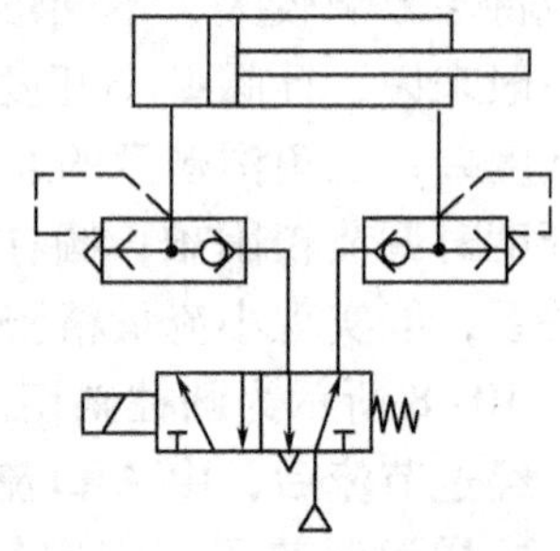

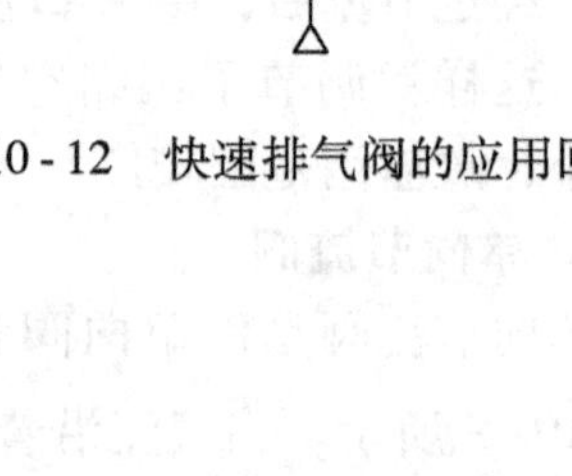

图 10 - 12　快速排气阀的应用回路

三、方向控制阀

1. 方向控制阀的分类

气动换向阀和液压换向阀相似，分类方法也大致相同。气动换向阀按阀芯结构不同可分为：滑柱式（又称柱塞式、也称滑阀）、截止式（又称提动式）、平面式（又称滑块式）、旋塞式和膜片式，其中以截止式换向阀和滑柱式换向阀应用较多；按其控制方式不同可以分为：电磁换向阀、气动换向阀、机动换向阀和手动换向阀，其中后三类换向阀的工作原理和结构与液压换向阀中相对应的阀类基本相同；按其作用特点可以分为：单向型控制阀和换向型控制阀。

2. 单向型控制阀

（1）单向阀 单向阀是指气流只能向一个方向流动而不能反向流动的阀。单向阀的工作原理、结构和图形符号与液压阀中的单向阀基本相同，只不过在气动单向阀中，阀芯和阀座之间有一层胶垫（密封垫），如图 10 - 13 所示。

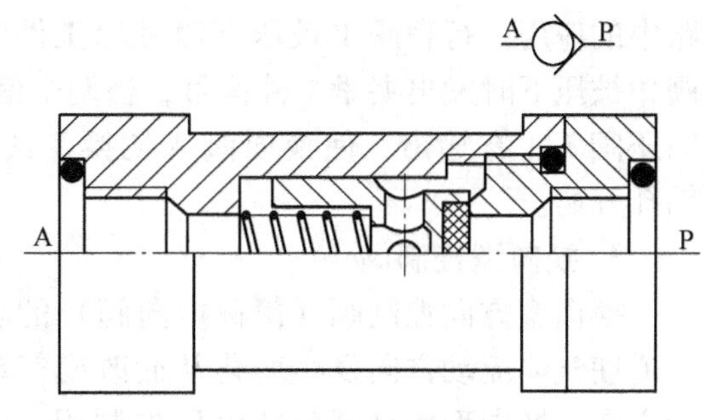

图 10 - 13 单向阀

（2）梭阀 在气压传动系统中，当两个通路 P_1 和 P_2 均与通路 A 相通，而不允许 P_1 与 P_2 相通时，就要采用梭阀。由于其阀芯像织布梭子一样来回运动，因而称之为梭阀。该阀的结构相当于两个单向阀的组合。在气动逻辑回路中，该阀起到或门的作用，是构成逻辑回路的重要元件。图 10 - 14 为梭阀的工作原理图。

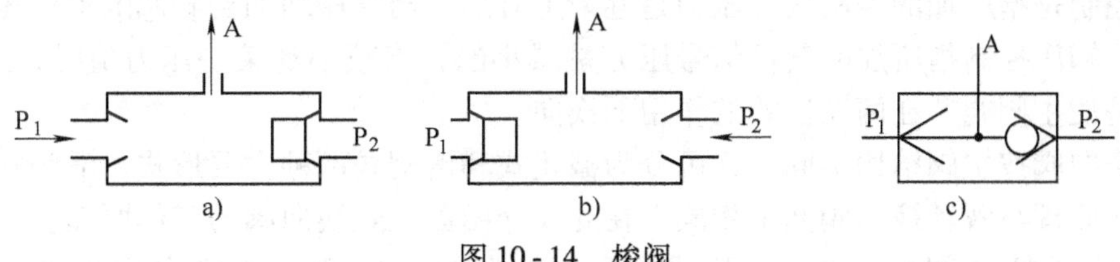

图 10 - 14 梭阀

当通路 P_1 进气时，将阀芯推向右边，通路 P_2 被关闭，于是气流从 P_1 进入通路 A，如图 10 - 13a 所示；反之，气流则从 P_2 进入 A，如图 10 - 14b 所示；当 P_1、P_2 同时进气时，哪端压力高，A 就与哪端相通，另一端就自动关闭。图 10 - 14c 为该阀的图形符号。

梭阀在逻辑回路和程序控制回路中被广泛采用，图 10 - 15 所示为梭阀在手动-自动换向回路中的应用。

（3）双压阀 双压阀只有两个输入口 P_1、P_2 同时进气时，A 口才有输出，它相当于两个单向阀的组合。图 10 - 16 是双压阀的工作原理图。当 P_1 或 P_2 单独有输入时，阀芯被推向右端或左端（见图 10 - 16a、b），此时 A 口无输出；只有当 P_1 和 P_2 同时有输入时，A 口才有输出（见图 10 - 16c）；当 P_1 和 P_2 输入的气体压力不等时，则气压低的通过 A 口输出。图 10 - 16d为该阀的图形符号。

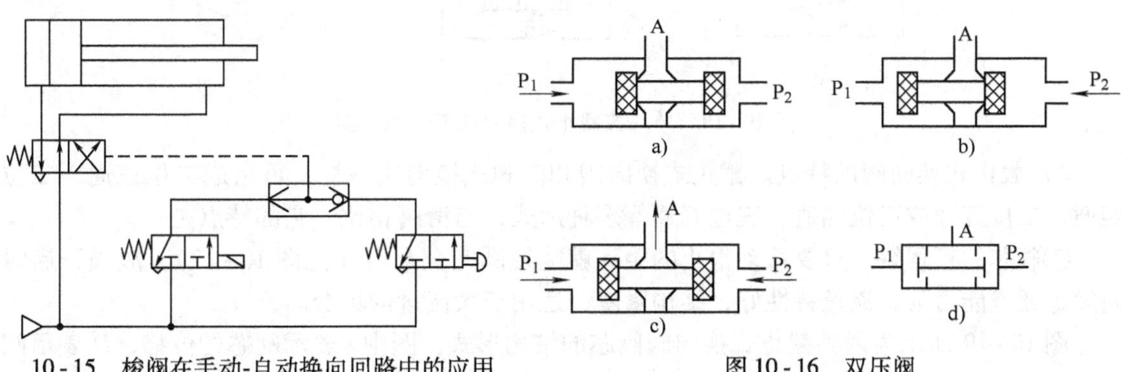

10 - 15 梭阀在手动-自动换向回路中的应用

图 10 - 16 双压阀

双压阀的应用很广泛，图 10 - 17 为该阀在钻床控制回路中的应用。行程阀 1 被压下时发出工件定位信号，行程阀 2 被压下时发出夹紧工件信号，当两个信号同时存在时，双压阀 3 才有输出，使换向阀 4 切换，钻孔气缸 5 进给，钻孔开始。

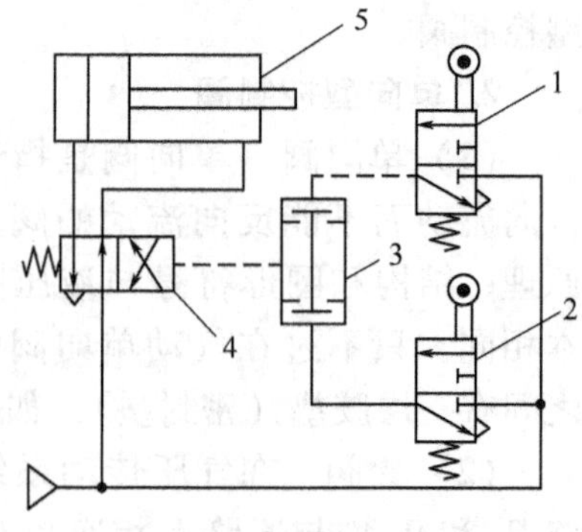

图 10 - 17　双压阀的应用回路
1、2—行程阀　3—双压阀
4—换向阀　5—气缸

3. 换向型控制阀

换向型方向控制阀（简称换向阀）的功用是改变气体通道使气体流动方向发生变化从而改变气动执行元件的运动方向。换向型控制阀包括气压控制阀、电磁控制阀、机械控制阀、人力控制阀和时间控制阀。

（1）气压控制换向阀　气压控制换向阀是利用气体压力来使主阀芯运动而使气体改变流向的，按控制方式不同可分为加压控制、卸压控制和差压控制三种。

加压控制是指所加的控制信号压力是逐渐上升的，当气压增加到阀芯的动作压力时，主阀便换向；卸压控制指所加的气控信号压力是减小的，当减小到某一压力值时，主阀换向；差压控制是使主阀阀芯在两端压差的作用下换向。

气控换向阀按主阀结构不同，又可分为截止式和滑阀式两种主要形式，滑阀式气控阀的结构和工作原理与液动换向阀基本相同，在此仅介绍截止式换向阀的工作原理。

1）截止式换向阀的工作原理。图 10 - 18 为单气控截止式换向阀的工作原理图。图 10 - 18a为没有控制信号 K 时的状态，阀芯在弹簧及 P 腔压力作用下关闭，阀处于排气状态；当输入控制信号 K（见图 10 - 18b）时，主阀芯下移，打开阀口使 P 与 A 相通。故该阀属常闭型二位三通阀，当 P 与 O 换接时，即成为常通型二位三通阀，图 10 - 18c 为其图形符号。

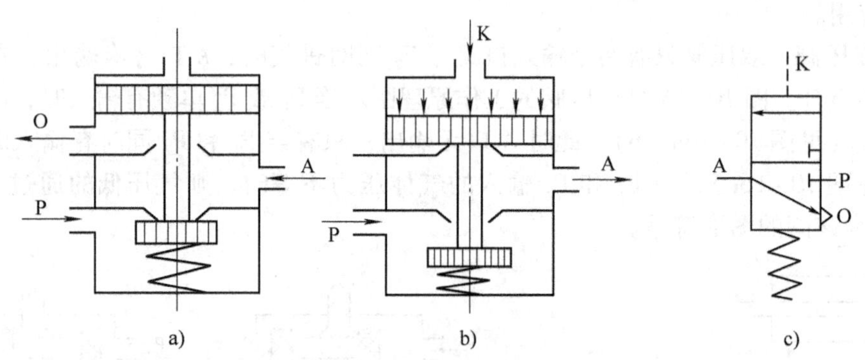

图 10 - 18　单气控截止式换向阀工作原理图

2）截止式换向阀的特点。截止式换向阀和滑阀式换向阀一样，可组成二位三通、二位四通、二位五通或三位四通、三位五通等多种形式，与滑阀相比，它的特点是：

①阀芯的行程短。只要移动很小的距离就能使阀完全开启（见图 10 - 17），故阀开启时间短，通流能力强，流量特性好，结构紧凑，适用于大流量的场合。

图 10 - 19 所示为两种截止式换向阀阀芯的结构形式，图中 l 表示阀芯的位移，D 表示阀座的孔径，d 为阀芯阀杆的直径。当阀芯与阀座间的通流截面面积与阀座内的通流截面面积

相等时阀就完全打开。

对于图 10-19a 所示的情况有 $\pi D^2/4=\pi Dl$，即

$$l=\frac{D}{4} \tag{10-1}$$

对于图 10-19b 所示的情况有 $\pi(D^2-d^2)/4=\pi Dl$，即

$$l=\frac{D^2-d^2}{4D}<\frac{D}{4} \tag{10-2}$$

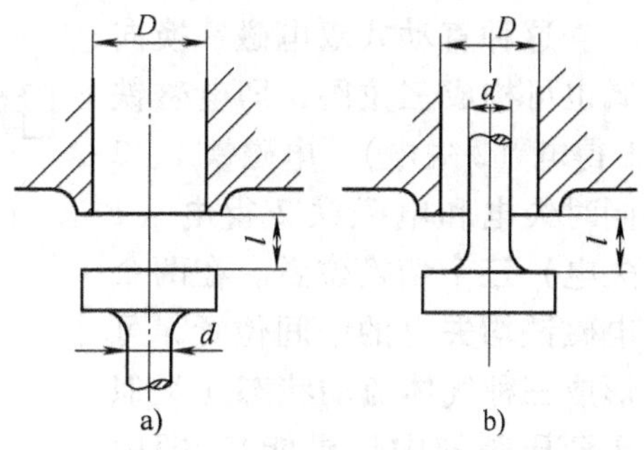

图 10-19 截止式换向阀阀芯的结构形式

由式（10-1）、式（10-2）可知，阀芯的位移只要达到阀座孔径的 1/4 就可使阀完全打开。

②截止式换向阀一般采用软质材料（如橡胶）密封，且阀芯始终存在背压，所以关闭时密封性好，泄漏量小；但换向力较大，换向时冲击力也较大，所以不宜用在灵敏度要求较高的场合。

③抗粉尘及污染能力强，对过滤精度要求不高。

（2）电磁控制换向阀 气压传动中的电磁控制换向阀和液压传动中的电磁控制换向阀一样，也由电磁铁控制部分和主阀两部分组成，按控制方式不同分为电磁铁直接控制（直动）式电磁阀和先导式电磁阀两种。它们的工作原理分别与液压阀中的电磁阀和先导式电磁阀相类似，只是二者的工作介质不同而已。

1）直动式电磁阀。由电磁铁的衔铁直接推动换向阀阀芯换向的阀称为直动式电磁阀，直动式电磁阀分为单电磁铁和双电磁铁两种，单电磁铁换向阀的工作原理如图 10-20 所示。图 10-20a 所示为换向阀原始状态，图 10-20b 所示为换向阀通电时的状态，图 10-20c所示为该阀的图形符号。从图中可知，这种阀阀芯的移动靠电磁铁，而复位靠弹簧，因而换向冲击较大，故一般只制成小型的阀。若将阀中的复位弹簧改成电磁铁，就成为双电磁铁直动式电磁阀，如图 10-21 所示。图 10-21a 所示为 1 通电、2 断电时的状态，图 10-21b 所示为 2 通电、1 断电时的状态，图 10-21c 所示为其图形符号。由此可见，这种阀的两个电磁铁只能交替得电工作，不能同时得电，否则会产生误动作，因而这种阀具有记忆的功能。

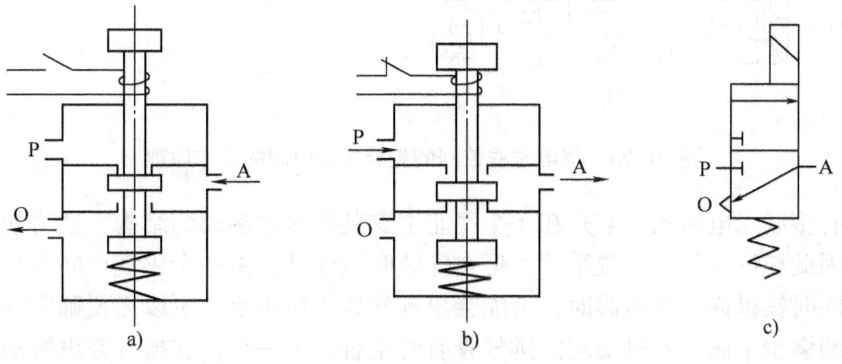

图 10-20 单电磁铁换向阀工作原理

这种直动式双电磁铁换向阀也可构成三位阀，即电磁铁1得电（2失电）、电磁铁1、2同时失电和电磁铁2得电（1失电）三个切换位置。在两个电磁铁均失电的中间位置，可形成三种气体流动状态（类似于液压阀的中位机能），即中间封闭（O型）、中间加压（P型）和中间泄压（Y型）。

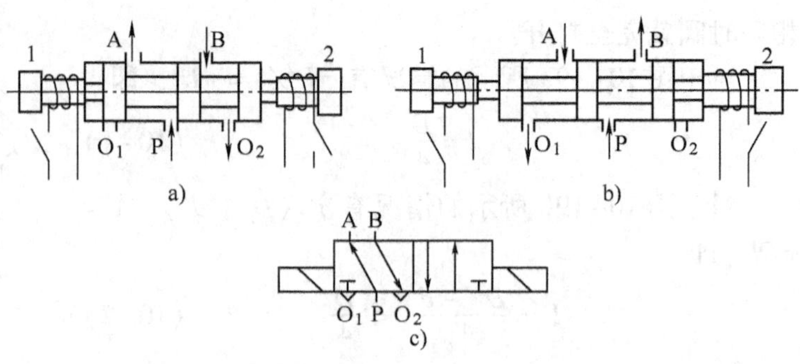

图10-21　双电磁铁直动式换向阀的工作原理

2）先导式电磁阀。由电磁铁首先控制从主阀气源节流出来的一部分气体，产生先导压力，去推动主阀阀芯换向的阀类，称之为先导式电磁阀。该电磁控制部分，实际上是一个电磁阀，称之为电磁先导阀，由它所控制用以改变气流方向的阀，称为主阀。由此可见，先导式电磁阀由电磁先导阀和主阀两部分组成。一般电磁先导阀都单独制成通用件，既可用于先导控制，也可用于气流量较小的直接控制。先导式电磁阀也分单电磁铁控制和双电磁铁控制两种，图10-22所示为双电磁铁控制的先导式换向阀的工作原理图，图中控制的主阀为二位阀。同样，主阀也可为三位阀。

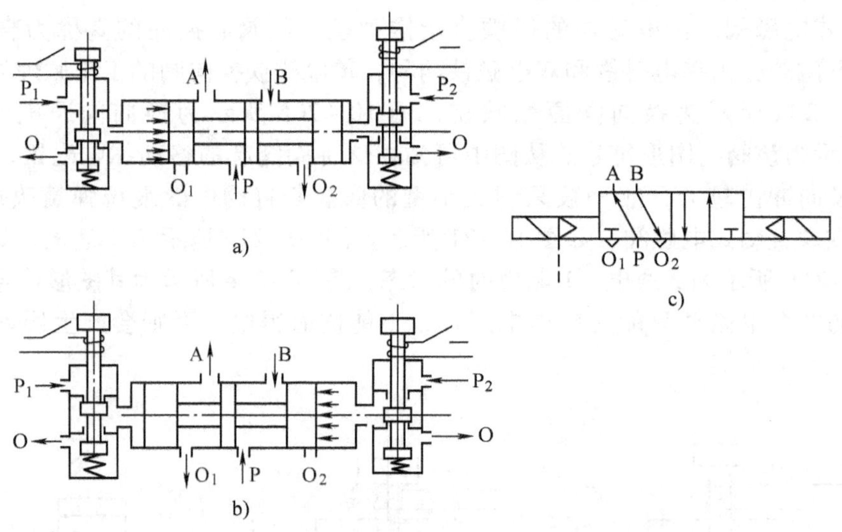

图10-22　双电磁铁控制的先导式换向阀的工作原理

此外还有多联式电磁阀，它是在一个底座上安装很多电磁阀的结构，这将使电磁阀控制非常方便，因此被许多气动装置采用。但在安装时应注意，由一个供气口向各个电磁阀供给压缩空气并同时操纵许多电磁阀时，可能会出现气体供应不足，所以需要确定在一个底座上能够同时安装多少个阀。各电磁阀的排气管有时也合成为一个。在排气管设置消声器的情况下，应注意避免使消声器产生的排气阻力过大，否则长时间使用后，会引起消声器堵塞，阻力增大。当出现这种情况时，各电磁阀的排气口可能发生气体倒流，甚至使气动执行元件产生误动作。

(3) 时间控制换向阀　时间控制换向阀是使气流通过气阻（如小孔、缝隙等）节流后到气容（储气空间）中，经一定时间气容内建立起一定压力后，再使阀芯换向的阀。在不允许使用时间继电器（电控）的场合（如易燃、易爆、粉尘大等），用气动时间控制就显示出其优越性。

1）延时换向阀。图 10-23 所示为二位三通延时换向阀，它是由延时部分和换向部分组成的。

当无气控信号时，P 与 A 断开，A 腔排气；当有气控信号时，气体从 K 腔输入，经可调节流阀节流后到气容 a 内，使气容不断充气，直到气容内的气压上升到某一值时，使阀芯 2 由左向右移动，使 P 与 A 接通，A 有输出。当气控信号消失后，气容内气压经单向阀到 K 腔排空。这种阀的延时时间可在 0～20s 间调整。

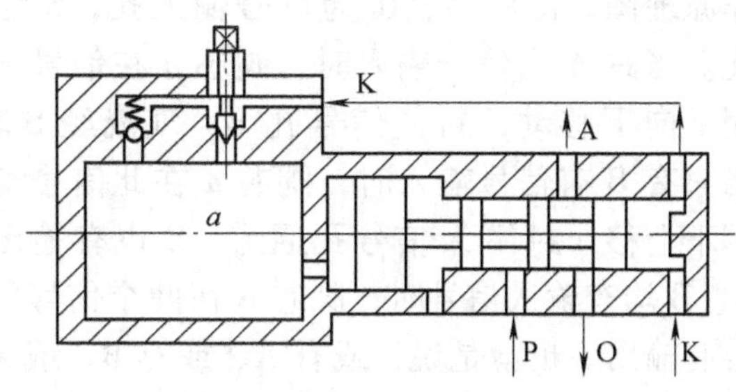

图 10-23　延时换向阀

2）脉冲阀。图 10-24 为脉冲阀的工作原理图，它与延时阀一样也是靠气流流经气阻至气容的延时作用，使压力输入长信号变为短暂的脉冲信号输出的阀类。当有气压从 P 口输入时，阀芯在气压作用下向上移动，A 端有输出。同时，气流从阻尼小孔向气容充气，在充气压力达到动作压力时，阀芯下移，输出消失，这种脉冲阀的工作气压范围为 0.15～0.8MPa，脉冲时间小于 2s。

机械控制和人力控制换向阀是靠机动（行程挡块等）和人力（手动或脚踏等）来使阀产生切换动作的，其工作原理与液压阀中相类似的阀基本相同，在此不再重复。

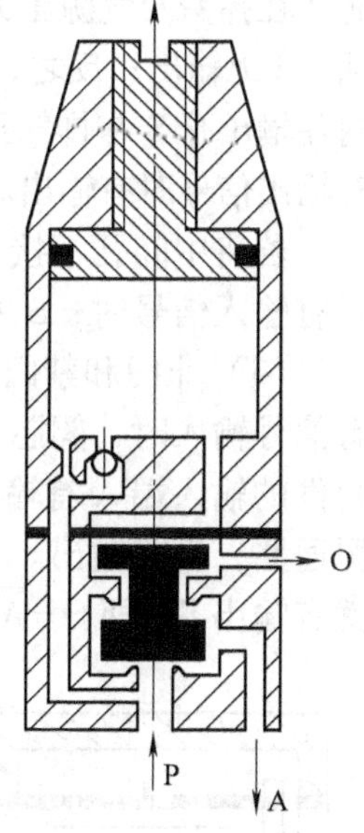

图 10-24　脉冲阀

四、气动逻辑元件

气动逻辑元件是以压缩空气为介质，通过元件的可动部件在气控信号作用下动作，改变气流方向以实现一定逻辑功能的气体控制元件。实际上气动方向控制阀也具有逻辑元件的各种功能，所不同的是它的输出功率较大、尺寸大，而气动逻辑元件的尺寸较小。因此在气动控制系统中广泛采用各种形式的气动逻辑元件（逻辑阀）。

1. 气动逻辑元件的分类

气动逻辑元件的分类很多，一般可按下列方式来分类：

1）按工作压力来分可分为高压元件（工作压力为 0.2～0.8MPa）、低压元件（工作压力为 0.02～0.2MPa）、及微压元件（工作压力为 0.02MPa 以下）三种。

2）按逻辑功能分可分为是门（$S=A$）元件、或门（$S=A+B$）元件、与门（$S=AB$）元件、非门（$S=\overline{A}$）元件和双稳元件等。

3）按结构形式分可分为截止式逻辑元件、膜片式逻辑元件和滑阀式逻辑元件等。

2. 高压截止式逻辑元件

高压截止式逻辑元件是依靠控制气压信号推动阀芯或通过膜片的变形推动阀芯动作，改变气流的流动方向以实现一定逻辑功能的逻辑元件。这类元件的特点是行程小、流量大、工作压力高、对气源净化要求低、便于实现集成安装和实现集中控制，其拆卸也很方便。

（1）或门元件　截止式逻辑元件中的或门大多是由硬芯膜片及阀体所组成，膜片可水平安装，也可以垂直安装。图 10-25 所示为或门元件的工作原理图，图中 A、B 为信号输入孔，S 为输出孔。当只 A 有信号输入时，阀芯 *a* 在信号气压作用下向下移动，封住信号孔 B，气流经 S 输出；当只有 B 有信号输入时，阀芯 *a* 在此信号气压作用下上移，封住 A 信号孔通道，S 也有输出；当 A、B 均有输入信号时，阀芯 *a* 在两个信号气压作用下或上移、或下移、或保持中位，S 均会有输出。也就是说，或有 A、或有 B、或 A、B 二者都有时，均有输出 S，即 S = A + B。

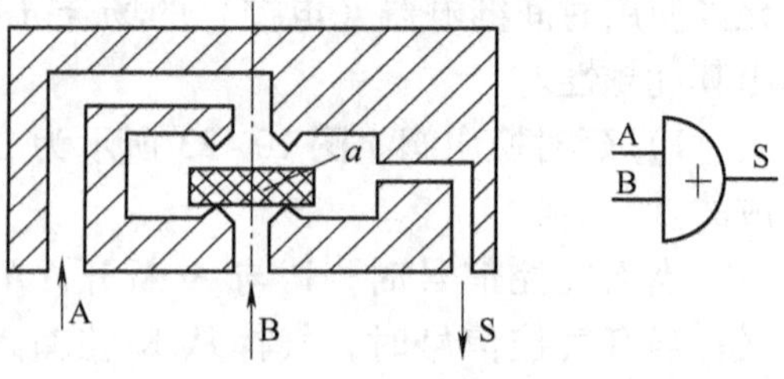

图 10-25　或门元件

（2）是门和与门元件　图 10-26 所示为是门和与门元件的工作原理图，图中 A 为信号输入孔，S 为信号输出孔，中间孔接气源 P 时为是门元件。也就是说，在 A 输入孔无信号时，阀芯 2 在弹簧及气源压力 P 作用下处于图示位置，封住 P、S 间的通道，使输出孔 S 与排气孔相通，S 无输出；反之，当 A 有输入信号时，膜片 1 在输入信号气压作用下将阀芯 2 推动下移，封住输出孔 S 与排气孔间的通道，P 与 S 相通，S 有输出。也就是说，无输入信号时无输入，有输出信号时有输出。元件的输入和输出信号之间始终保持相同的状态，即S = A。

若将中间孔不接气源而换接另一输入信号 B，则成与门元件，也就是说只有当 A、B 同时有输入信号时，S 才有输出。即 S = AB。

（3）非门和禁门元件　图 10-27 所示为非门元件的工作原理图。当元件的输入端 A 没有信号输入时，阀芯 3 在气源压力作用下紧压在上阀座上，输出端 S 有输出信号；反之，当元件的输入端 A 有输入信号时，作用在膜片 2 上的气压力经阀杆使阀芯 3 向下移动，关断气源通路，没有输出。也就是说，当有信号 A 输入时，就没有输出 S；当没有信号 A 输入时，就有输出 S，即 $S=\overline{A}$。

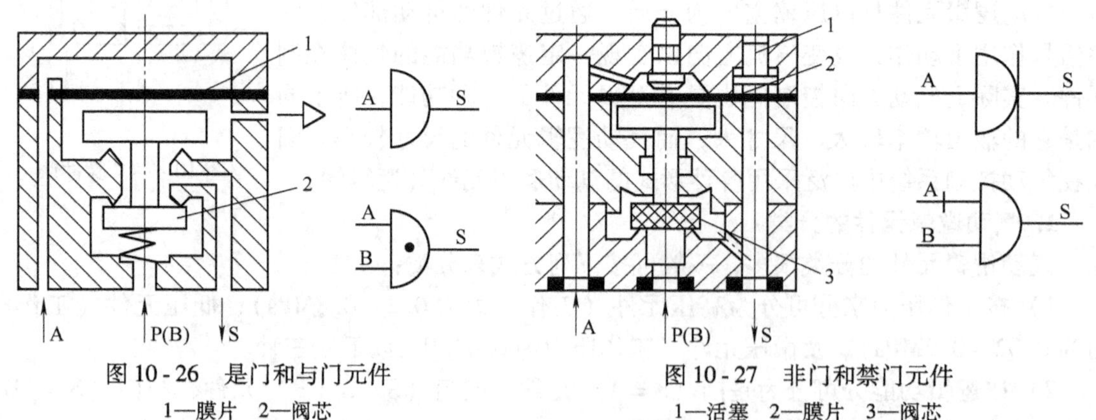

图 10-26　是门和与门元件

1—膜片　2—阀芯

图 10-27　非门和禁门元件

1—活塞　2—膜片　3—阀芯

若把中间孔不作气源孔 P，而改作另一输入信号孔 B，则该元件即为禁门元件。也就是说，当 A、B 均有输入信号时，阀杆及阀芯 3 在 A 输入信号压力作用下封住 B 孔，S 无输出；在 A 无输入信号而 B 有输入信号时，S 就有输出。A 的输入信号对 B 的输入信号起禁止作用，即 $S=\overline{A}B$。

（4）或非元件　图 10-28 所示为或非元件的工作原理图，它是在非门元件的基础上增加两个信号输入端，即具有 A、B、C 三个输入信号。很明显，当所有的输入端都没有输入信号时，元件有输出 S，只要三个输入端中有一个有输入信号，元件就没有输出 S，即 $S=\overline{A+B+C}$。

或非元件是一种多功能逻辑元件，用这种元件可以实现是门、或门、与门、非门及记忆等各种逻辑功能，见表 10-1。

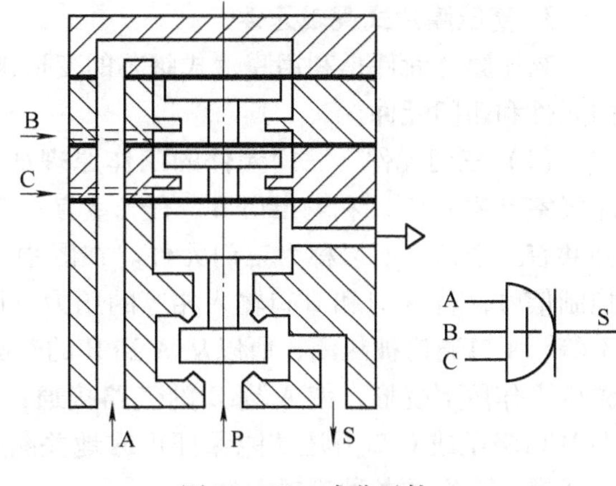

图 10-28　或非元件

表 10-1　或非元件实现的逻辑功能

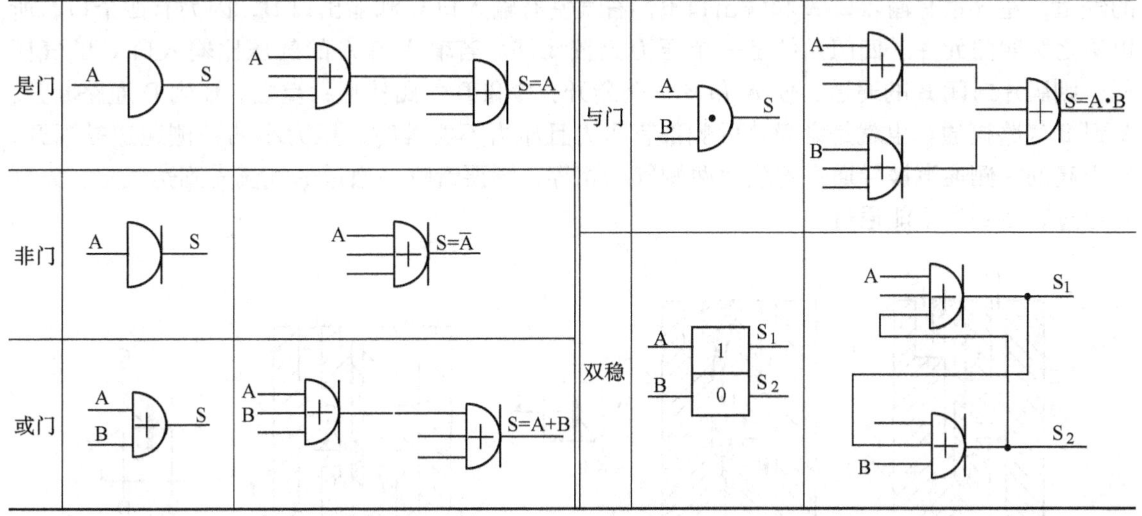

（5）双稳元件　双稳元件属记忆元件，在逻辑回路中起着重要的作用。图 10-29 所示为双稳元件的工作原理图。当 A 有输入信号时，阀芯 *a* 被推向图中所示的右端位置，气源的压缩空气便由 P 通至 S_1 输出，而 S_2 与排气口相通，此时双稳元件处于“1”状态，在控制端 B 的输入信号到来之前，A 的信号虽然消失，但阀芯 *a* 仍保持在右端位置，S_1 总是有输出；当 B 有输入信号时，阀芯 *a* 被推向左端，此时压缩空气由 P 至 S_2 输出，而 S_1 与排气孔相通，于是双稳元件处于“0”状态，在 B 信号消失后，A 信号输入之前，阀芯 *a* 还是处于左端位置，S_2 总有输出。所以该元件具有记忆功能。即 $S_1=K_B^A$，$S_2=K_A^B$。但是，在使用中不能在双稳元件的两个输入端同时加输入信号，那样元件将处于不定工作状态。

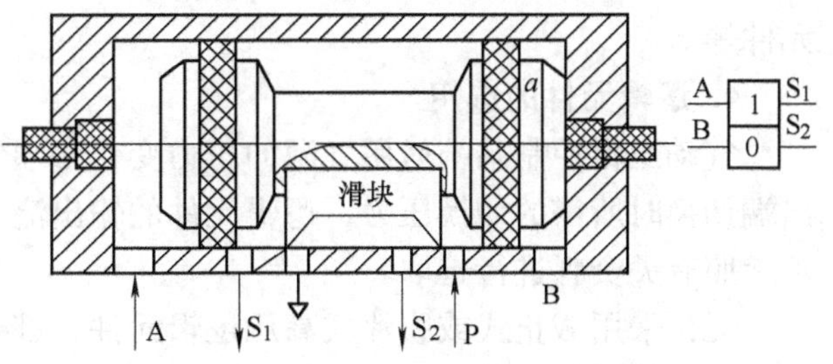

图 10-29　双稳元件

3. 高压膜片式逻辑元件

高压膜片元件是利用膜片式阀芯的变形来实现各种逻辑功能的。它的最基本的单元是三门元件和四门元件。

（1）三门元件　三门元件的工作原理如图 10 - 30 所示，它由左、右气室及膜片组成，左气室有输入口 A 和输出口 B，右气室有一个输入口 C，膜片将左右两个气室隔开。因为元件共有三个口，所以称为三门元件。在图中，A 口接气源（输入），B 口为输出口，C 口接控制信号，若 A 口和 C 口输入相等的压力，因 B 口通大气，膜片两边作用面积不同，受力不等，A 口通道被封闭，所以从 A 到 B 的气路不通。当 C 口的信号消失后，膜片在 A 口气源压力作用下变形，使 A 到 B 的气路接通；但在 B 口接负载时，三门的关断是有条件的，即 B 口降压或 C 口升压才能保证可靠地关断。利用这个压差作用的原理，关闭或开启元件的通道，可组成各种逻辑元件。

（2）四门元件　四门元件的工作原理如图 10 - 31 所示，膜片将元件分成左右两个对称的气室，左气室有输入口 A 和输出口 B，右气室有输入口 C 和输出口 D，因为有四个口，所以称之为四门元件。四门元件是一个压力比较元件。若输入口 A 的气压比输入口 C 的气压低，则膜片封闭 B 的通道，使 A 和 B 气路断开，C 和 D 气路接通；反之，C 到 D 通路断开，A 到 B 气路接通。也就是说膜片两侧都有压力且压力不相等时，压力小的一侧通道被断开，压力高的一侧通道被导通；若膜片两侧气压相等，则要看哪一通道的气流先到达气室，先到者通过，后到者不能通过。

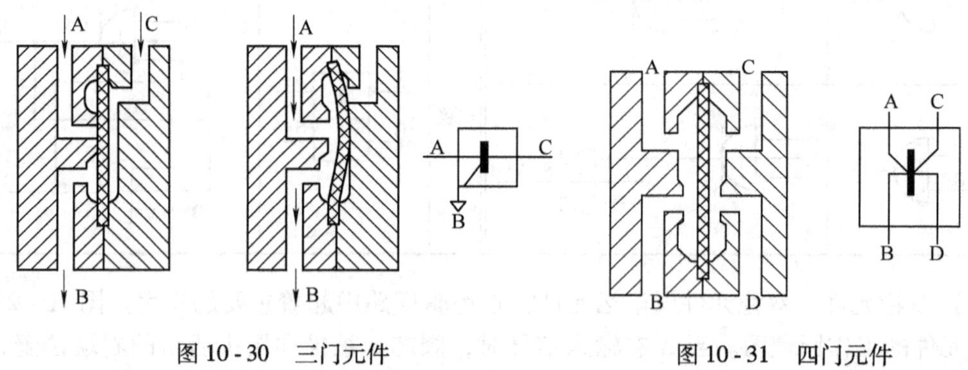

图 10 - 30　三门元件　　图 10 - 31　四门元件

根据三门和四门这两个基本元件，就可构成逻辑回路中常用的或门、与门、非门、记忆元件等。

4. 逻辑元件的选用

气动逻辑控制系统所用气源的压力变化必须保障逻辑元件正常工作需要的气压范围和输出端切换时所需的切换压力，逻辑元件的输出流量和响应时间等在设计系统时可根据系统要求参照有关资料进行选取。

无论采用截止式或膜片式高压逻辑元件，都要尽量将元件集中布置，以便于集中管理。

由于信号的传输有一定的延时，信号的发出点（例如行程开关）与接收点（例如元件）之间不能相距太远。一般来说，最好不要超过 50 米。

当逻辑元件要相互串联时，一定要有足够的流量，否则可能无法推动下一级元件。

另外，尽管高压逻辑元件对气源过滤要求不高，但最好使用过滤后的气源，一定不要使加入油雾的气源进入逻辑元件。

第二节　气压传动基本回路的组成原理及气路连接

实际使用的气动控制回路均由一些具有特定功能的基本回路组成。这些基本回路主要包括换向回路、速度控制回路、压力控制回路、位置控制回路和基本逻辑回路。这些回路的功用与相应的液压基本回路大致相同。

一、换向回路

1. 单作用气缸换向回路

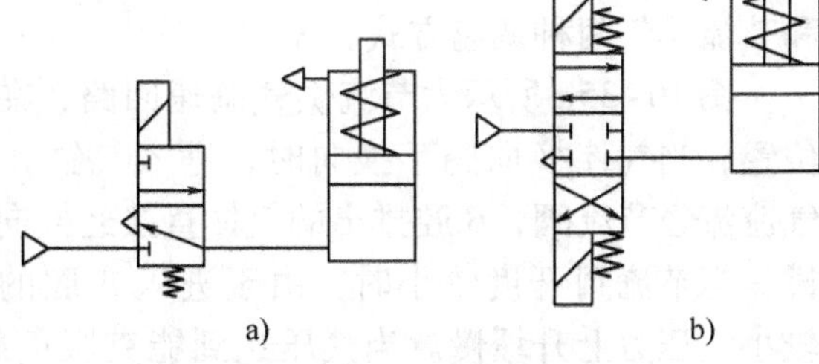

图 10-32　单作用气缸的换向回路

图 10-32 所示为单作用气缸的换向回路；图 10-32a 所示为用二位三通电磁阀控制的单作用气缸上、下运动回路，该回路中，当电磁铁得电时，气缸活塞杆向上伸出，失电时气缸在弹簧作用下返回；图 10-32b 所示为三位四通电磁阀控制的单作用气缸上、下运动和停止的回路，该阀在两电磁铁均失电时能自动对中，使气缸活塞杆停于任何位置，但定位精度不高，且定位时间不长。

2. 双作用气缸换向回路

图 10-33 所示为各种双作用气缸的换向回路。图 10-33a 所示为比较简单的换向回路；图 10-33f所示还有中停位置，但中停定位精度不高；图 10-33d、e、f 所示的两端控制电磁铁线圈或按钮不能同时操作，否则将出现误动作，其回路相当于双稳元件的逻辑功能；图 10-33b所示的回路中，当 A 口有压缩空气时气缸活塞杆推出，反之，气缸活塞杆退回。

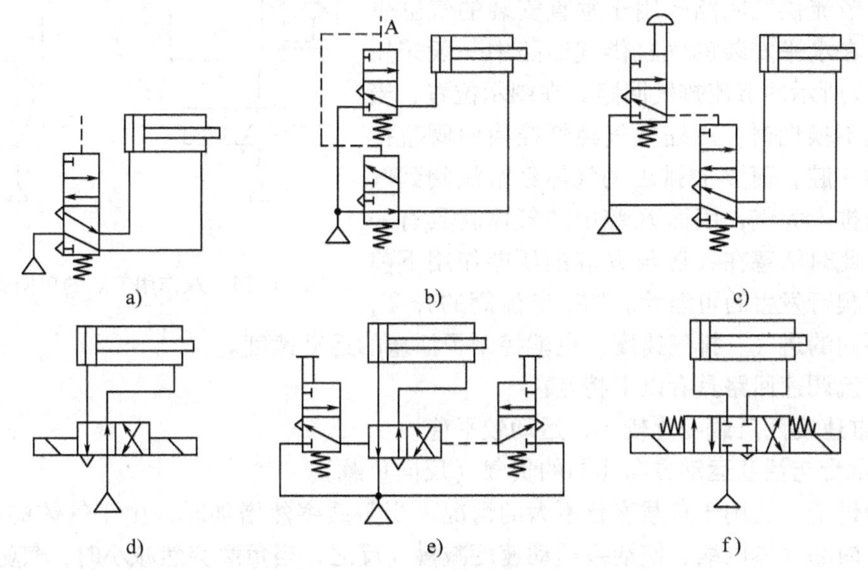

图 10-33　各种双作用气缸的换向回路

二、速度控制回路

1. 单作用气缸速度控制回路

图 10 - 34 所示为单作用气缸的速度控制回路。如图 10 - 34a 所示，升、降均通过节流阀调速，两个相反安装的单向节流阀，可分别控制活塞杆的伸出及缩回速度；如图 10 - 34b 所示，气缸上升时可调速，下降时则通过快排气阀排气，使气缸快速返回。

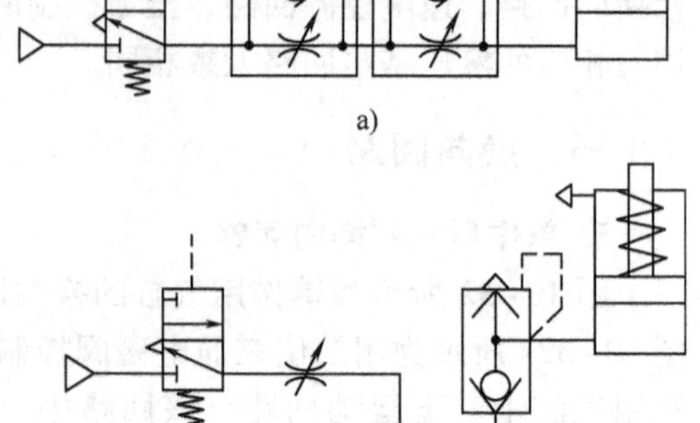

图 10 - 34　单作用气缸的速度控制回路

2. 双作用气缸的速度控制回路

（1）单向调速回路　双作用气缸有节流供气和节流排气两种调速方式。

图 10 - 35a 所示为节流供气调速回路，在图示位置，当气控换向阀不换向时，进入气缸 *A* 腔的气流流经节流阀，*B* 腔排出的气体直接经换向阀快排。当节流阀开度较小时，由于进入 *A* 腔的流量较小，压力上升缓慢。当气压达到能克服负载时，活塞前进，此时 *A* 腔容积增大，使压缩空气膨胀，压力下降，使作用在活塞上的力小于负载，因而活塞就停止前进。待压力再次上升时，活塞才再次前进。这种由于负载及供气的原因使活塞忽走忽停的现象，称为气缸的爬行。节流供气的不足之处主要表现为以下两点：

1）当负载方向与活塞运动方向相反时，活塞运动易出现不平稳现象，即爬行现象。

2）当负载方向与活塞运动方向相同时，由于排气经换向阀快排，几乎没有阻尼，负载容易产生跑空现象，使气缸失去控制。

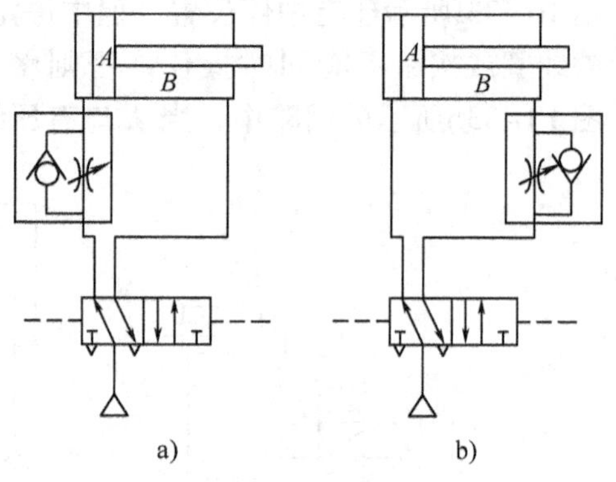

图 10 - 35　双作用气缸的单向调速回路

所以，节流供气回路多用于垂直安装的气缸供气回路中，在水平安装的气缸供气回路中一般采用如图 10 - 35b 所示的节流排气回路。在图示位置，当气控换向阀不换向时，压缩空气经气控换向阀直接进入气缸的 *A* 腔，而 *B* 腔排出的气体经节流阀到气控换向阀而排入大气，因而 *B* 腔中的气体就具有一定的压力。此时活塞在 *A* 腔与 *B* 腔的压差作用下前进，减少了爬行发生的可能性。调节节流阀的开度，就可控制不同的进气、排气速度，也就控制了活塞的运动速度。

排气节流调速回路具有以下特点：

1）气缸速度随负载变化较小，运动较平稳。

2）能承受与活塞运动方向相同的负载（反向负载）。

以上的讨论，适用于负载变化不大的情况。当负载突然增加时，由于气体的可压缩性，将迫使气缸内的气体压缩，使活塞运动速度减慢；反之，当负载突然减小时，气缸内被压缩的空气必然膨胀，使活塞运动加速，这称为气缸的自走现象。因此在要求气缸具有准确而平稳的速度时（尤其在负载变化较大的场合），就要采用气液相结合的调速回路了。

（2）双向调速回路　在气缸的进、排气口装设节流阀，就组成了双向调速回路，如

图 10-36所示的双向节流调速回路中，图 10-36a 所示为采用单向节流阀的双向节流调速回路，图 10-36b 所示为采用排气节流阀的双向节流调速回路。

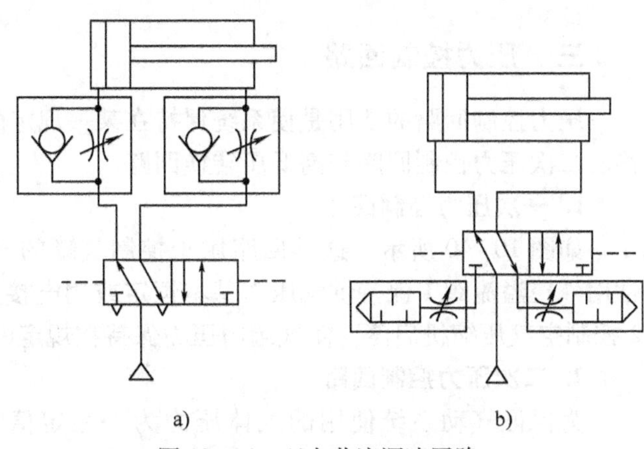

图 10-36　双向节流调速回路
a）采用单向节流阀　b）采用排气节流阀

3. 快速往复运动回路

若将图 10-36a 中两只单向节流阀换成快速排气阀就构成了快速往复回路，如图 10-37 所示。若想实现气缸活塞单向快速运动，可只采用一只快速排气阀。

4. 速度换接回路

图 10-38 所示的速度换接回路是利用两个二位二通阀与单向节流阀并联，当挡块压下行程开关时，发出电信号，使二位二通阀换向，改变排气通路，从而使气缸速度改变。行程开关的位置可根据需要选定。图中二位二通阀也可改用行程阀。

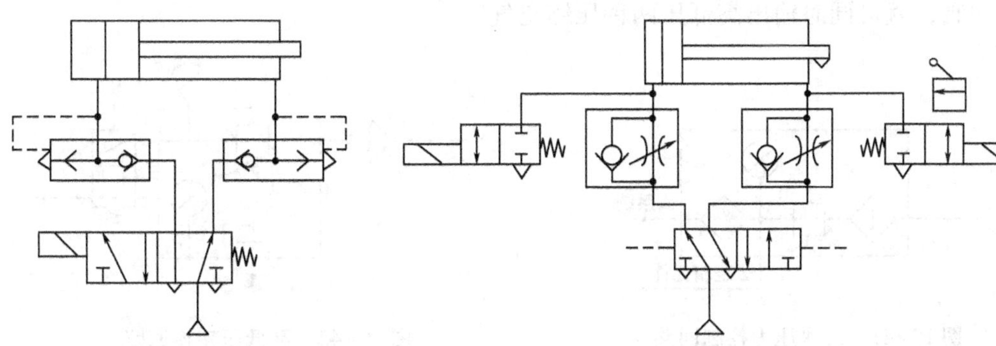

图 10-37　快速往复运动回路　　　　图 10-38　速度换接回路

5. 缓冲回路

要获得气缸行程末端的缓冲，除采用带缓冲的气缸外，特别在行程长、速度快、惯性大的情况下，往往需要采用缓冲回路来满足气缸运动速度的要求，常用的方法如图 10-39 所示。图 10-39a 所示回路能实现快进—慢进缓冲—停止快退的循环，行程阀可根据需要来调整缓冲开始位置，这种回路常用于惯性力大的场合。图 10-39b 所示回路的特点是：当活塞返回到行程末端时，其左腔压力已降至打不开顺序阀 2 的程度，余气只能经节流阀 1 排出，因此活塞得到缓冲；这种回路都只能实现一个运动方向上的缓冲，若两侧均安装此回路，可达到双向缓冲的目的。

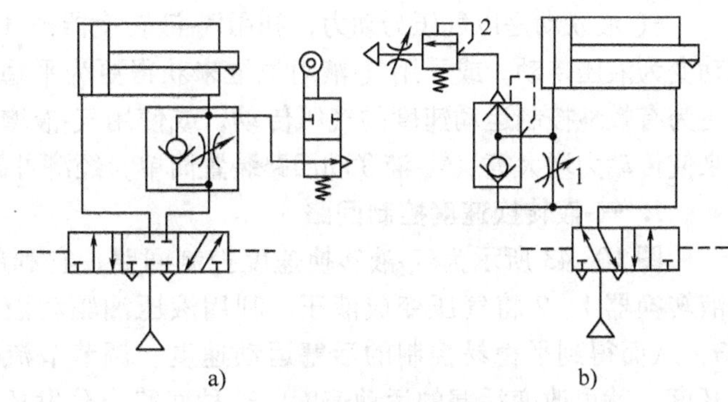

图 10-39　缓冲回路

三、压力控制回路

压力控制回路的功用是使系统保持在某一规定的压力范围内。常用的有一次压力控制回路、二次压力控制回路和高低压转换回路。

1. 一次压力控制回路

如图 10-40 所示，这种回路用于控制气罐的气体压力，常用外控溢流阀 1 保持供气压力基本恒定或用电接点压力表 2 控制空气压缩机启停，使气罐内压力保持在规定的范围内。

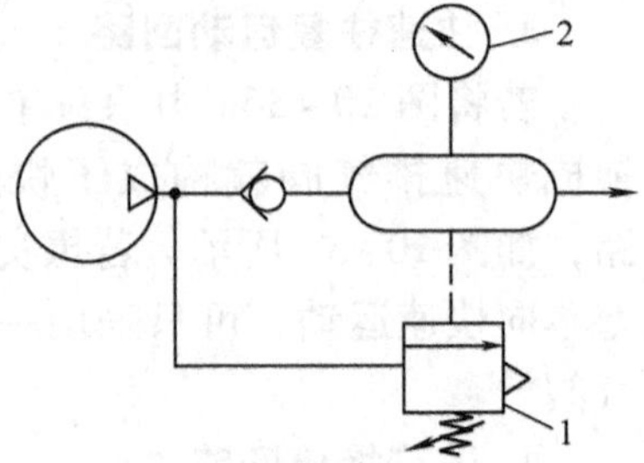

图 10-40 一次压力控制回路

1—外控溢流阀 2—电接点压力表

2. 二次压力控制回路

为保证气动系统使用的气体压力为一稳定值，多用如图 10-41所示的由空气过滤器—减压阀—油雾器（气源处理装置）组成的二次压力控制回路，但要注意，供给逻辑组件的压缩空气不要加入润滑油。

3. 高低压转换回路

该回路利用两只减压阀和一只换向阀切换输出低压或高压气源，如图 10-42 所示，若去掉换向阀，就可同时输出高低压两种压缩空气。

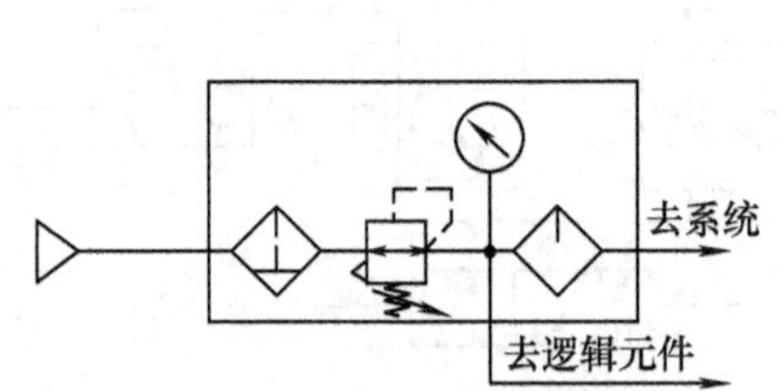

图 10-41 二次压力控制回路

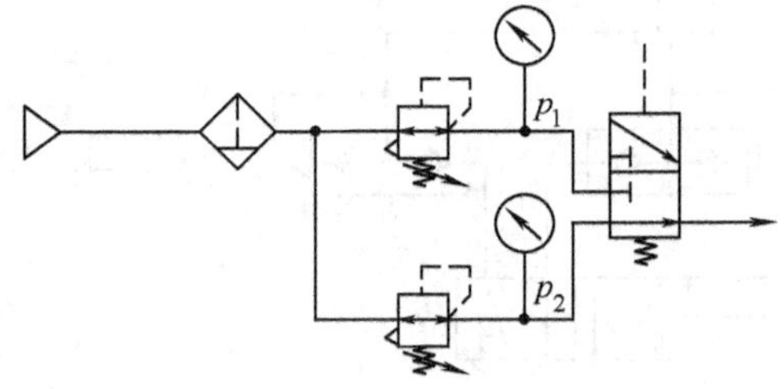

图 10-42 高低压转换回路

四、气-液联动回路

气-液联动是以气压为动力，利用气-液转换器把气压传动变为液压传动，或采用气-液阻尼缸来获得更为平稳的和更为有效地控制运动速度的气压传动，或使用气-液增压器来使传动力增大等。气-液联动回路装置简单，经济可靠。

1. 气-液转换速度控制回路

图 10-43 所示为气-液转换速度控制回路，它利用气-液转换器 1、2 将气压变成液压，利用液压油驱动液压缸 3，从而得到平稳易控制的活塞运动速度。调节节流阀的开度，就可改变活塞的运动速度。这种回路充分发挥了气动供气方便和液压速度容易控制的特点。

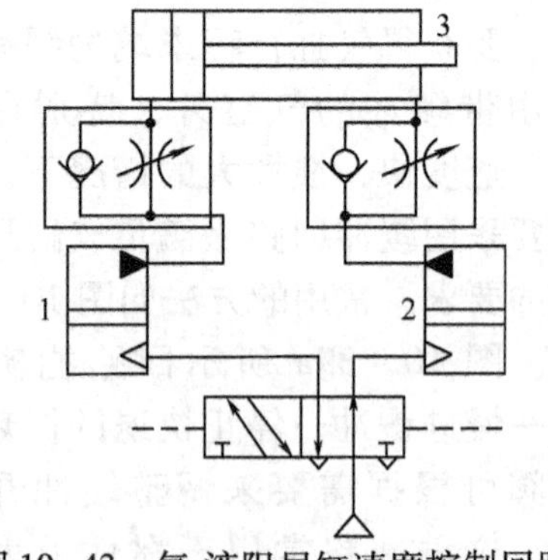

图 10-43 气-液阻尼缸速度控制回路

1、2—气-液转换器 3—液压缸

2. 气-液阻尼缸的速度控制回路

图 10-44 所示为气-液阻尼缸速度控制回路。图 10-44a 所示为慢进快退回路，改变单向节流阀的开度，即可控制活塞的前进速度；活塞返回时，气-液阻尼缸中液压缸的无杆腔的

油液通过单向阀快速流入有杆腔，故返回速度较快，高位油箱起补充泄漏油液的作用。图 10 - 44b 所示为能实现机床工作循环中常用的快进—工进—快退的动作。当有 K_2 信号时，五通阀换向，活塞向左运动，液压缸无杆腔中的油液通过 a 口进入有杆腔，气缸快速向左前进；当活塞将 a 口关闭时，液压缸无杆腔中的油液被迫从 b 口经节流阀进入有杆腔，活塞工作进给；当 K_2 信号消失，有 K_1 输入信号时，五通阀换向，活塞向右快速返回。

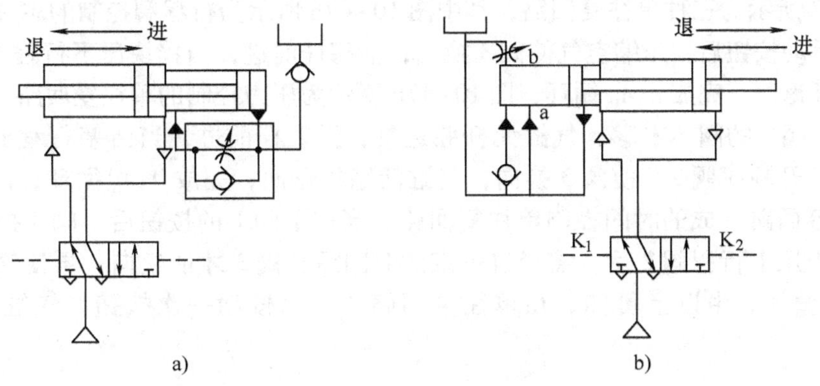

图 10 - 44 用气 - 液阻尼缸的速度控制回路

3. 气-液增压器的增力回路

图 10 - 45 所示为利用气 - 液增压器 1 把较低的气压变为较高的液压力，以提高气 - 液缸 2 的输出力的回路。

4. 气 - 液缸的同步动作回路

如图 10 - 46 所示，该回路的特点是将油液密封在回路之中，油路和气路串接，同时驱动 1、2 两个缸，使二者运动速度相同，但这种回路要求缸 1 无杆腔的有效面积必须和缸 2 有杆腔的有效面积相等。在设计和制造中，要保证活塞与缸体之间的密封，回路中的截止阀 3 与放气口相接，用以放掉混入油液中的空气。

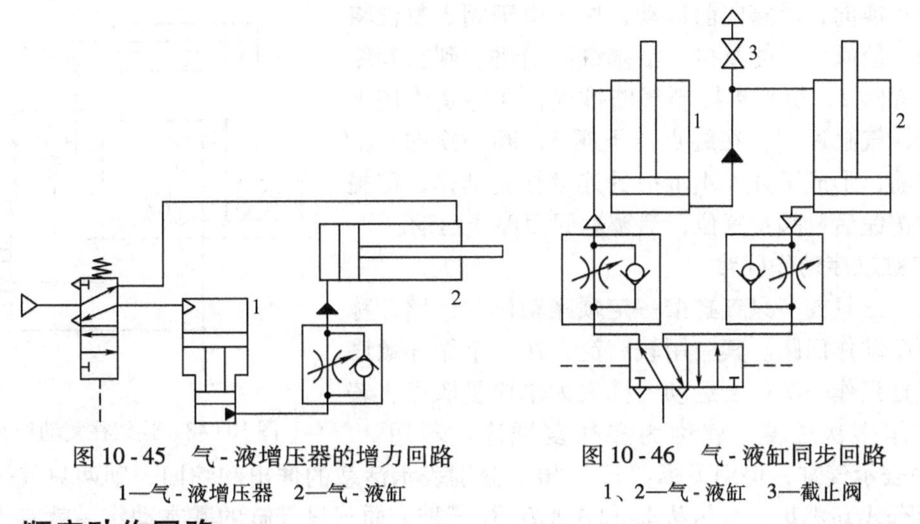

图 10 - 45 气 - 液增压器的增力回路

1—气 - 液增压器 2—气 - 液缸

图 10 - 46 气 - 液缸同步回路

1、2—气 - 液缸 3—截止阀

五、顺序动作回路

顺序动作是指在气动回路中，各个气缸按一定程序完成各自的动作。例如单缸有单往复动作、二次往复动作、连续往复动作等，双缸及多缸有单往复及多往复顺序动作等。

1. 单缸往复动作回路

单缸往复动作回路可分为单缸单往复和单缸连续往复动作回路。前者指给入一个信号后，气缸只完成 A_1A_0 一次往复动作（A 表示气缸，下标“1”表示 A 缸活塞杆伸出，下标“0”表示活塞杆缩回动作）。而单缸连续往复动作回路指输入一个信号后，气缸可连续进行 $A_1A_0A_1A_0\cdots$动作。

图 10-47 所示为三种单往复回路，其中图 10-47a 所示为行程阀控制的单往复回路。当按下阀 1 的手动按钮后，压缩空气使阀 3 换向，活塞杆前进，当挡块压下行程阀 2 时，阀 3 复位，活塞杆返回，完成 A_1A_0 循环；图 10-47b 所示为压力控制的单往复回路，按下阀 1 的手动按钮后，阀 3 的阀芯右移，气缸无杆腔进气，活塞杆前进，当活塞行程到达终点时，气压升高，打开顺序阀 2，使阀 3 换向，气缸活塞杆返回，完成 A_1A_0 循环；图 10-47c 所示是利用阻容回路形成的时间控制单往复回路，当按下阀 1 的按钮后，阀 3 换向，气缸活塞杆伸出，当压下行程阀 2 后，需经过一定的时间后，阀 3 才能换向，再使气缸返回完成动作 A_1A_0 的循环。由以上可知，在单往复回路中，每按动一次按钮，气缸可完成一个 A_1A_0 的循环。

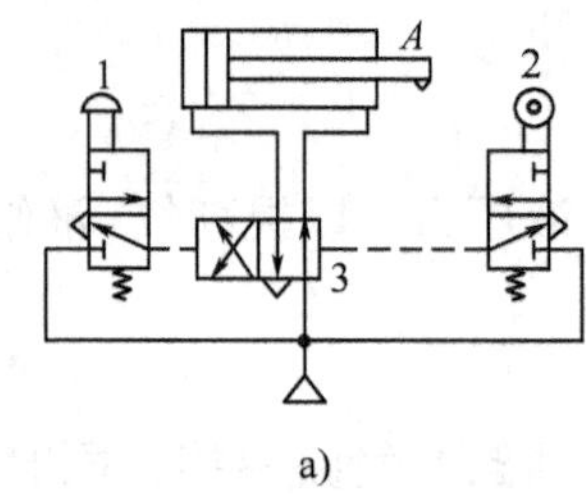

a)

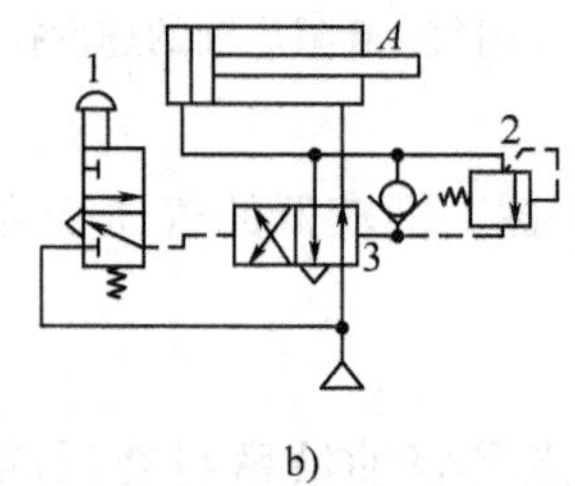

b)

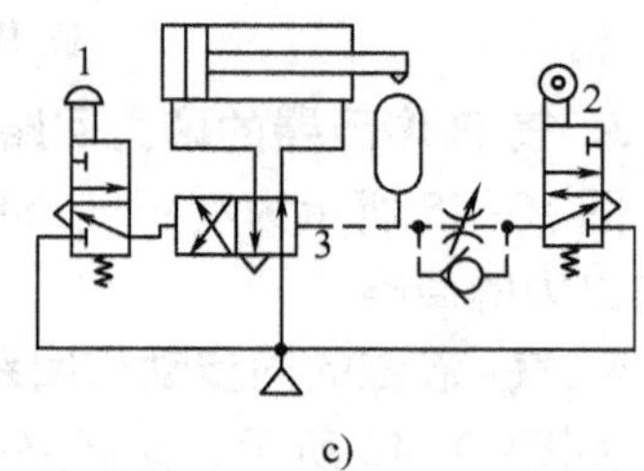

c)

图 10-47　单往复控制回路

图 10-48 所示的回路为一连续往复动作回路，能完成连续的动作循环。当按下阀 1 的按钮后，阀 4 换向，活塞向前运动，这时由于阀 3 复位将气路封闭，使阀 4 不能复位，活塞继续前进。到行程终点压下行程阀 2，使阀 4 控制气路排气，在弹簧作用下阀 4 复位，气缸返回，在终点压下阀 3，阀 4 换向，活塞再次向前，形成了 $A_1A_0A_1A_0\cdots$的连续往复动作，待提起阀 1 的按钮后，阀 4 复位，活塞返回而停止运动。

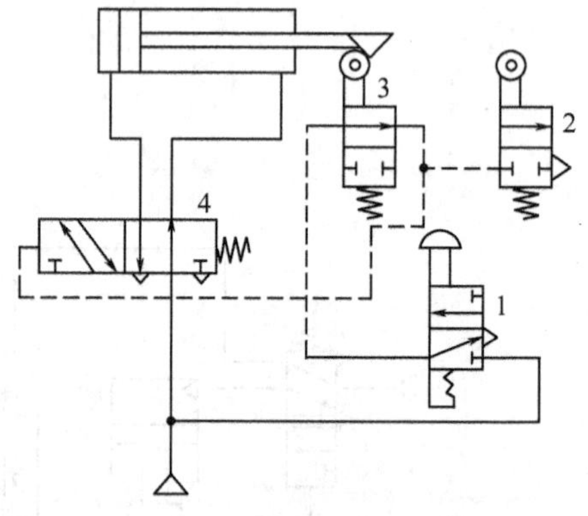

图 10-48　连续往复动作回路

2. 多缸顺序动作回路

两只、三只或多只气缸按一定顺序动作的回路，称为多缸顺序动作回路。其应用较广泛，在一个循环顺序里，若气缸只作一次往复运动，称之为单往复顺序，若某些气缸作多次往复，就称为多往复顺序。若用 A、B、C、…表示气缸，仍用下标“1”、“0”分别表示活塞的伸出和缩回，则两只气缸的基本顺序动作有 $A_1B_0A_0B_1$、$A_1B_1B_0A_0$ 和 $A_1A_0B_1B_0$ 三种。而三只气缸的基本动作，就有十五种之多，如 $A_1B_1C_1A_0B_0C_0$、$A_1A_0B_1C_1C_0B_0$、$A_1A_0B_1C_1B_0C_0$、$A_1B_1C_1A_0C_0B_0$ 等。这些顺序动作回路都属于单往复顺序，即在每一个程序里，气缸只作一次往复。多往复顺序动作回路，其顺序的形成方式将比单往复顺序多得多。

在程序控制系统中，把这些顺序动作回路都称为程序控制回路。

六、计数回路

计数回路可以组成二进制计数器。在图 10-49a 所示回路中，按下阀 1 按钮，则气信号经阀 2 至阀 4 的左或右控制端使气缸活塞杆推出或退回。阀 4 换向位置取决于阀 2 的位置，而阀 2 的换位又取决于阀 3 和阀 5。如图 10-49a 所示，当按下阀 1 时，气信号经阀 2 至阀 4 的左端使阀 4 换至左位，同时使阀 5 切断气路，此时气缸向外伸出；当阀 1 复位后，原通入阀 4 左控制端的气信号经阀 1 排空，阀 5 复位，于是气缸无杆腔的气经阀 5 至阀 2 左端，使阀 2 换至左位等待阀 1 的下一次信号输入；当阀 1 第二次按下后，气信号经阀 2 的左位至阀 4 右控制端使阀 4 换至右位，气缸退回，同时阀 3 将气路切断；待阀 1 复位后，阀 4 右控制端信号经阀 2、阀 1 排空，阀 3 复位并将气导至阀 2 左端使其换至右位，又等待阀 1 的下一次信号输入。这样，第 1、3、5、…次（奇数）按压阀 1，则气缸伸出；第 2、4、6、…次（偶数）按压阀 1，则使气缸退回。

图 10-49b 所示的计数原理同图 10-49a。不同的是按压阀 1 的时间不能过长，只要使阀 4 切换后就放开，否则气信号将经阀 5 或阀 3 通至阀 2 左或右控制端，使阀 2 换位，气缸反行，从而使气缸来回振荡。

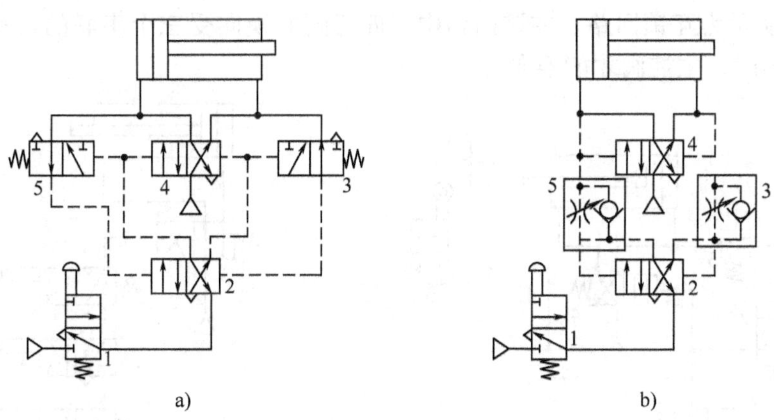

图 10-49　计数回路

七、延时回路

图 10-50 所示为延时回路。图 10-50a 所示为延时输出回路，当控制信号切换换向阀 4 后，压缩空气经单向节流阀 3 向气容 2 充气。当充气压力经延时升高至使换向阀 1 换位时，换向阀 1 就有输出。在图 10-50b 所示回路中，按下换向阀 8，则气缸向外伸出，当气缸在伸出行程中压下换向阀 5 后，压缩空气经节流阀到气容 6 延时后才将换向阀 7 切换，气缸退回。

八、安全保护和操作回路

由于气动机构负荷的过载、气压的突然降低以及气动执行机构的快速动作等原因都可能危及操作人员或设备的安全，因此在气动回路中，常常要加入安全回路。需要指出的是，在

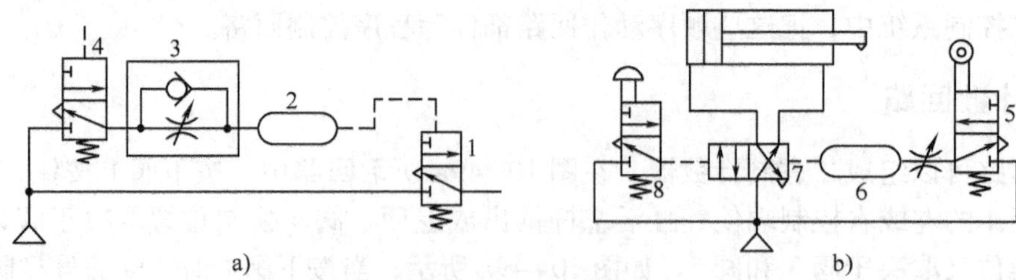

图 10-50 延时回路

1、4、5、7、8—换向阀 2、6—气容 3—节流阀

设计任何气动回路中，特别是安全回路中，都不可缺少过滤装置和油雾器。因为污脏空气中的杂物可能堵塞阀中的小孔与通路，使气路发生故障。缺乏润滑油很可能使阀发生卡死或磨损，以致整个系统的安全都发生问题。下面介绍几种常用的安全保护回路。

1. 过载保护回路

图 10-51 所示的保护回路，是当活塞杆在伸出途中，若遇到偶然障碍或其他原因使气缸过载时，活塞就立即缩回，实现过载保护。如图 10-51 所示，在活塞伸出的过程中，若遇到障碍 6，无杆腔压力升高，打开顺序阀 3，使换向阀 2 换向，换向阀 4 随即复位，活塞立即退回；同样若无障碍 6，气缸向前运动时压下换向阀 5，活塞即刻返回。

2. 互锁回路

图 10-52 所示为互锁回路。在该回路中，四通阀的换向受三个串联的机动三通阀控制，只有三个都接通时，主控阀才能换向。

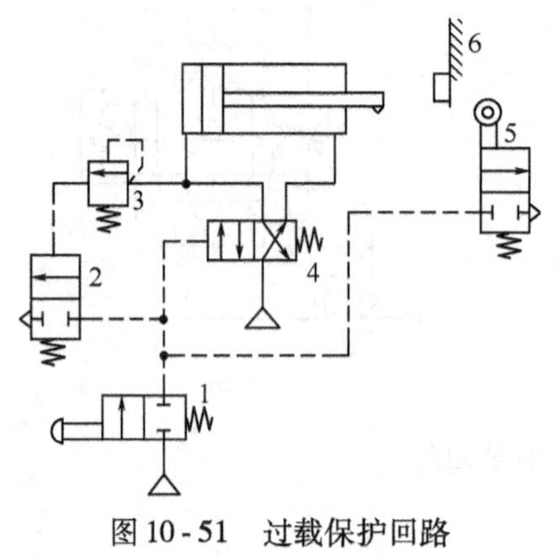

图 10-51 过载保护回路

、2、4、5—换向阀 3—顺序阀 6—障碍

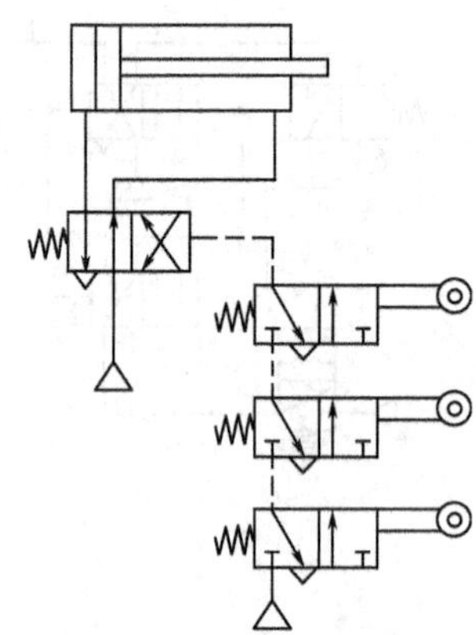

图 10-52 互锁回路

3. 双手同时操作回路

所谓双手同时操作回路就是使用两个起动用的手动阀，只有同时按动两个阀才动作的回路。这种回路主要是为了安全。这在锻造、冲压机械上常用来避免误动作，以保护操作者的安全。

图 10-53a 所示为使用逻辑与回路的双手操作回路。为使主控阀换向，必须使压缩空气信号进入其左侧，为此必须使两只三通手动阀同时换向。另外这两个阀必须安装在单手不能同时操作的距离上，在操作时，如任何一只手离开则控制信号消失，主控阀复位，活塞杆后退。图 10-53b 所示为使用三位主控阀的双手操作回路，此回路中主控阀 1 的信号 A 作为手动阀 2 和 3 的逻辑与回路，即只有手动阀 2 和 3 同时动作时，主控制阀 1 换向到上位，活塞杆前进；把信号 B 作为手动阀 2 和 3 的逻辑或非回路，即当手动阀 2 和 3 同时松开时（图示

位置)，主控制阀 1 换向到下位，活塞杆返回；若手动阀 2 或 3 任何一个动作，将使主控制阀复位到中位，活塞杆处于停止状态。

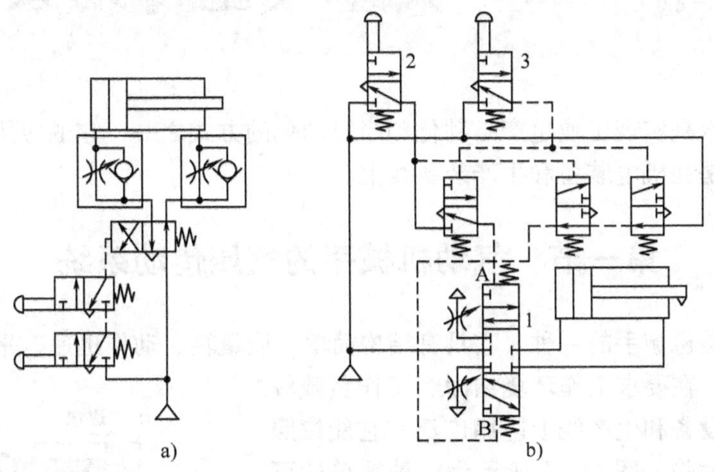

图 10-53　双手操作回路
1—主控阀　2、3—手动阀

复习思考题

1. 简述分水滤气器的工作原理。
2. 说明油雾器的工作过程及特殊单向阀的作用。
3. 叙述气源装置的组成及各组件的主要作用。
4. 两种形式的气-液阻尼缸各有什么优缺点？
5. 说明直动式和先导式减压阀的工作原理。
6. 减压阀、顺序阀、安全阀这三种压力阀的图形符号有什么区别？这三种压力阀各有什么用途？
7. 用图形符号画出减压阀、油雾器、分水滤气器之间的正确连接顺序，并说明为什么只能这样连接。
8. 为什么说双气控二位五通阀相当于一个双稳元件？画出其图形符号图并用真值表说明其逻辑功能。
9. 什么是气动逻辑元件？
10. 气动系统中常用的压力控制回路有哪些？其功用分别是什么？
11. 分析如图 10-54 所示回路的工作过程，并指出各元件的名称。

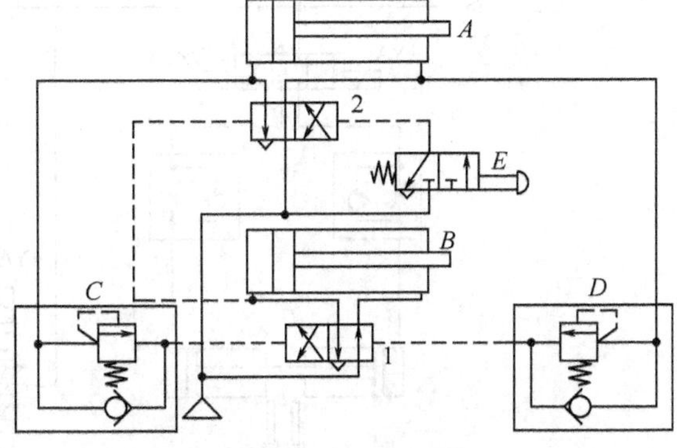

图 10-54　习题 11 图

12. 利用两个双作用气缸、一只顺序阀、一个二位四通单电控换向阀设计一个顺序动作回路。
13. 试设计一双作用气缸动作之后单作用气缸才能动作的联锁回路。

第十一章　典型气压传动系统

气压传动技术是实现工业生产自动化和半自动化的方式之一，它的应用遍及工业生产的各个方面，特别是在机电装备和生产装备线上。

第一节　气动机械手的气压传动系统

气动机械手是机械手的一种，它具有结构简单、质量轻、动作迅速、平稳可靠、不污染工作环境等优点，在要求工作环境洁净、工作负载较小的自动生产的设备和生产线上应用广泛，它能按照预定的控制程序动作。图 11 - 1 所示为一种简单的可移动式气动机械手的结构示意图。它由 *A*、*B*、*C*、*D* 四个气缸组成，能实现手指夹持、手臂伸缩、立柱升降、回转四个动作。

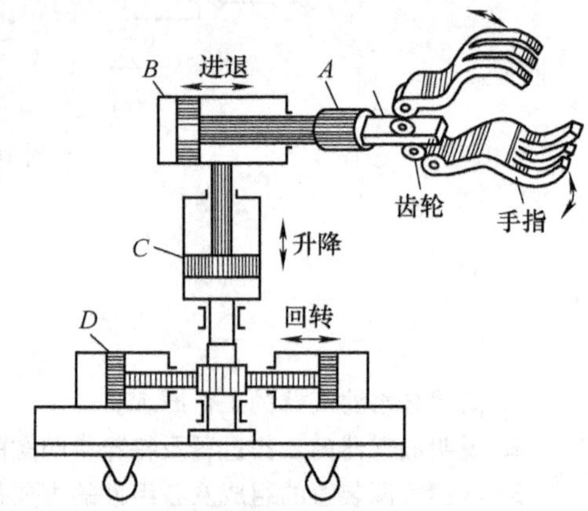

图 11 - 1　气动机械手的结构示意图

图 11 - 2 所示为机械手气动系统的工作原理图（手指部分为真空吸头，无气缸部分），要求工作循环为：立柱上升→伸臂→立柱顺时针方向转→真空吸头取工件→立柱逆时针方向转→缩臂→立柱下降。

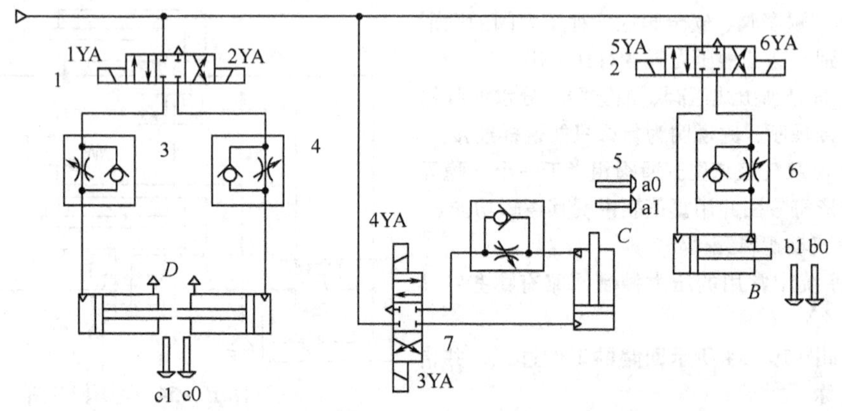

图 11 - 2　机械手气动系统的工作原理图

1、2、7—三位四通双电控换向阀　3、4、5、6—节流阀

三个气缸分别由三位四通双电控换向阀 1、2、7 和单向节流阀 3、4、5、6 组成换向、调速回路。各气缸的行程位置均由电气行程开关进行控制。表 11 - 1 为该机械手在工作循环中各电磁铁的动作顺序表。

表 11-1　电磁铁的动作顺序表

	垂直缸上升	水平缸伸出	回转缸转位	回转缸复位	水平缸退出	垂直缸下降
1YA			+	−		
2YA				+	−	
3YA						+
4YA						
5YA	+	−				
6YA		+	−		+	−

下面结合表 11-1 来分析它的工作循环。

按下它的起动按钮，4YA 通电，阀 7 处于上位，压缩空气进入垂直气缸 C 下腔，活塞杆上升。

当气缸 C 活塞上的挡块碰到电气行程开关 a1 时，4YA 断电，5YA 通电，阀 2 处于左位，水平气缸 B 活塞杆伸出，带动真空吸头进入工作点并吸取工件。

当气缸 B 活塞上的挡块碰到电气行程开关 b1 时，5YA 断电，1YA 通电，阀 1 处于左位，回转缸 D 顺时针方向回转，使真空吸头进入下料点下料。

当回转缸 D 活塞杆上的挡块碰到电气行程开关 c1 时，1YA 断电，2YA 通电，阀 1 处于右位，回转缸 D 复位。

回转缸复位，其上挡块碰到电气行程开关 c0 时，6YA 通电，2YA 断电，阀 2 处于右位，水平气缸 B 活塞杆退回。

水平气缸退回时，挡块碰到 b0，6YA 断电，3YA 通电，阀 7 处于下位，垂直气缸活塞杆下降，到原位时，碰上电气行程开关 a0，3YA 断电，至此完成一个工作循环。如再给起动信号，可进行同样的工作循环。

只要根据需要改变电气行程开关的位置，调节单向节流阀的开度，即可改变各气缸的运动速度和行程。

第二节　数控加工中心的气动换刀系统

图 11-3 所示为某数控加工中心气动换刀系统的工作原理图。该系统在换刀过程中实现主轴定位，主轴送刀、拔刀，向主轴锥孔吹气和插刀动作。

具体工作过程如下：当数控系统发出换刀指令时，主轴停止旋转，同时 4YA 通电，压缩空气经气源处理装置 1、换向阀 4、单向节流阀 5 进入主轴定位气缸 A 的右腔，气缸 A 的活塞左移，使主轴自动定位。定位后压下无触点开关，使 6YA 通电，压缩空气经换向阀 6、梭阀 8 进入气-液增压器 B 的上腔。增压腔的高压油使活塞伸出，实现主轴松刀。同时使 8YA 通电，压缩空气经换向阀 9、单向节流阀 11 进入气缸 C 的上腔，气缸 C 下腔排气，活塞下移实现拔刀。由回转刀库交换刀具，同时 1YA 通电，压缩空气经换向阀 2、单向节流阀 3 向主轴锥孔吹气。稍后 1YA 断电、2YA 通电，停止吹气。8YA 断电、7YA 通电，压缩空气经换向阀 9、单向节流阀 10 进入气缸 C 的下腔，活塞上移，实现插刀动作。6YA 断电、5YA 通电，压缩空气经换向阀 6 进入气-液增压器 B 的下腔，使活塞退回，主轴的机械机构使刀具夹紧。4YA 断电、

3YA 通电，气缸 *A* 的活塞在弹簧力作用下复位，回复到开始状态，换刀结束。

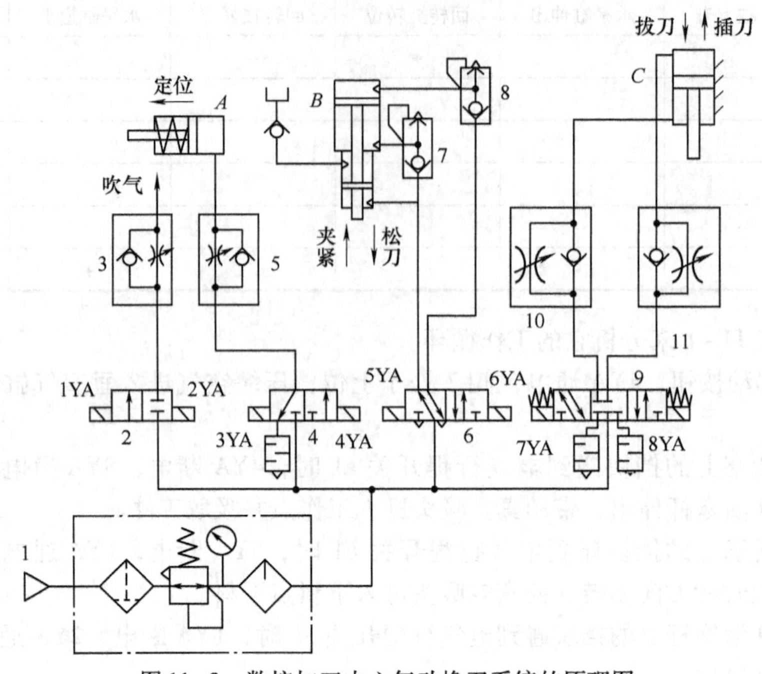

图 11-3　数控加工中心气动换刀系统的原理图

1—气源处理装置　2、4、6、9—换向阀　3、5、10、11—单向节流阀　7、8—梭阀

第三节　工件夹紧的气压传动系统

图 11-4 是机械加工自动线、组合机床中常用的工件夹紧的气压传动系统图。其工作原理是：当工件运行到指定位置时，气缸 *A* 的活塞杆伸出，将工件定位锁紧后，两侧的气缸 *B* 和 *C* 的活塞杆同时伸出，从两侧面压紧工件，实现夹紧，而后进行机械加工。其气压系统的动作过程如下。

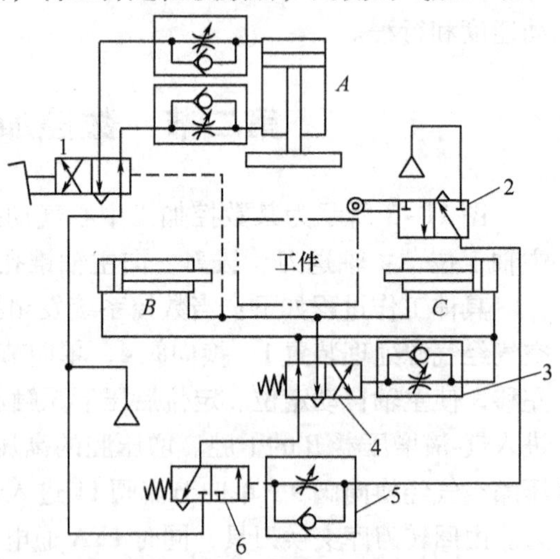

图 11-4　工件夹紧的气压传动系统

1—脚踏换向阀　2—行程阀　3、5—单向节流阀　4—主控阀　6—中继阀

当用脚踏下脚踏换向阀 1（在自动线中往往采用其他形式的换向方式）时，压缩空气经单向节流阀进入气缸 *A* 的无杆腔，夹紧头下降至锁紧位置后使机动行程阀 2 换向，压缩空气经单向节流阀 5 进入中继阀 6 的右侧，使中继阀 6 换向，压缩空气经中继阀 6 通过主控阀 4 的左位进入气缸 *B* 和 *C* 的无杆腔，两气缸同时伸出。与此同时，压缩空气的一部分经单向节流阀 3 调定延时后使主控阀换向到右侧，则两气缸 *B* 和 *C* 返回。在两气缸返回的过程中有杆腔的压缩空气使脚踏阀 1 复位，则气缸 *A* 返回。此时由于行程阀 2 复位（右位），所以中继阀 6 也复位，由于中继阀 6 复位，气缸 *B*

和 C 的无杆腔通大气，主控阀4 自动复位，由此完成了一个气缸 A 压下（A_1）—夹紧缸 B 和 C 伸出夹紧（B_1、C_1）—夹紧缸 B 和 C 返回（B_0、C_0）—缸 A 返回（A_0）的动作循环。

第四节 气-液动力滑台的气压传动系统

气-液动力滑台是采用气-液阻尼缸作为执行元件，在机械设备中用来实现进给运动的部件，图 11-5 所示为气-液动力滑台气压传动系统的原理图。该气-液动力滑台能完成两种工作循环，下面对其作一简单介绍。

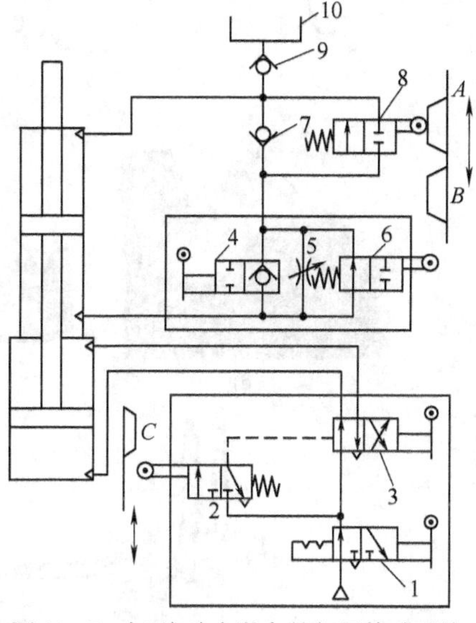

图 11-5 气-液动力滑台的气压传动系统

1、3、4—手动阀 2、6、8—行程阀 5—节流阀 7、9—单向阀 10—补油箱

1. 快进—慢进（工进）—快退—停止

当图 11-5 中手动阀 4 处于图示状态时，就可实现快进—慢进（工进）—快退—停止的动作循环，其动作原理为：

当手动阀 3 切换到右位时，实际上就是给予进刀信号，在气压作用下气缸的活塞开始向下运动，液压缸中下腔的油液经行程阀 6 的左位和单向阀 7 进入液压缸上腔，实现了快进；当快进到活塞杆上的挡块 B 切换行程阀 6（使它处于右位）时，油液只能经节流阀 5 进入液压缸上腔，调节节流阀的开度即可调节气-液缸活塞的运动速度，所以活塞开始慢进（工作进给）；当慢进到挡块 C 使行程阀 2 复位时，其输出气信号使手动阀 3 切换到左位，这时气缸活塞开始向上运动。液压缸活塞上腔的油液经行程阀 8 的左位和手动阀 4 中的单向阀进入液压缸下腔，实现了快退，当快退到挡块 A 切换阀 8 而使油液通道被切断时，活塞便停止运动。所以改变挡块 A 的位置，就能改变停的位置。

2. 快进—慢进—慢退—快退—停止

把手动阀 4 关闭（处于左侧）时，就可实现快进—慢进—慢退—快退—停止的双向进给程序。其动作循环中的快进—慢进的动作原理与上述相同。当慢进至挡块 C 切换行程阀 2 至左位时，输出气信号使手动阀 3 切换到左位，气缸活塞开始向上运动，这时液压缸活塞上腔的油液经行程阀 8 的左位和节流阀 5 进入活塞下腔，即实现了慢退（反向进给），慢退到挡块 B 离开阀 6 的顶杆而使其复位（处于左位）时，液压缸活塞上腔的油液就经行程阀 6 左位而进入活塞下腔，开始了快退，快退到挡块 A 切换阀 8 而使油液通路被切断时，活塞就停止运动。

图中带定位机构的手动阀 1、行程阀 2 和手动阀 3 组合成一只组合阀块，手动阀 4、节流阀 5 和行程阀 6 组合成另一只组合阀块。补油箱 10 是为了补偿系统中的漏油而设置的，一般可用油杯来代替。

第五节 气动生产线气压传动系统

机械手是机电一体化设备或自动化生产系统中常用的装置，用来搬运对象或代替人工完成某些操作，根据驱动机械手工作的动力的不同，可分为气动机械手、液压机械手和电动机械手；按照机械手的工作性质，可分为搬运机械手、焊接机械手和注塑机械手，常见的机械手如图 11-6 所示。

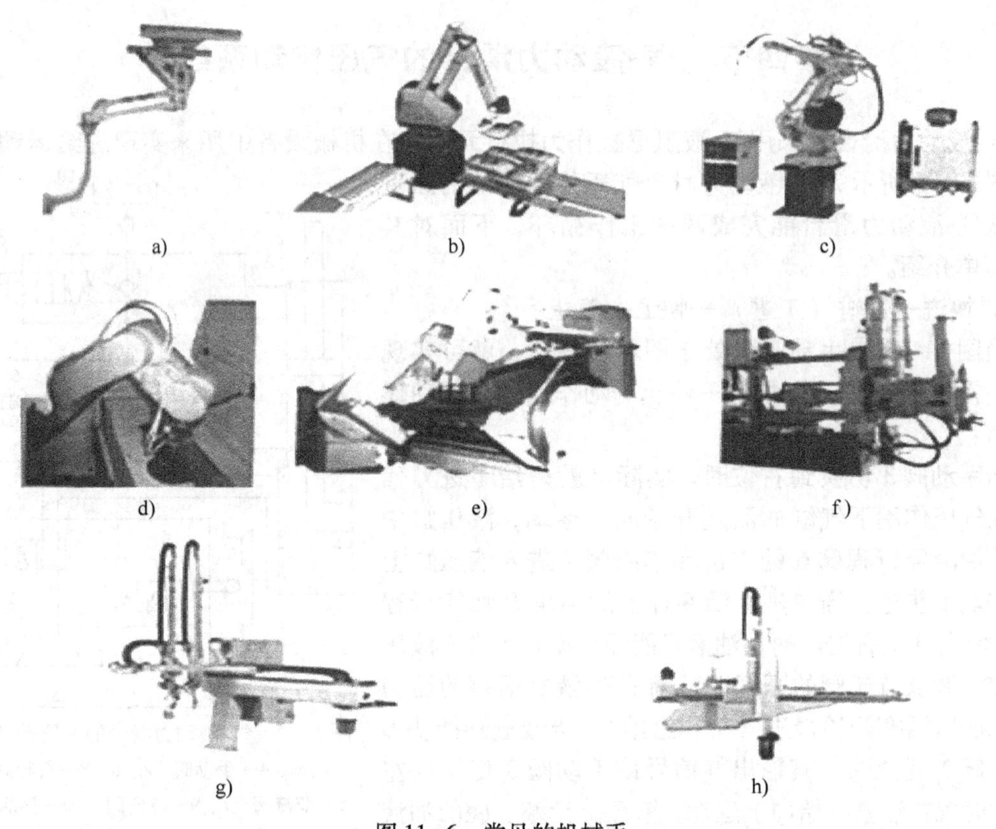

图 11-6　常见的机械手
a）助力机械手　b）垛码机械手　c）工业机械手　d）高难度机械手
e）焊接机械手　f）压铸机械手　g）横走机械手　h）全伺服机械手

一、拆装气动机械手

用气动组件组成的机械手为气动机械手。YL—235A 型光机电一体化实训装置中的气动机械手及各部分的名称如图 11-7 所示。在本任务中，要求通过完成机械手拆装的工作任务，了解气动机械手的组成和工作原理，学会气动机械手的组装。

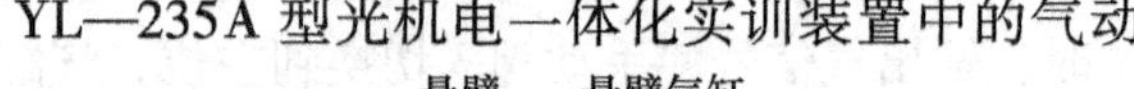
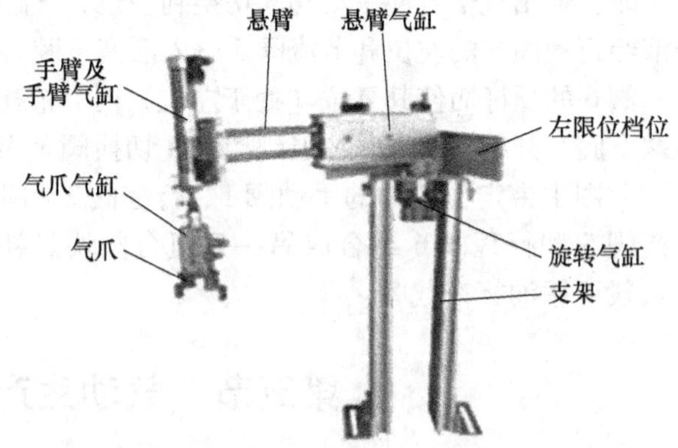

图 11-7　YL—235A 型光机电一体化实训装置上的气动机械手及各部分的名称

二、工作任务及其要求

1. 请按要求拆卸 YL—235A 型光机电一体化实训装置中的气动机械手。

1）将左、右限位挡块从支架上拆卸下来。

2）将悬臂气缸从支架上拆卸下来。

3）取出旋转气缸。

4）将手臂气缸从悬臂上拆卸下来。

5）将气爪气缸从手臂上拆卸下来。

2. 将拆卸后的 YL—235A 型光机电一体化实训装置中的气动机械手按要求组装。

1）组装的机械手应与原来相同。

2）调节左、右限位挡块上的螺钉，使机械手旋转的角度约为 56°。

3. 按安装图将机械手安装在安装平台上。

1）机械手安装位置的尺寸与图样要求误差不大于 1mm。

2）机械手悬臂安装的高度与图样要求误差不大于 1mm。

3）机械手左、右摆角与图样要求相符。

4）机械手支架固定后，在气缸动作过程中不会发生摇动现象。

4. 如图 11 - 8 所示的机械手气动系统图连接机械手的气路。

1）连接机械手气缸（含气爪）与电磁阀的气路。

2）连接气源与电磁阀的气路。

3）按工艺规范要求完成气路的走线与捆扎。

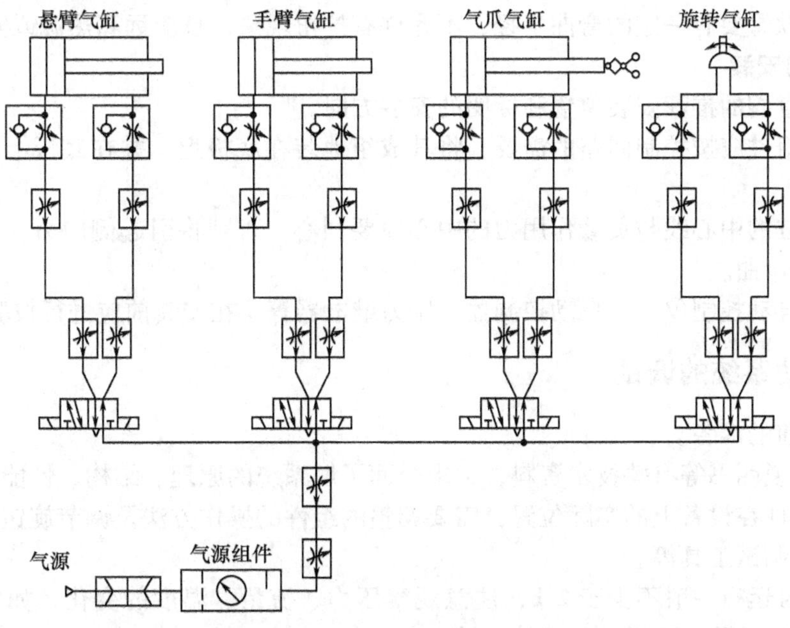

图 11 - 8　机械手气动系统图

第十二章　气压传动系统安装调试和故障分析

第一节　气压传动系统安装与调试

一、气动系统的安装

1. 管道的安装

1）安装前要彻底清理管道内的粉尘及杂物。

2）管子支架要牢固，工作时不得产生振动。

3）接管时要充分注意密封性，防止漏气，尤其注意接头处及焊接处。

4）管路尽量平行布置，减少交叉，力求最短，转弯最少，并考虑到能自由拆装。

5）安装软管要有一定的弯曲半径，不允许有拧扭现象，且应远离热源或安装隔热板。

2. 组件的安装

1）应注意阀的推荐安装位置和标明的安装方向。

2）逻辑组件应按控制回路的需要，将其成组地装在底板上，并在底板上开出气路，用软管接出。

3）移动缸的中心线与负载作用力的中心线要同心，否则将引起侧向力，使密封件加速磨损，活塞杆弯曲。

4）各种自动控制仪表、自动控制器、压力继电器等，在安装前应进行校验。

二、气动系统的调试

1）调试前的准备。

①要熟悉说明书等有关技术资料，力求全面了解系统的原理、结构、性能和操作方法。

②了解组件在设备上的实际位置，需要调整的组件的操作方法及调节旋钮的旋向。

③准备好调试工具等。

2）空载时运行一般不少于2 h，注意观察压力、流量、温度的变化，如发现异常应立即停车检查。待排除故障后才能继续运转。

3）负载试运转应分段加载，运转一般不少于4 h，分别测出有关数据，做好试运转记录。

第二节　气动系统的使用和维护

一、气动系统使用的注意事项

1）开车前后要放掉系统中的冷凝水。

2）定期给油雾器注油。

3）开车前检查各调节手柄是否在正确位置，机控阀、行程开关、挡块的位置是否正确、牢固，对导轨、活塞杆等外露部分的配合表面进行擦拭。

4）随时注意压缩空气的清洁度，对空气过滤器的滤芯要定期清洗。

5）设备长期不用时，应将各手柄放松，防止弹簧永久变形，而影响组件的调节性能。

二、压缩空气的污染及防止方法

压缩空气的质量对气动系统性能的影响极大，它如被污染将使管道和组件锈蚀、密封件变形、堵塞喷嘴，使系统不能正常工作。压缩空气的污染主要来自水分、油分和粉尘三个方面，其污染原因及防止方法如下。

1. 水分

空气压缩机吸入的是含水分的湿空气，经压缩后提高了压力，当再度冷却时就要析出冷凝水，侵入到压缩空气中致使管道和组件锈蚀，影响其性能。

防止冷凝水侵入压缩空气的方法是：及时排除系统各排水阀中积存的冷凝水，经常注意自动排水器、干燥器的工作是否正常，定期清洗空气过滤器、自动排水器的内部组件等。

2. 油分

这里是指使用过的因受热而变质的润滑油。压缩机使用的一部分润滑油呈雾状混入压缩空气中，受热后引起汽化随压缩空气一起进入系统，将使密封件变形，造成空气泄漏，摩擦阻力增大，阀和执行组件动作不良，而且还会污染环境。

清除压缩空气中油分的方法有：较大的油分颗粒，通过除油器和空气过滤器的分离作用同空气分开，从设备底部排污阀排除；较小的油分颗粒，则可通过活性炭吸附作用清除。

3. 粉尘

这里是指周围环境中或由系统工作产生的粉尘。

防止方法有：在阀的进气口装过滤器，给其他元件装上防尘保护罩；配管时注意其内部不要混入铁屑或灰尘，配管完毕，应使用压缩空气充分吹洗元件与管道的内部；气路管道尽可能选用不生锈、耐腐蚀的材料。

三、气动系统的日常维护

气动系统日常维护的主要内容是冷凝水的管理和系统润滑的管理。对冷凝水的管理方法在前面已讲述，这里仅介绍对系统润滑的管理。

气动系统中从控制组件到执行组件，凡有相对运动的表面都需要润滑。如润滑不当，会使摩擦阻力增大导致组件动作不良，因密封面磨损引起系统泄漏等危害。

润滑油的性质直接影响润滑效果。通常，高温环境下用高粘度润滑油，低温环境下用低粘度润滑油。如果温度特别低，为克服起雾困难可在油杯内装加热器。供油量是随润滑部位的形状、运动状态及负载大小而变化。供油量总是大于实际需要量。一般以每 $10m^3$ 自由空气供给 1mL 的油量为基准。

还要注意油雾器的工作是否正常，如果发现油量没有减少，需及时检修或更换油雾器。

四、气动系统的定期检修

定期检修的时间间隔通常为三个月。其主要内容有：

1）查明系统各泄漏处，并设法予以解决。

2）通过对方向控制阀排气口的检查，判断润滑油是否适度，空气中是否有冷凝水。如果润滑不良，考虑油雾器规格是否合适，安装位置是否恰当，滴油量是否正常等。如果有大量冷凝水排出，考虑过滤器的安装位置是否恰当，排除冷凝水的装置是否合适，冷凝水的排除是否彻底。如果方向控制阀排气口关闭时，仍少量泄漏，往往是组件损伤的初期阶段，检查后，可更换受磨损组件以防止发生动作不良。

3）检查安全阀、紧急安全开关动作是否可靠。定期检修时，必须确认它们动作的可靠性，以确保设备和人身安全。

4）观察换向阀的动作是否可靠。根据换向时声音是否异常，判定铁心和衔铁配合处是否有杂质。检查铁心是否有磨损，密封件是否老化。

5）反复开关换向阀观察气缸动作，判断活塞上的密封是否良好。检查活塞杆外露部分，判定前盖的配合处是否有泄漏。

上述各项检查和修复的结果应记录下来，以作为设备出现故障查找原因和设备大修时的参考。

气动系统的大修间隔期为一年或几年。其主要内容是检查系统各组件和部件，判定其性能和寿命，并对平时产生故障的部位进行检修或更换组件，排除修理间隔期间内一切可能产生故障的因素。

气动系统产生故障的原因是多种多样的，有时是某一组件故障引起的，有时则是几方面原因的综合反映。常见故障产生的原因和排除方法见表 12-1 ~ 表 12-6。

表 12-1　气动系统常见故障产生的原因和排除方法

故障现象	故障原因	排除方法
气路没有气压	气动回路中的开关阀、起动阀、速度控制阀等未打开	予以开启
	换向阀未换向	查明原因后排除
	管路扭曲或压扁	纠正或更换管路
	阀芯堵塞或冻结	更换阀芯
	介质或环境气温太低造成管路冻结	及时清除冷凝水，增设出水设备
供压不足	耗气量太大，空压机输出流量不足	选择输出流量合适的空压机或增设一定容积的气罐
	空压机活塞环等磨损	更换零件
	漏气严重	更换损坏的密封环或管，紧固管接头及螺钉
	减压阀输出压力低	调节减压阀至工作压力
	速度控制阀开度太小	将速度控制阀打开到合适开度
	管路细长或管头选用不当使压力损失大	重新设计管路，加粗管径或选用流通能力大的管头及气阀
	各支路流量匹配不合理	改善各支路流量匹配性能，采用环形管
异常高压	因外部振动冲击产生的冲击压力	在适当部位安装安全阀或压力继电器
	减压阀损坏	更换
每天首次起动或长时间停止工作后再起动，动作不正常	因密封圈始动摩擦力大于动摩擦力造成管路中部分气阀、气缸及负载部分的动作不正常	注意气阀的净化，及时排除水分改善有关条件

表 12-2　分水滤气器常见故障的分析及排除方法

故障现象	故障原因	排除方法
漏气	密封不良	更换密封组件
	自动排水器失灵	更换
压差太大	通过流量太大	选择更大规格的过滤器
	滤芯堵塞	更换或清洗
	滤芯过滤精度太高	选择合适的过滤精度
水杯破损	在有机溶剂中使用	使用金属杯
	空压机输出某种焦油	更换空压机润滑油，使用金属杯
从输出管道排放冷凝水	未及时排放冷凝水	每天排放或安装自动排水器
	自动排水器有故障	修理或更换
	超过使用流量范围	在允许的范围内使用
输出出现异常	滤芯破损	更换
	滤芯密封不严	更换密封垫
	错用有机溶剂清洗滤芯	改用清洁热水或煤油清洗

表 12-3　油雾器常见故障的分析和排除方法

故障现象	故障原因	排除方法
不滤油或滤油太少	油雾器接反了	改正
	油道堵塞，节流阀未开或开度不够	调节节流阀开度
	通过流量小，压差不足以形成油雾	更换流量合适的油雾器
	气道堵塞，油杯上腔未加压	清理通气管道
	油粘度太大	换油
耗油过多	节流阀开度太大或节流阀失效	重新调节或更换
油杯破损	在有机溶剂的环境中使用	使用金属杯
	空压机输出某种焦油	更换空压机润滑油，使用金属杯

表 12-4　减压阀常见故障的分析及排除方法

故障现象	故障原因	排除方法
阀体漏气	密封件损坏	更换
	紧固螺钉受力不均	均匀紧固
输出压力偏差大于 10%	减压阀通径或出口配管通径选小了，当输出流量变动大时，输出压力波动大	根据最大输出流量选择减压阀通径或配管通径
	输入气量不足	查输入回路
压力调不高	膜片破裂	更换
	弹簧断裂	更换
压力调不低，输出压力升高	阀座处有异物、伤痕，阀芯上密封垫剥腐	更换
	阀杆变形	更换
	复位弹簧变形	更换

（续）

故障现象	故障原因	排除方法
溢液口总是漏气	进出口接反了	改正
	输出侧压力意外升高	查输出侧油路
	膜片破裂，溢流座有伤痕	更换
不能溢流	溢流孔堵塞	清洗并检查过滤器
	溢流阀座橡皮垫太软	更换

表 12 - 5　换向阀常见故障的分析及排除方法

故障现象		故障原因	排除方法
主阀部分	不换向或换向不够到位	压力低于最低使用压力	查找压力低的原因
		接错管口	改正
		控制信号是短脉冲信号	找出原因，更正或使用延时阀使短脉冲信号变成长脉冲信号
		润滑不良，滑动阻力大	改善润滑条件
		异物或油污侵入滑动部位	清理并查气源处理系统
		弹簧损坏	更换
		密封件损伤	更换
		阀芯、阀套损伤	更换
	从排气口漏气	气缸活塞密封受损伤	更换
		换向不到位	更换
		密封件、阀芯、阀套损伤	更换
电能先导部分	动铁心不动作或动作时间太长	电压太低，吸力不足	提高电压
		动铁心被异物卡住	清洗
	线圈烧毁或有过热现象	环境温度过高	改用高温线圈
		工作频率过高	改用高频阀
		交流线圈的动铁心被卡住	清洗
		电压过低、吸力减小、交流线圈通过电流过大	使用电压不得比额定电压低 15% 以上
		继电器触点接触不良	更换触点
		双电控制的两个电磁铁同时通电	设互锁电路避免同时通电
	交流电磁铁振动有蜂鸣声	电磁铁吸合面不平	修平
		分磁环损坏	更换静铁心
		电压太低，吸力不足	使用电压不得比额定电压低 15% 以上

表 12-6 气缸常见故障的分析及排除方法

故障现象		故障原因	排除方法
外泄漏	活塞杆处	导向套、杆密封圈磨损	更换，改善活塞杆受力状态，使用导轨
		活塞杆有伤痕腐蚀	更换，及时清除冷凝水
		活塞杆与导向套间有杂质	去除杂质，安装防尘圈
	缸体与缸盖处	密封圈损坏	更换
		固定螺钉松动	重新紧闭
内泄漏		活塞密封圈损坏	更换
		杂质进入密封圈	清除
气缸不动作		活塞或活塞杆因腐蚀损伤而卡住	更换并检查排污装置及润滑系统
		有径向载荷	使用导轨
		安装不同轴	保证导轨装置的滑动面和气缸轴线平行
气缸动作不平稳		外负载变动大	提高使用压力或增大缸径
		气压不足	检查油雾器是否正常工作
		润滑不良	及时润滑

附录　常用液压与气压图形符号

附录 A　符号要素、管路

描述	图形	描述	图形
控制管路		液压	
工作管路		气动	
组合元件框线		交叉管路	
连接管路		柔性管路	

附录 B　控制机构和控制方法

描述		图形	描述		图形
带有分离把手和定位销			双作用电气控制，动作指向或背离阀芯		
具有可调行程限制装置的顶杆			单作用电磁铁，连续控制	动作指向阀芯	
带有定位装置的推或拉控制机构			单作用电磁铁，连续控制	动作背离阀芯	
手动锁定			双作用电气控制机构，动作指向或背离阀芯，连续控制		
具有 5 个锁定位置的调节控制机构		5	电气操纵的气动先导		
单方向行程操纵的滚轮杠杆			电气操纵，带外部供油的液压先导		

（续）

描述		图形	描述	图形
步进电动机		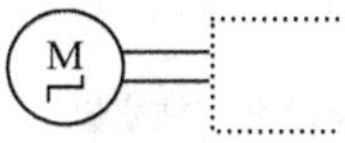	机械反馈	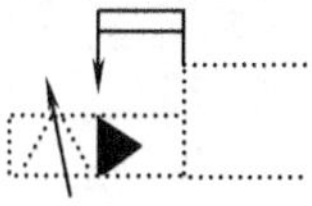
单作用电磁铁	动作指向阀芯		外部先导供油，双比例电磁铁，双向操作	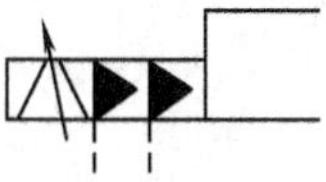
	动作背离阀芯			

附录 C　泵、马达和缸

描述	图形	描述	图形
变量泵	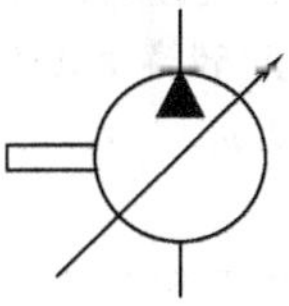	单作用单杆缸，靠弹簧力返回行程，弹簧腔带连接油口	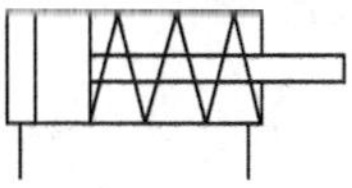
双向流动，带外泄油路单向旋转的变量泵	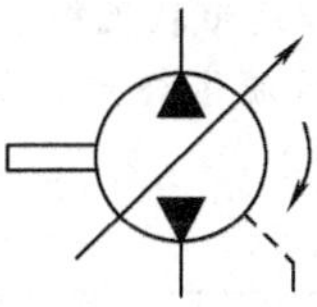	双作用单杆缸	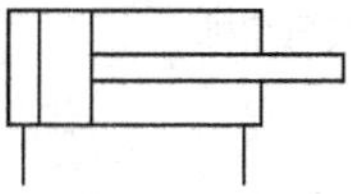
双向变量泵或变量马达，双向流动，带外泄油路，双向旋转	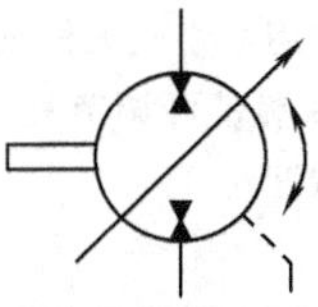	双作用双杆缸，活塞杆直径不同，双侧缓冲，右侧带调节	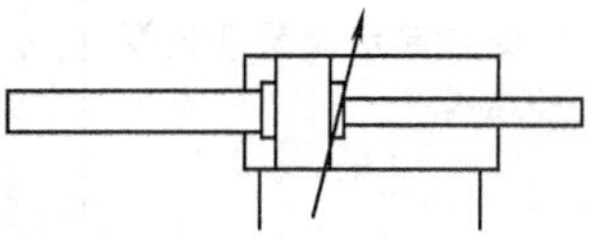
单向旋转的定量泵或马达	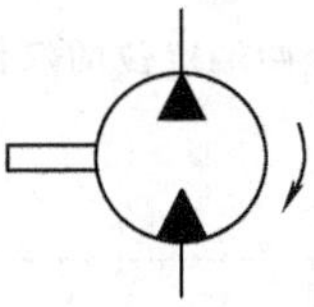	带行程限制器的双作用膜片缸	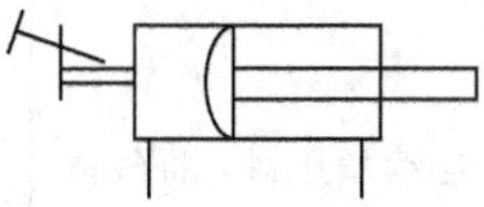
操纵杆控制，限制转盘角度的泵	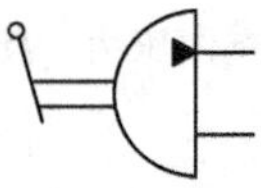	活塞杆终端带缓冲的单作用膜片缸，排气口不连接	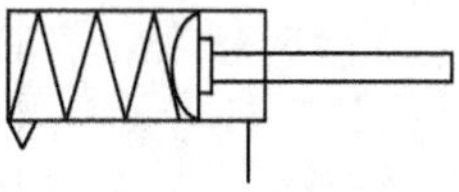

（续）

描述	图形	描述	图形
摆动气马达或摆动马达，限制摆动角度，双向摆动	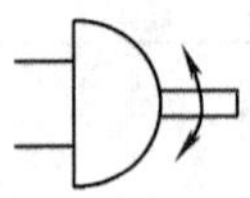	单作用缸，柱塞缸	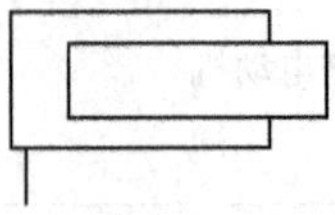
		单作用伸缩缸	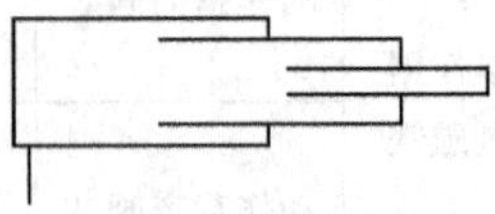
单作用的摆动气马达或摆动马达	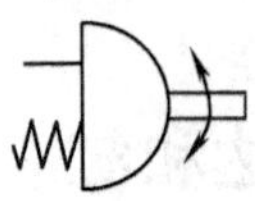	双作用伸缩缸	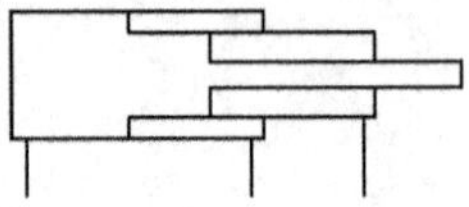
气马达	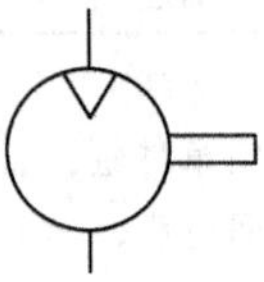	单作用增压器，将气体压力 p_1 转换为更高的液体压力 p_2	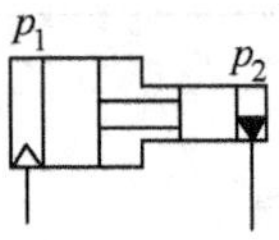 p_1 p_2
空气压缩机	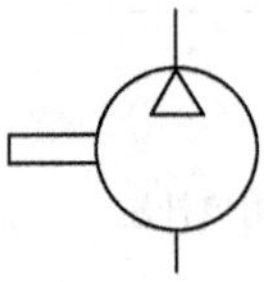	双作用带状无杆缸，活塞两端带终点位置缓冲	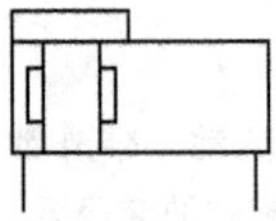
变方向定流量双向摆动马达	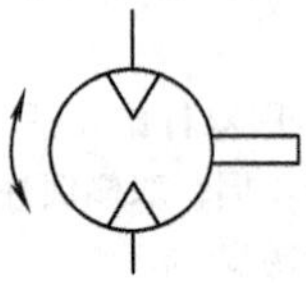	双作用缆索式无杆缸，活塞两端带可调节终点位置缓冲	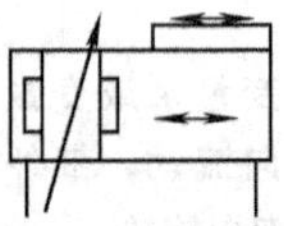
连续增压器，将气体压力 p_1 转换为较高的液体压力 p_2	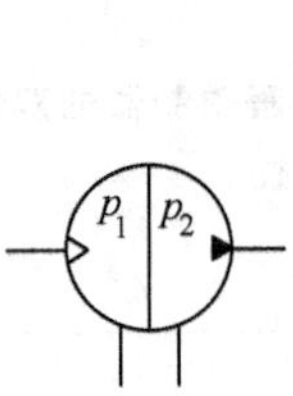 p_1 p_2	行程两端定位的双作用缸	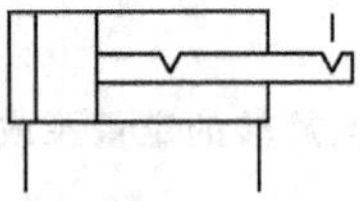
		单作用压力介质转换器，将气体压力转换为等值的液体压力，反之亦然	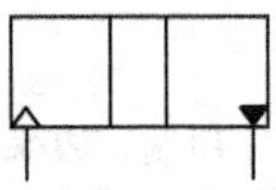

附录D　控制元件

压力控制阀				
描述		图形	描述	图形
直动式溢流阀			顺序阀	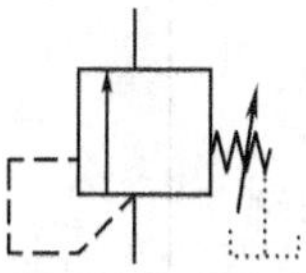
顺序阀（带有旁通阀）			外部控制的顺序阀	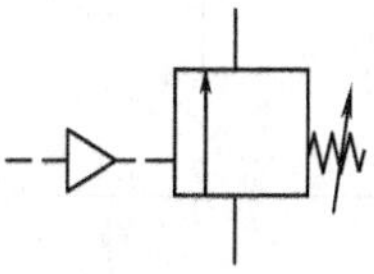
二通减压阀	直动外泄	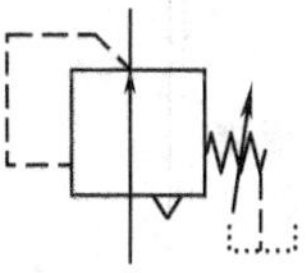	防气蚀溢流阀	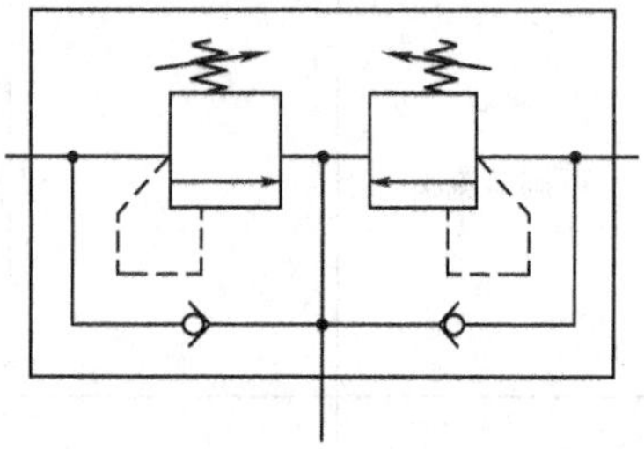
	先导外泄		双压阀（“与”逻辑）	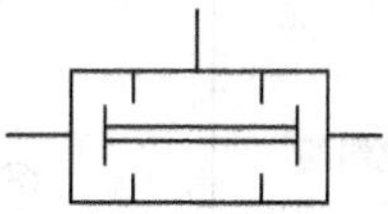
调压阀	内部流向可逆	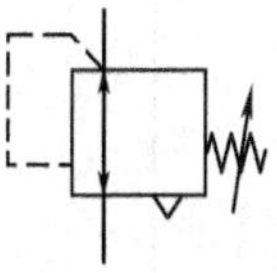	蓄能式充液阀	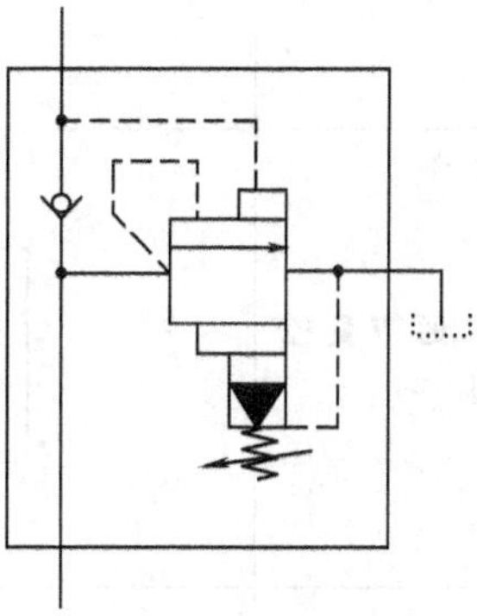
	远程先导可调，溢流，只能向前流动	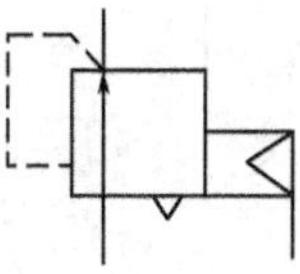	三通减压阀	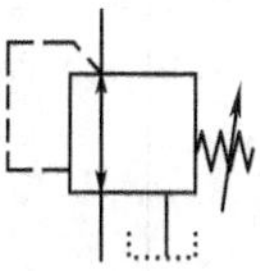

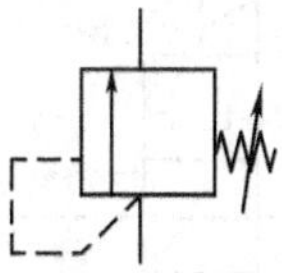

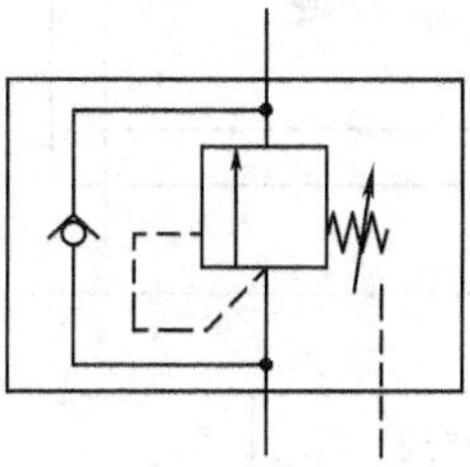

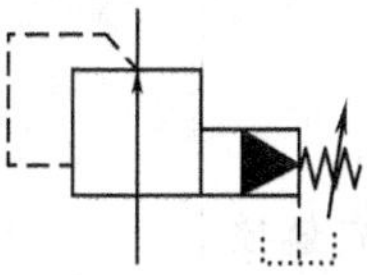

（续）

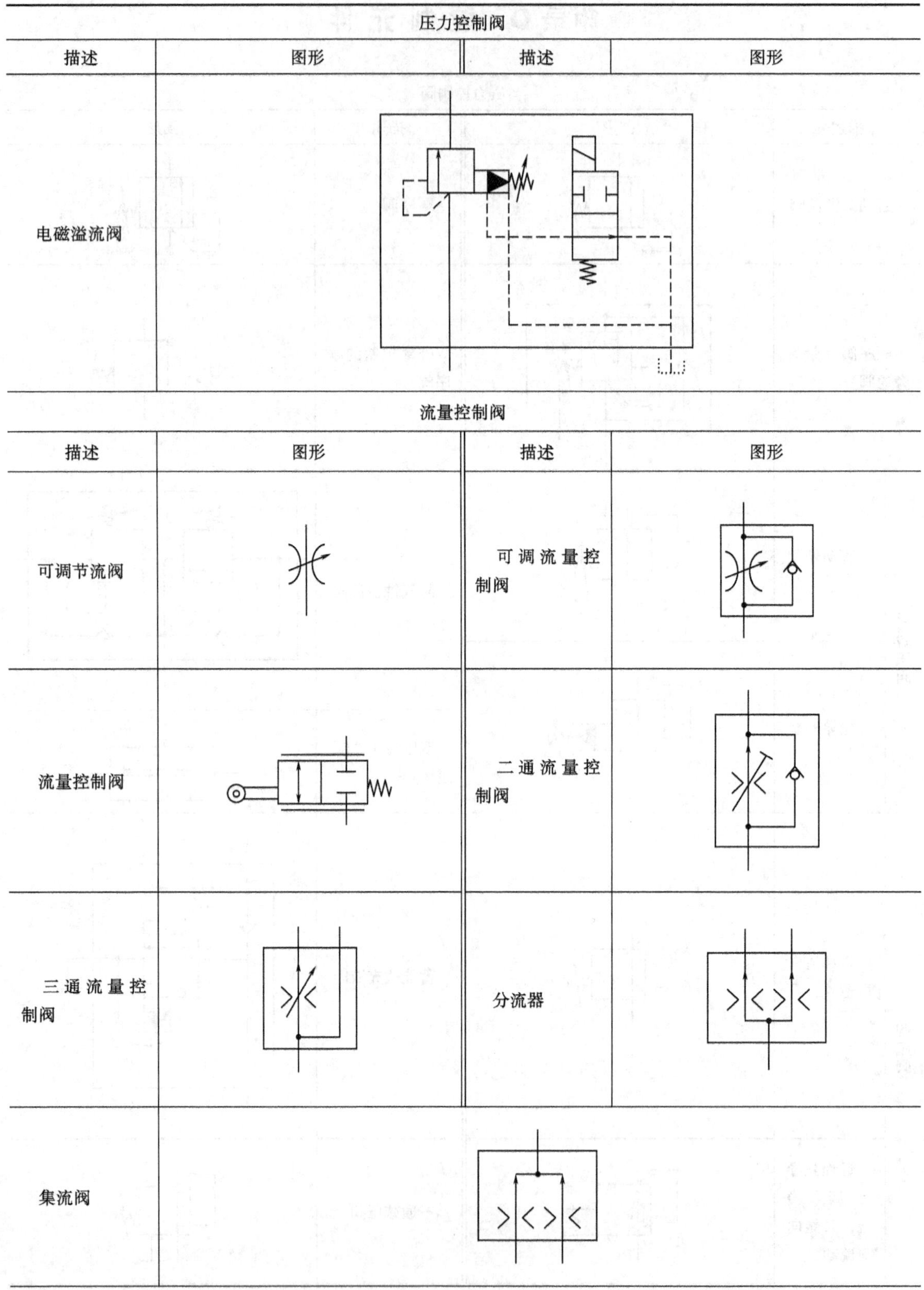

压力控制阀			
描述	图形	描述	图形
电磁溢流阀			
流量控制阀			
描述	图形	描述	图形
可调节流阀		可调流量控制阀	
流量控制阀		二通流量控制阀	
三通流量控制阀		分流器	
集流阀			

（续）

方向控制阀					
描述		图形	描述		图形
二位二通方向控制阀，弹簧复位	推压控制机构，常闭		二位四通方向控制阀，弹簧复位	电磁铁操纵	
	电磁铁操纵，弹簧复位，常开			单作用电磁铁操纵，定位销式手动定位	
气动软起动阀，电磁铁操纵内部先导控制				双作用电磁铁操纵，定位销式	
二位三通方向控制阀，弹簧复位	滚轮杠杆控制		三位四通方向控制阀，弹簧对中，双作用电磁铁直接操纵，不同中位机能的类别		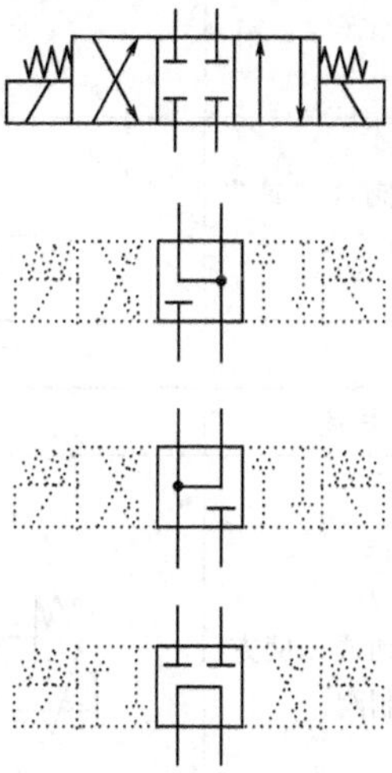
	电磁铁操纵				
	单作业电磁铁操纵，定位销式手动定位				
	差动先导控制		二位五通方向控制阀	踏板控制	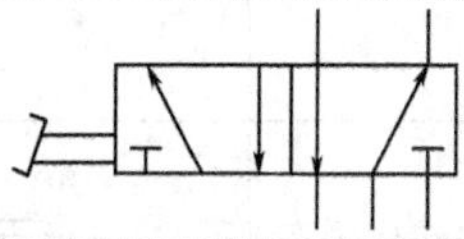
	气动先导式控制和扭力杆			气动阀，先导式压电控制，气压复位	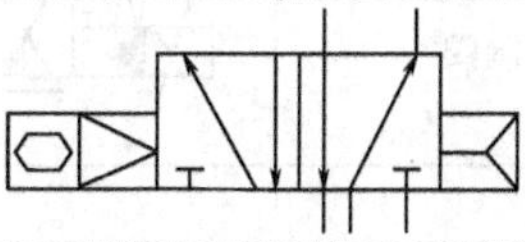
	踏板控制			气动阀，单位作用电磁铁，外部先导供气，手动操纵，弹簧复位	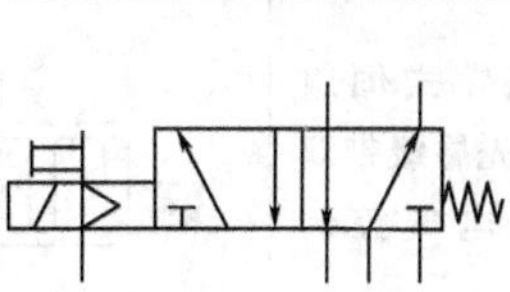
三位五通方向控制阀，手动拉杆控制，位置锁定				直动式气动控制阀，机械弹簧与气压复位	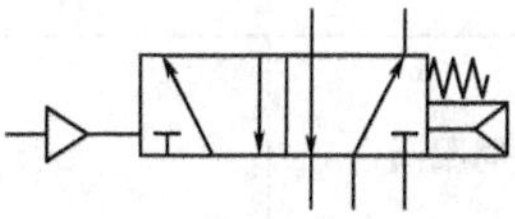

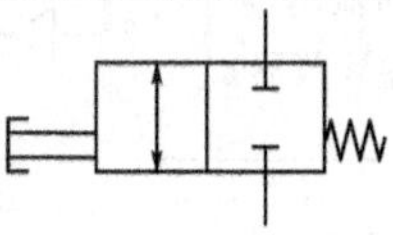

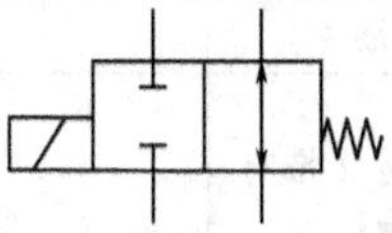

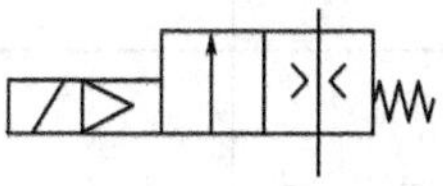

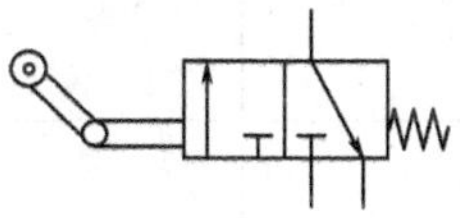

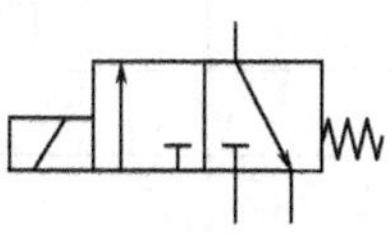

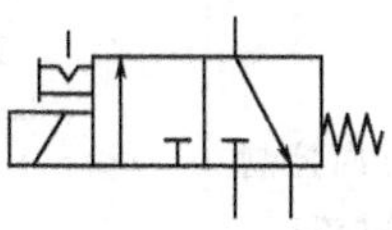

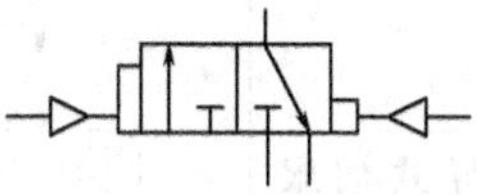

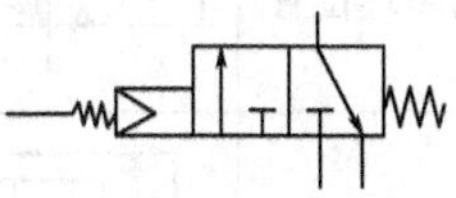

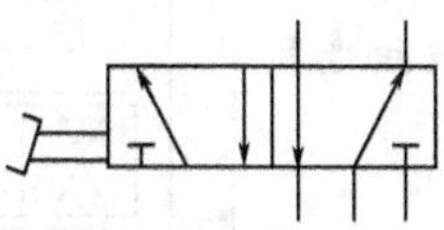

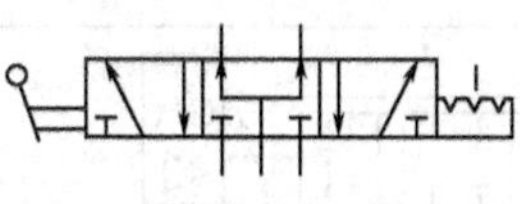

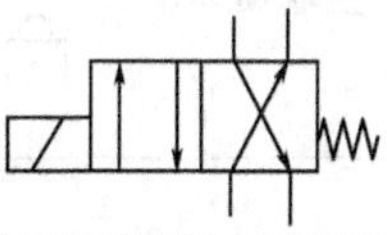

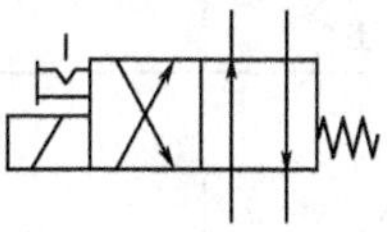

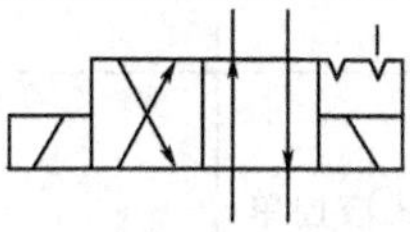

（续）

描述	图形	描述	图形
二位三通锁定阀	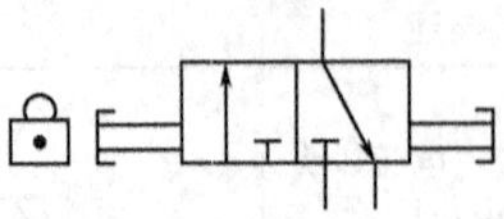	带气动输出信息的脉冲计数器	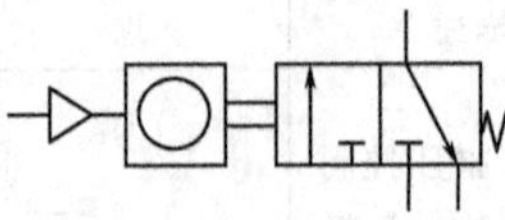

单向阀和梭阀

描述	图形	描述	图形
单向阀		单向阀（带有复位弹簧）	
先导式液控单向阀	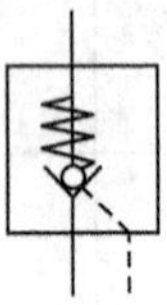	双单向阀，先导式	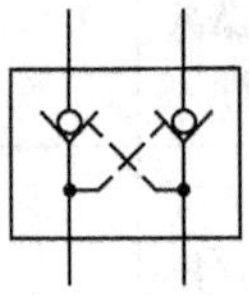
梭阀（“或”逻辑）	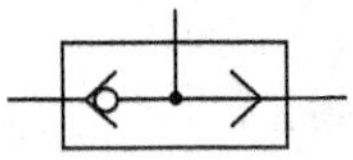	快速排气阀	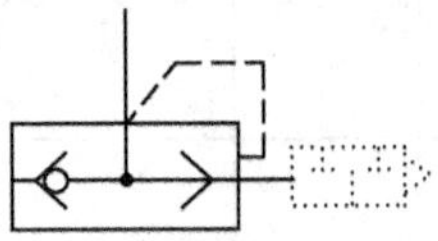

比例方向控制阀

描述	图形	描述	图形
直动式比例方向控制阀	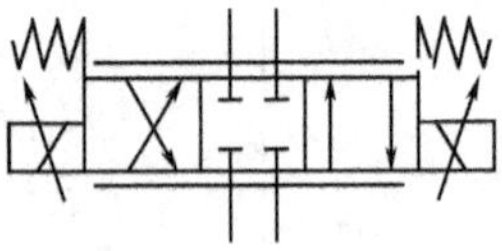	比例方向控制阀，直接控制	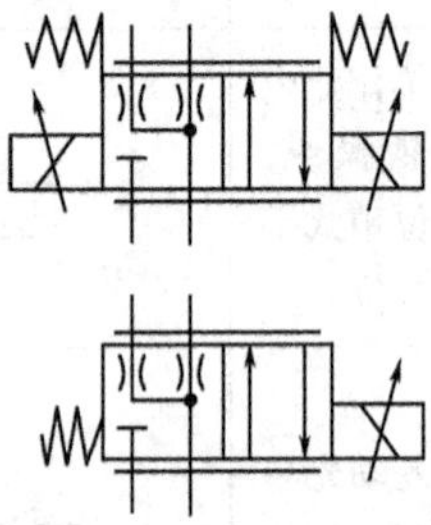
先导式比例方向控制阀	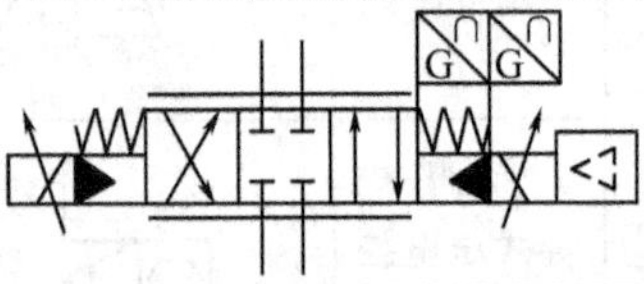	先导式伺服阀，带主级和先导级的闭环位置控制	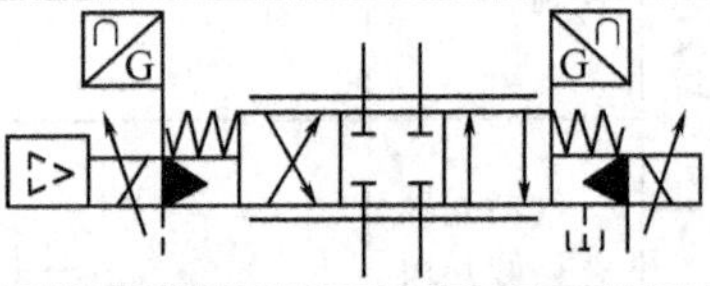
先导式伺服阀，先导级带双线圈电气控制机构	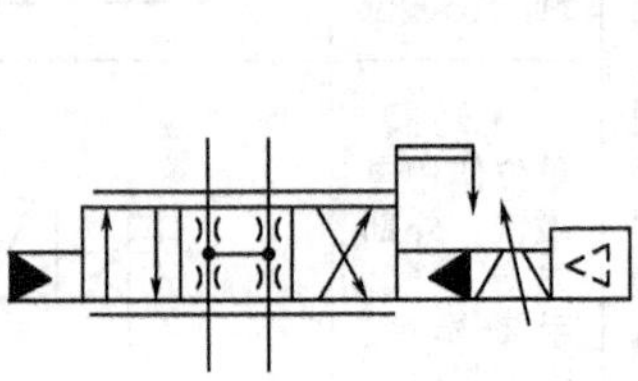	电流线性执行器	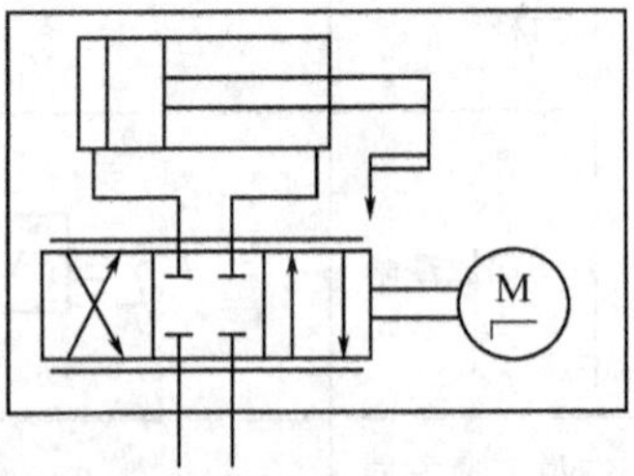
伺服阀	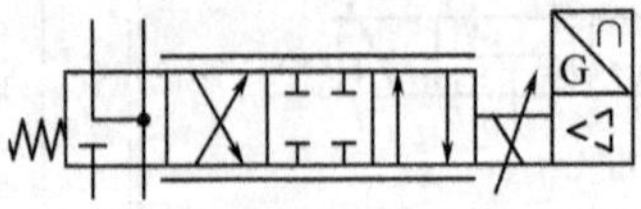		

（续）

比例压力控制阀			
描述	图形	描述	图形
比例溢流阀，直控式，通过电磁铁控制弹簧工作长度来控制液压电磁换向座阀	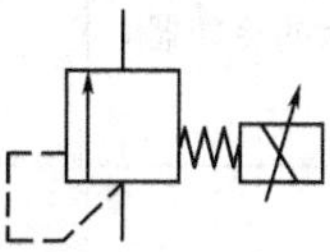	比例溢流阀，直控式，电磁力直接作用在阀芯上，集成电子器件	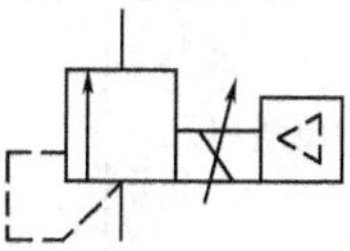
比例溢流阀，直控式，带电磁铁位置闭环控制，集成电子器件	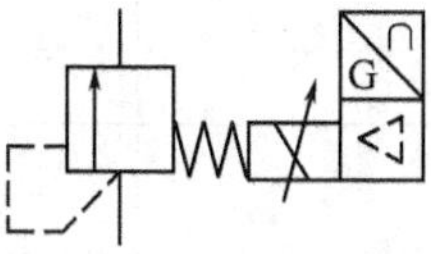	比例溢流阀，先导控制，带电磁铁位置反馈	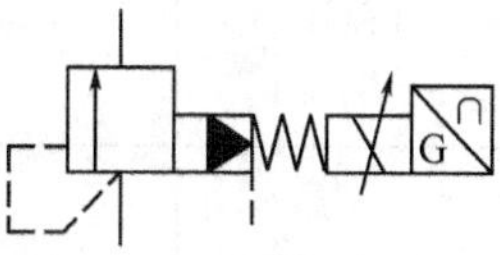
三通比例减压阀	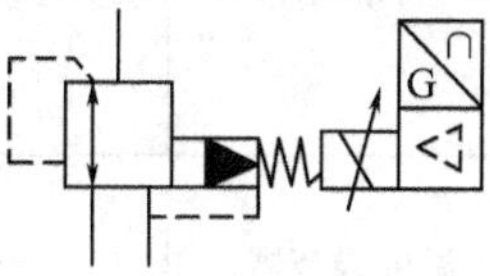	比例溢流阀，先导式，带电子放大器和附加先导级	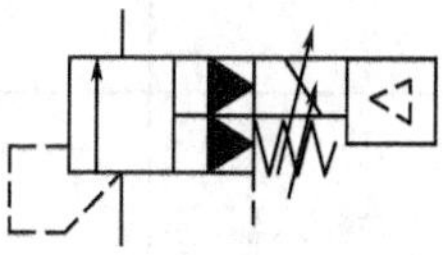

比例流量控制阀			
描述	图形	描述	图形
直控式	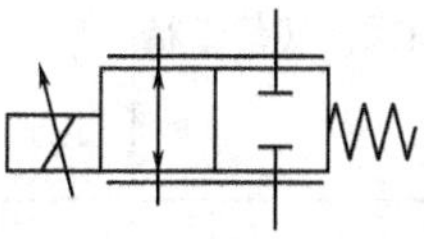	直控式，带电磁铁闭环位置控制和集成式电子放大器	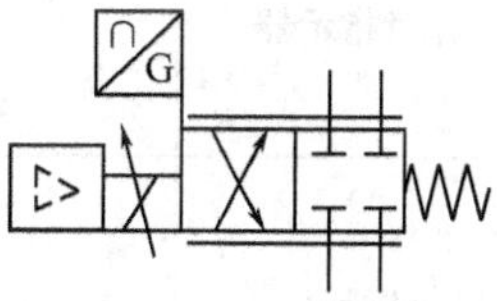

附录E 附　　件

描述		图形	描述		图形
电气装置	可调节的机械电子压力继电器	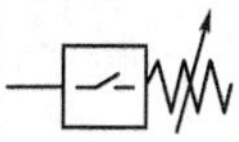	过滤器与分离器	过滤器	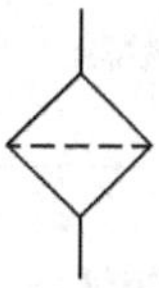
	输出开关信号、可电子调节的压力转换器	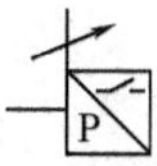		油箱通气过滤器	
	模拟信号输出压力传感器			带压力表的过滤器	
测量仪和指示器	光学指示器				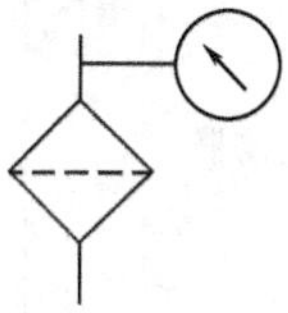
	数字式指示器	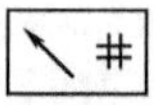			

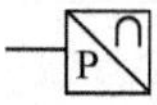

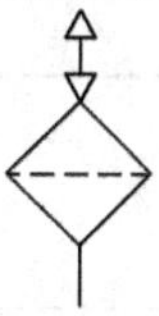

（续）

描述		图形	描述		图形
测量仪和指示器	声音指示器		热交换器	不带冷却液流道指示的冷却器	
	压力测量单元			液体冷却的冷却器	
	压差计			加热器	
	温度计			温度调节器	
	液位指示器		蓄能器（压力容器，气瓶）	隔膜式充气蓄能器	
	流量指示器			囊隔式充气蓄能器	
	流量计			活塞式充气蓄能器	
	转速仪			气瓶	
	计数器			带下游气瓶	
	转矩仪				
润滑点					
过滤器					

（续）

描述	图形	描述	图形
旁路节流过滤器	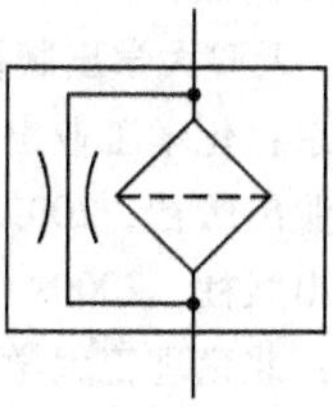	离心式分离器	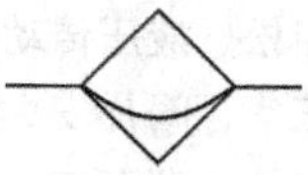
	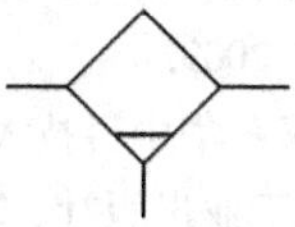	自动排水聚结式过滤器	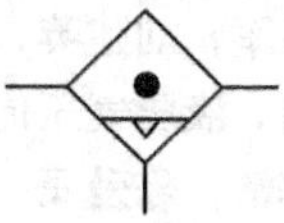
手动排水流体分离器		气源处理装置，包括手动排水过滤器、手动调节式溢流调压阀、压力表和油雾器（上图为详细示意图，下图为简化图）	
带手动排水过滤器的分离器			
油雾分离器	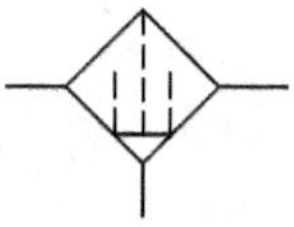	空气干燥器	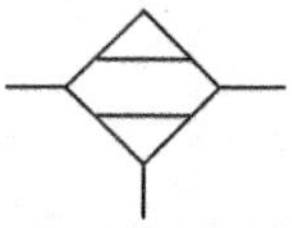
油雾器	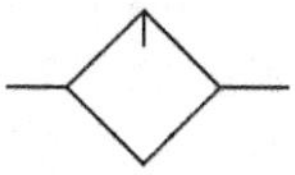	手动排水式油雾器	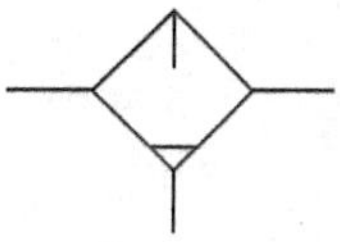
气罐	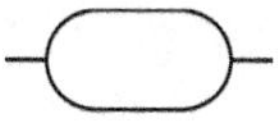		

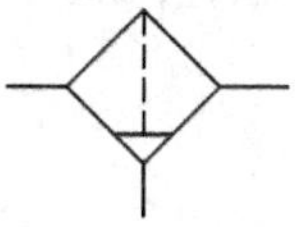

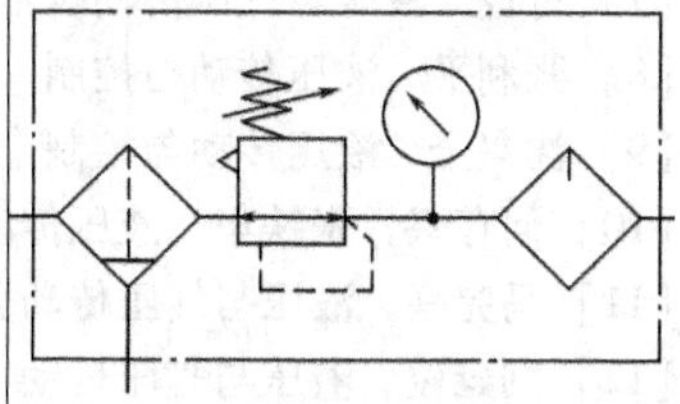

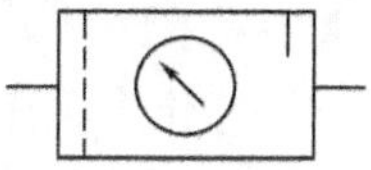

参考文献

[1] 陈启松. 液压传动与控制手册[M]. 上海：上海科学技术出版社，2006.
[2] 曹玉华，阎祥安. 液压传动与控制（新版）[M]. 天津：天津大学出版社，2010.
[3] 赵冬梅，郑万年. 液压气动图形符号及其识别[M]. 北京：化学工业出版社，2009.
[4] 李振军，刘建英. 液压传动与控制[M]. 北京：机械工业出版社，2009.
[5] 冀宏. 液压气压传动与控制[M]. 武汉：华中科技大学出版社，2009.
[6] 胡海清，陈爱民. 气压与液压传动控制技术[M]. 北京：北京理工大学出版社，2006.
[7] 肖珑. 液压与气压传动技术[M]. 西安：西安电子科技大学出版社，2007.
[8] 张利平. 液压传动与控制[M]. 西安：西北工业大学出版社，2006.
[9] 沈兴全. 液压传动与控制[M]. 北京：国防工业出版社，2009.
[10] 何存兴，张铁华. 液压传动与气压传动[M]. 2版. 武汉：华中科技大学出版社，2008.
[11] 马宪亭. 液压与气压传动分析与应用[M]. 北京：化学工业出版社，2010.
[12] 刘延俊. 液压与气压传动[M]. 2版. 北京：机械工业出版社，2007.